地铁标准化建设探索与上海实践

俞光耀 著

中国铁道出版社有限公司
CHINA RAILWAY PUBLISHING HOUSE CO., LTD.

图书在版编目(CIP)数据

地铁标准化建设探索与上海实践/俞光耀著. —北京：中国铁道出版社有限公司, 2022.11
ISBN 978-7-113-29568-4

Ⅰ.①地… Ⅱ.①俞… Ⅲ.①地下铁道-铁路工程-建设-标准化-研究-上海 Ⅳ.①U231

中国版本图书馆 CIP 数据核字(2022)第 149851 号

书　　名：地铁标准化建设探索与上海实践
作　　者：俞光耀

策划编辑：徐　艳
责任编辑：徐　艳　　编辑部电话：(010)51873193
编辑助理：杨宣津
封面设计：崔丽芳
责任校对：苗　丹
责任印制：樊启鹏

出版发行：中国铁道出版社有限公司(100054,北京市西城区右安门西街 8 号)
网　　址：http://www.tdpress.com
印　　刷：北京盛通印刷股份有限公司
版　　次：2022 年 11 月第 1 版　2022 年 11 月第 1 次印刷
开　　本：787 mm×1 092 mm　1/16　印张：16.25　字数：298 千
书　　号：ISBN 978-7-113-29568-4
定　　价：100.00 元

版权所有　侵权必究

凡购买铁道版图书，如有印制质量问题，请与本社读者服务部联系调换。电话：(010)51873174
打击盗版举报电话：(010)63549461

序

标准是世界"通用语言",人类文明和智慧的成就都与标准化密不可分。今天我们生活在一个处处标准化、时时标准化的社会,处于一个对标准化高度依赖的社会,建立由具有知识和规则双重性的标准这个公共契约所支撑的标准化生态,是社会高度文明化和高质量发展的必由之路。

标准是经济活动和社会发展的技术支撑,是国家基础性制度的重要方面,标准化在推进国家治理体系和治理能力现代化中发挥着基础性、引领性作用。随着我国经济和社会发展水平不断提升,国家从高速发展向高质量发展转变,对标准化工作的需求更为全面、具体和紧迫。近年来国家先后出台深化标准化工作改革方案、国家标准化体系建设发展规划、"十四五"推动高质量发展的国家标准体系建设规划等一系列重大措施,持续提升标准化工作战略地位。新修订的《中华人民共和国标准化法》确定了新型标准体系和工作机制,体现了市场经济和现代国家治理的要求。中共中央、国务院发布《国家标准化发展纲要》,作为指导我国标准化中长期发展的纲领性文件,把优化标准化治理结构、增强标准化治理效能、以高标准促进高质量发展作为标准化工作着力点。

上海积极贯彻落实党中央、国务院标准化工作部署,当好全国改革开放排头兵、创新发展先行者,把标准化工作作为城市管理和社会治理的重要手段,大力实施标准化战略,率先出台标准化发展战略纲要,率先颁布《上海市标准化条例》,发布《上海市标准化发展行动计划》,标准化总体水平处于全国前列,为提升上海城市能级和核心竞争力、推动高质量发展发挥了支撑、引领作用。

近年来以轨道交通为骨干的城市公共交通网络快速发展,特别是全国超大城市上海的城市轨道交通经过近 30 年的建设运营，路网规模突破 800 公里，跃居世界地铁城市首位。在探索创新"通向都市新生活"的超大规模轨道交通网络质量管理模式的过程中，上海地铁把标准化建设作为企业持续发展的基础支撑，通过全面建立健全标准化体系，率先成为全国轨道交通行业首家国家级运营服务标准化试点企业，并积极参与 ISO、IEEE 等标准国际化工作，有力促进了上海地铁的转型升级和卓越发展。上海地铁标准化实践项目被国家市场监管总局（国家标准委）、交通运输部作为学习借鉴的典型案例予以推介，成为传播标准化理念、探索标准化方法、推广标准化经验的试点示范。

上海地铁从标准引领、追求卓越的核心理念出发，围绕"平安地铁、品质地铁、科技地铁、生态地铁"目标，突出标准化建设助力企业高质量发展的主线，编撰《地铁标准化建设探索与上海实践》一书，对加快建设运营具有世界影响力的中国城市轨道交通具有重要意义。本书的城市轨道交通行业特色鲜明，始终紧扣上海地铁"标准化＋"的服务特征，解读了上海地铁标准化推进"安全性、便捷性、舒适性、人文性"的质量特质、优势亮点和行业服务特色，全方面塑造上海地铁标准化建设突出的核心优势、内涵和作用，既客观反映了标准化建设各阶段的史实，又体现了与之相适应的标准创新、改进、提升和引领的变革过程，从标准的维度正确诠释标准与轨道交通、与城市发展的关系。

本书沉淀了上海地铁独创的标准化建设方法和理论，展示了用标准化提升企业和行业质量水平、满足安全运营、市民出行的实践案例，佐证了标准是企业发展的制度基础要义，凸显了服务城市轨道交通行业管理功能定位，为轨道交通、公共交通和其他行业提供了标准化建设的有益借鉴，贡献了可分享、可推广的示范模板。

国际标准化组织（ISO）原主席

前 言

上海地铁自 1993 年开通运营第一条线路以来,历经 30 年时间的发展,目前运营里程世界第一,形成了四通八达、覆盖市区的超大规模地铁网络,运营绩效全面实现"国内领先、国际一流"的战略目标。

上海地铁面对超大城市、超大网络、超大客流的地铁网络运营管理新特征、新挑战,坚持"标准引领、追求卓越"的创新理念,确立了"人性化服务、精细化管理、标准化建设"的战略选择,把标准化建设作为支撑城市轨道交通快速发展的制度基础,通过研究探索城市轨道交通发展规律和标准化助力发展的理论,推进企业标准化建设实践,确保城市轨道交通安全可控、服务提质、管理有序、运营高效。

上海地铁标准化建设经历了四个发展时期,分别为创建期(2011—2014)首创运营服务标准体系、标准化组织体系和标准化实施体系的三体系合一,形成了上海地铁"一体两翼"标准化建设模式;提升期(2015—2017)完善了标准体系架构,创新了标准化工作机制,实现标准化工作的常态化、精细化、规范化管理;深化期(2018—2020)全面对标"最高标准、最好水平",以示范为目标、以基层基础基本岗为重点,深度推进标准化建设;引领期(2020 至今)坚持"高标准、高质量、高品质",以打造卓越的全球城市轨道交通企业为目标,推动标准化建设示范引领。在上海地铁标准化建设历程中,得到了国家市场监管总局(国家标准委)、中国城市轨道交通协会、上海市市场监管局、上海市交通委员会、上海市住房和城乡建设管理委员会等上级部门的精心指导和大力帮助,在此表示由衷的感谢。

本书以上海地铁十年来开展企业标准化建设为背景,系统性地对上海地铁标准化建设历程、成效、实践进行阐述，总结提炼了一套国内地铁运营单位标准化建设实践做法，印证了国家倡导开展标准化建设的重要性和必要性。全书共分综述篇、体系篇、实践篇及展望篇四个篇章，依据上海地铁标准化建设发展的时间顺序展开阐述。综述篇分为四章，介绍了城市轨道交通标准化发展的背景及需求，展示了上海地铁标准化建设发展的历程和总体成效。体系篇分为六章，全面系统地阐述了上海地铁标准化体系，包括标准体系、组织体系、实施体系等的具体构建方法与建设过程。实践篇分为四章，分别为标准研究编制的实践、标准管理优化的实践、标准现场实施的实践、标准服务行业的实践，生动展现了运营建设管理、生产现场一线的标准化实践案例。展望篇分为两章，描绘了城市轨道交通、上海地铁的未来发展，以及上海地铁标准化建设发展重点。

在编撰过程中，毕湘利、邵伟中、叶彤、宋博、申伟强等集团领导高度重视，提出了诸多宝贵意见与建议，上海市质量和标准化研究院给予有力支持与配合。刘加华、杨灯海、卢宇清、张知青、黄海来、王生华、蒋国皎、徐浩、吴晓红、毕艳祥、刘金叶、赵源、龚伟、吴强、徐文达、丰文胜、翟鸣、许苇、孙晨曦、施董燕、孙洁、张莉、路欢欢、庄智一、张旭东等同志参与本书的编写，在此一并致谢。限于诸多因素，书中难免存在不足之处，请指正。

希望通过本书的编撰，把在标准化建设探索和实践过程中积淀的做法和案例，转化成集标准化建设理念、方法、理论和实践于一体的知识体系，形成可推广、可复制的上海方案与行业治理模式。现在上海地铁迈上了"跨越800 面向未来"的超大规模地铁网络运营管理新阶段，标准化建设将更加聚焦服务轨道交通高质量发展、聚焦人民日益增长的美好生活需要，推动"标准化＋"全域标准化深度发展，助力上海地铁通向都市新生活，在上海加快建设具有世界影响力的社会主义现代化国际大都市的新征程中作出新的贡献。

目 录

第一篇 综述篇 ... 1

第一章 城市轨道交通标准化发展背景 ... 3
第一节 城市轨道交通标准化发展的政策导向 ... 3
第二节 标准化工作理论基础 ... 10

第二章 城市轨道交通标准化发展要求 ... 16
第一节 标准化建设的必要性 ... 16
第二节 标准化建设的重要性 ... 19
第三节 标准化建设的迫切性 ... 22

第三章 上海地铁标准化建设发展历程 ... 28
第一节 上海地铁标准化建设目标 ... 28
第二节 上海地铁标准化建设历程 ... 30

第四章 上海地铁标准化建设的总体成效 ... 49
第一节 标准化建设提升安全运营服务质量 ... 49
第二节 标准化管理促进企业可持续发展 ... 51
第三节 标准化创新引领行业进步 ... 52
第四节 标准化建设凝聚企业精神 ... 53
第五节 标准化工作实现社会经济效益 ... 54

第二篇　体系篇 ····· 55

第五章　标准体系建设通用要求 ····· 57

第一节　标准体系 ····· 57

第二节　标准制定程序 ····· 61

第三节　标准的编写 ····· 65

第四节　标准体系实施与评价改进 ····· 70

第六章　标准体系建设总体规划 ····· 72

第一节　标准化体系建设战略布局 ····· 72

第二节　标准化体系建设顶层架构 ····· 73

第三节　标准化体系建设阶段规划 ····· 74

第七章　企业标准体系 ····· 76

第一节　运营服务标准体系 ····· 76

第二节　建设标准体系 ····· 81

第八章　标准化组织体系 ····· 86

第一节　构建原则 ····· 86

第二节　组织架构 ····· 86

第三节　职责分工 ····· 87

第四节　管理模式 ····· 88

第五节　岗位设置 ····· 88

第九章　标准化实施体系 ····· 89

第一节　标准化实施体系的建设 ····· 89

第二节　标准化实施体系的完善 ····· 91

第十章　标准化保障机制 ····· 94

第一节　人员保障机制 ····· 94

第二节　研发保障机制 ····· 95

第三节　日常管理机制 ·· 96

第四节　信息化保障机制 ·· 97

第三篇　实践篇 ·· 99

第十一章　标准研究编制的实践 ·· 101

第一节　注重标准对网络化建设运营的统筹综合 ·········· 101

第二节　注重标准对工程建设安全与质量的保障 ·········· 109

第三节　注重标准对运营安全与服务品质的提升 ·········· 117

第四节　注重标准对智慧地铁的发展导向 ····················· 122

第五节　注重标准对绿色低碳的发展导向 ····················· 128

第六节　注重标准对先进制造及产业链的提升 ············· 133

第十二章　标准管理优化的实践 ·· 137

第一节　注重科技创新成果向标准的转化 ····················· 137

第二节　注重标准的简化与可操作性 ··························· 141

第三节　注重标准的持续完善与提升 ··························· 145

第十三章　标准现场实施的实践 ·· 152

第一节　立足标准化建设，谱写调度新篇章 ················· 152

第二节　标准驱动创新，培树示范品质 ························ 158

第三节　增强标准策源能力，保障运营安全提质增效 ······· 163

第四节　标准化夯实基础管理，提升运营服务质量 ········ 168

第五节　坚持标准引领，稳固转型发展基础 ················· 172

第六节　发挥标准化支撑作用，推动企业全面发展 ········ 177

第七节　构筑标准化运维体系，提升设施设备

保驾护航能力 ·· 181

第八节　提升标准化管理能级，再创车辆智能维护

新成效 ·· 187

第九节 创新"五化"标准化管理模式,赋能工务智能运维 …… 190

第十节 创建智能运维标准体系,攀升供电运维质量新高峰 …… 194

第十一节 致力标准化管理,驱动通号智能运维转型升级 …… 198

第十二节 筑牢标准化制度基础,助力维保DCC一体化改革 …… 202

第十三节 创新标准化改进方式,提升车间管理水平 …… 205

第十四章 标准服务行业的实践 …… 209

第一节 城市轨道交通团体标准体系 …… 209

第二节 城市轨道交通产品标准体系 …… 214

第三节 城市轨道交通装备标准体系 …… 216

第四节 上海市轨道交通标准化技术委员会 …… 219

第五节 主编、参编外部标准 …… 222

第六节 城市轨道交通标准走向国际的探索与实践 …… 225

第四篇 展望篇 …… 229

第十五章 城市轨道交通行业发展展望 …… 231

第十六章 上海地铁发展展望 …… 237

附录 上海地铁标准化建设大事记 …… 244

地铁标准化建设探索与上海实践

第一篇　综述篇

第一章　城市轨道交通标准化发展背景

当前,我国乃至世界都愈发重视标准及标准化工作的开展,随着城市轨道交通行业的不断发展,轨道交通的标准化工作也日益受到重视。国际标准化组织(ISO)、欧洲标准化委员会(CEN)和欧洲电工标准化委员会(CENELEC)纷纷发布了未来标准化工作的发展战略,我国也发布了《国家标准化发展纲要》。城市轨道交通标准化工作以国际标准化发展战略为借鉴,以我国标准化发展战略为指引,不断探索和创新。

第一节　城市轨道交通标准化发展的政策导向

一、国际标准化发展趋势

1. ISO 标准化战略[①]

在全球经济社会发生深刻变革的大背景下,ISO 制定《ISO 战略 2030》,以应对国际经济形势和贸易体系的深刻变化、数字化技术的新机遇、社会发展的新要求以及环境可持续发展的新挑战。

在《ISO 战略 2030》中,ISO 提出的愿景是:让生活更便捷、更安全、更美好。ISO 认为,虽然日常生活中国际标准并非显而易见,却能让我们的世界变得更安全、更美好。这一愿景的实现有助于提高人们的日常生活质量。ISO 提出的使命是:通过其成员及利益相关方,汇聚各方力量,达成国际标准共识,应对全球挑战;同时,ISO 标准要支撑全球贸易,推动包容性和公平的经济增长,促进创新,保障健康和安全,以

---

① 国际标准化组织(ISO). ISO 战略 2030[M]. 北京:中国标准出版社,2021.

实现可持续的未来。

为实现愿景与使命,ISO 提出了三个明确目标:一是 ISO 标准无处不在,得到广泛使用,为此需确保 ISO 标准质量高、易于获取、便于使用,并确保人们能理解 ISO 标准带来的益处;二是满足全球需要,为此 ISO 必须基于协商一致的原则制定能应对当前和未来挑战的标准,必须致力于在恰当的时间、以适当的内容和格式向市场提供适用的标准;三是倾听各方意见,ISO 体系必须促进多样性和包容性,为此需确保能吸引并留住最优秀的专家,并让每位专家都参与其中,无论在制定标准还是做出决策时,ISO 都必须倾听各方意见。

为实现三大目标,ISO 将加强以下方面的工作:对于让"ISO 标准无处不在"的目标,主要通过宣传 ISO 标准的益处、创新满足用户的方式实现;对于"满足全球需要"的目标,主要通过提供市场需要的 ISO 标准、抓住国际标准化未来机遇的方式实现;对于"倾听各方意见"的目标,主要通过加强 ISO 成员能力建设、提升 ISO 体系包容性和多样性的方式实现。

根据《ISO 战略 2030》可知,致力于标准被更广泛、更深入地使用是 ISO 战略的核心和重点,而推进全球经济社会发展、应对环境挑战和社会变迁、顺应技术发展的潮流和机遇则是 ISO 提出战略的出发点。

2. 欧洲标准化战略[①]

欧洲标准化委员会(CEN)和欧洲电工标准化委员会(CENELEC)发布了《战略 2030》,该战略将数字化转型和绿色转型作为战略变革的两大驱动力。战略提出的愿景是通过联合欧洲标准化委员会(CEN)和欧洲电工标准化委员会(CENELEC)欧洲 34 个国家的国家标准化组织(National Standards Bodies)和国家电工委员会(National Electrotechnical Committees)成员,共同推动欧洲通用标准以及在欧洲范围内共同采用 ISO(国际标准化组织)、IEC(国际电工委员会)所制定的国际标准,以建设一个更安全、可持续发展和更有竞争力的欧洲。战略提出的使命是通过利益相关方(包括政府管理者、学界、业界、第三方组织、消费者等)的网络,创建基于共识的标准,建立互信,满足市场需求,实现市场准入和创新要求,以创建更安全、可信和美好的欧洲。

以绿色和数字化转型为驱动,围绕其愿景和使命,提出五大战略目标:
- 欧盟和欧洲自由贸易区承认并利用欧洲标准化体系的战略价值;

---

① CEN & CENELEC.《战略 2030》.

- 客户和利益相关者受益于最先进的数字解决方案；
- 提高对 CEN 和 CENELEC 标准的认识和使用；
- 欧洲标准化工作首选 CEN 和 CENELEC 系统体系；
- 加强在国际层面的领导力。

从该战略中可以看出，欧洲标准化战略主要有以下趋势：

（1）紧密结合当下社会经济发展趋势，以绿色和数字化转型为战略转型驱动力；

（2）积极促进标准制定实施和标准化工作在多个利益共同体之间的应用，强调多方共同参与协商，并尽可能在欧洲社会经济生活各方面凸显出标准及标准化工作的价值；

（3）强调标准国际化，积极争取欧洲标准在国际上的话语权和主导权。

3. 国际标准化战略对城市轨道交通标准化工作开展的启示

从《ISO 战略 2030》和欧洲的《战略 2030》可以看出，对于标准化工作的开展，一是注重多元主体参与和协商，以保证标准得到更广泛的认可；二是注重标准化工作在区域和国际上的影响力，促进标准的推广使用；三是注重与绿色发展、数字化转型等经济社会发展趋势相融合，以标准化工作开展支撑社会绿色发展和智慧化转型。

国际标准化战略对于轨道交通行业标准化工作开展具有以下启示：

（1）注重轨道交通行业标准的广泛适用。积极联合轨道交通行业上下游企业、学协会力量，共同协商、制定符合轨道交通行业发展要求的标准，促进标准广泛的实施应用，切实通过标准化工作开展促进行业效能提升。

（2）以标准化工作促进轨道交通行业绿色、智慧化发展，提升运营管理水平。积极围绕绿色和智慧化的发展方向，结合轨道交通行业自身特点，开展与绿色轨道交通、智慧轨道交通发展相适应的标准化工作，构建绿色、智慧化轨道交通发展新格局。

（3）提升轨道交通行业国际标准化工作水平。通过标准化工作的开展和多种国际标准化工作平台，提升轨道交通行业及其标准化工作在国际上的知名度和影响力。

二、我国标准化发展战略

1. 国家标准化发展整体布局

随着我国经济和社会发展水平不断提升，国家从高速发展向高质量发展转变，对标准化工作也提出了新的要求。自 2015 年以来，我国先后颁布了《深化标准化工作改革方案》《国家标准化体系建设发展规划(2016—2020年)》《"十四五"推动高质量发展的国家标准体系建设规划》《国家标准化发展纲要》等系列政策规划文件,同时还修订了《中华人民共和国标准化法》(以下简称《标准化法》),从政策法规层面提出我国标准化发展的战略方向和整体布局。

(1)加强法制建设,促进标准化工作规范有序发展

2017年11月4日,第十二届全国人民代表大会常务委员会第三十次会议表决通过了新修订的《中华人民共和国标准化法》(以下简称《标准化法》),该法于2018年1月1日施行。新修订的《标准化法》对新形势下标准化工作的总体要求、标准的制定实施、标准的监督管理等方面都做出了新的要求和规定,使标准化工作更符合时代发展的要求,也进一步促进标准化工作规范有序发展。

标准化工作更注重国家社会经济全领域、全方位的发展。一是标准化目标从单纯注重经济效益、围绕经济发展,转变为注重质量、安全、经济社会等各方面全面发展,从而加强标准化工作,提升产品和服务质量,促进科学技术进步,保障人身健康和生命财产安全,维护国家安全、生态环境安全,提高经济社会发展水平。二是标准范围从单一的工业领域扩展到农业、工业、服务业以及社会事业等多个领域,新修订的《标准化法》所称标准(含标准样品),是指农业、工业、服务业以及社会事业等领域需要统一的技术要求。

明确标准种类,促进各级各类标准更好发挥实际作用。新修订的《标准化法》将标准分为国家标准、行业标准、地方标准、团体标准和企业标准五类。同时明确,国家标准分为强制性标准、推荐性标准,行业标准、地方标准是推荐性标准。与修订前的《标准化法》相比,增加了团体标准这一标准类别;强制性标准只保留国家一级,取消了强制性行业标准和地方标准。其中,团体标准由依法成立的社会团体制定,由本团体成员约定采用或者按照本团体的规定供社会自愿采用,企业标准由企业根据需要自行制定或者与其他企业联合制定,供企业自用。标准类型及适用条件的明确为各类主体制定适宜使用的标准指明了方向。

促进标准实施,最大化发挥标准效用。新修订的《标准化法》规定,国家实行团体标准、企业标准自我声明公开和监督制度。企业应当公开其执行的强制性标准、推荐性标准、团体标准或者企业标准的编号和名称;企业执行自行制定的企业标准的,还应当公开产品、服务的功能指标和产品的性能指标。国家鼓励团体标准、企业标准通过标准信息公共服务平台向社会公开。由该条款可知,并非所有企业标准都需声明公开,需要声明公开的主要是产品和服务标准。

鼓励开展国际标准化活动,促进标准化工作国际交流与合作。明确国家应积极推动参与国际标准化活动,参与制定国际标准,结合国情采用国际标准,推进中国标准与国外标准之间的转化运用。国际标准化工作的开展有利于我国国际影响力的提升,促进人类命运共同体的建设。

建立标准化试点示范制度,支撑标准化工作广泛深入开展。新修订的《标准化法》规定县级以上人民政府应当支持开展标准化试点示范和宣传工作,传播标准化理念,推广标准化经验,推动全社会运用标准化方式组织生产、经营、管理和服务,发挥标准对促进转型升级、引领创新驱动的支撑作用。

(2)强化标准化工作高质量、体系化发展,提升标准化工作效能

2021年10月10日,发布了新中国成立以来第一部以党中央、国务院名义颁发的标准化纲领性文件——《国家标准化发展纲要》(以下简称《纲要》)。同时,经国务院标准化部际会议审议,由国家标准化管理委员会、中央网信办、科技部、工信部、民政部、生态环境部等十部委联合印发《"十四五"推动高质量发展的国家标准体系建设规划》(以下简称《规划》)。《纲要》与《规划》的相继发布,为我国标准化工作高质量、体系化发展进行顶层设计,为我国标准化工作的开展指明方向。

《纲要》中明确,到2025年,实现标准供给由政府主导向政府与市场并重转变,标准运用由产业与贸易为主向经济社会全域转变,标准化工作由国内驱动向国内国际相互促进转变,标准化发展由数量规模型向质量效益型转变。标准化更加有效推动国家综合竞争力提升,促进经济社会高质量发展,在构建新发展格局中发挥更大作用。这一发展目标,为未来标准化工作明确了方向,具体包括以下几个方面。

强调标准化工作的全领域推进。具体而言,一方面是注重覆盖面的广度,要在农业、工业、服务业和社会事业各领域推进和落实标准化工作;另一方面是注重各领域的差异化定位,对于新兴产业标准要注重地位凸显,对于健康、安全、环境标准要进行有力支撑,对于农业领域要稳步提升农业标准化生产普及率。最终,构建推动国家高质量发展的标准体系。

大幅提升标准化工作水平。一是注重先进的应用型科技成果向标准研究成果转化,《纲要》中明确指出,共性关键技术和应用类科技计划项目形成标准研究成果的比率要达到50%以上;二是注重政府和市场共同发挥力量制定标准,《纲要》中提到,政府颁布标准与市场自主制定标准结构更加优化;三是提升标准制定效率,缩短标准制定周期,《纲要》中明确指出,国家标准平均制定周期要缩短至18个月以内;四是标准应用水平的不断提升和应用方式的不断丰富,《纲要》中提到,标准数字化

程度要不断提高。通过标准化工作水平的提升,充分显现标准化的经济效益、社会效益、质量效益、生态效益。

显著增强标准化开放程度。通过深入合作,构建互利共赢的国际标准化工作格局。一是增进标准化人员往来和技术合作;二是促进标准信息互联共享;三是加强国家标准关键技术指标与国际标准的一致性,提升国际标准的转化率,《纲要》明确,国际标准转化率要达到85%以上。

牢固标准化发展基础。一是建立各种类型的机构,包括建成一批国际一流的综合性、专业性标准化研究机构,若干国家级质量标准实验室,50个以上国家技术标准创新基地;二是形成标准、计量、认证认可、检验检测一体化运行的国家质量基础设施体系。通过机构建立及国家质量基础设施体系的形成,使标准化服务业基本适应经济社会发展需要。

通过以上几方面的努力,到2035年,结构优化、先进合理、国际兼容的标准体系更加健全,具有中国特色的标准化管理体制更加完善,市场驱动、政府引导、企业为主、社会参与、开放融合的标准化工作格局全面形成。

2. 上海标准化工作发展特色

党的十八大以来,我国进入中国特色社会主义新时代,经济由高速增长阶段转向高质量发展阶段,党中央要求上海贯彻落实新发展理念,当好全国改革开放排头兵、创新发展先行者。标准化工作是经济活动和社会发展的技术支撑,是城市管理和社会治理的重要手段。党中央对上海新的战略定位为上海标准化工作提出了新的要求,为适应高质量发展新形势以及对标上位法律法规、政策文件等精神,上海于2019年实施修订后的《上海市标准化条例》,在遵循《标准化法》的基础上,进一步发挥和凸显上海标准化工作优势和特点,进而为上海高质量发展提供支撑。同时,起草制定了《上海市标准化发展行动计划》等一系列政策文件,以更好地引导和支撑上海标准化工作发展。

(1) 打造高水平标准,推动标准化工作高质量发展

创设"上海标准"标识制度,引导上海标准化工作高质量发展。《上海市标准化条例》中明确规定,本市制定的地方标准、团体标准、企业标准,经自愿申请和第三方机构评价,符合国内领先、国际先进要求的,可以使用"上海标准"标识。

通过严格对标国际最高标准、最好水平,引导、培育、制订和聚集一批比肩国际先进水平、具有引领示范作用的地方标准、团体标准、企业标准,促进上海标准化工作高水平、高质量发展。

通过打造"上海标准"品牌等方式,在三大先导产业、六大高端产业集群、现代服务业、超大城市治理、绿色发展等领域形成一批高水平标准,建成结构合理、重点突出、符合上海经济社会高质量发展需求的标准体系。

(2) 增强标准供给能力,促进标准化工作全域发展

《上海市标准化条例》中明确规定,对暂不具备制定地方标准条件,又需要统一技术要求的,可以参照地方标准制定程序,制定地方标准化指导性技术文件。这一制度的确立,增加了标准制度供给,有助于支撑市政府有关行政管理部门和区人民政府的精细化管理需求。

同时,《上海市标准化发展行动计划》对上海牵头制修订国际标准、主导制修订国家标准、承担国家级标准化试点示范项目等工作提出了明确目标。不断提升标准化工作质量和影响力,以高质量标准化工作的开展,助推城市高质量发展建设。

通过引入地方标准化指导性技术文件制度,增强不同层面和领域的标准供给水平和能力,促进上海标准化工作全域发展,进而为城市高质量发展提供助力。

(3) 强化长三角区域合作,助推标准化工作一体化发展

《上海市标准化条例》中明确要求,要与长三角区域相关省建立标准化协调合作机制,建立区域协同标准体系,推动标准共享和互认。通过区域一体化标准化工作的推进和开展,实现标准相互统一、要素自由流通融合,进而促进多形式、宽领域、深层次的长三角区域一体化发展。

同时,《上海市标准化发展行动计划》中明确,通过推动三省一市联合建设长三角一体化标准化技术机构等方式,加强标准化工作在区域内的协同能力:一是在环境联防联治、基本公共服务等领域,开展区域统一标准制定和地方标准共享转化;二是鼓励社会团体根据区域产业协同发展需要,制定一批长三角团体标准;三是加强国际标准化长三角协作平台和长三角民营经济标准创新联席会议建设,共同打造区域标准国际化和协同创新高地。发挥长三角一体化示范区先行先试作用,以标准化助力破解一体化难题。

通过构建更加完善的长三角一体化标准化工作协调合作机制,加强标准化工作在区域内的协同能力,助力长三角区域一体化建设。

3. 国家和上海标准化战略对上海城市轨道交通标准化工作开展的启示

从国家和上海层面的标准化发展战略均可以看出,提升标准制修订质量、提升标准实施效能、加强交流合作提升标准国际化水平、加强标准化人才队伍建设等是各层面共同关心的内容,对上海轨道交通标准化发展具有以下启示。

积极发挥上海轨道交通行业经验优势,制定和实施高质量标准,引领行业发展。上海轨道交通在全国范围内起步较早,在运营管理、服务保障等诸多方面都积累了丰富的经验,应通过高质量标准化工作的开展,积极对标国内外高质量标准,将相关经验进行固化并推广,推动上海乃至区域轨道交通行业高效发展。

不断优化轨道交通行业标准结构,支撑轨道交通行业高水平发展。国家和上海的相关法律法规和政策文件中,鼓励标准化工作的全域发展和多种类型层次标准的差异化使用。上海轨道交通行业的标准化工作,一方面应进一步按照行业发展要求,丰富标准化对象,制定绿色、智慧化等标准,以更好地满足轨道交通行业发展需求;另一方面应不断丰富标准层次,以企业标准为出发点和立足点,逐步将企业标准提升为团体标准、地方标准乃至行业、国家和国际标准,不断提升轨道交通行业标准化工作能级和水平。

加强轨道交通行业长三角一体化标准化协作水平,提升轨道交通行业区域服务能力。长三角一体化发展已提升为国家战略,在标准化工作中,相关规划政策也均支持长三角协调发展,轨道交通及轨道交通标准化是长三角一体化发展的重要组成部分之一,应与长三角轨道交通企业、行业协会等积极开展合作,共同推动轨道交通行业长三角一体化标准化工作,通过区域标准一体化,推动轨道交通行业在长三角区域内的协同配合,提升长三角轨道交通行业发展水平,优化长三角轨道交通公共服务能力。

不断加强合作交流,提升标准的区域与国际影响力。通过区域协同及标准化组织的合作交流,提升上海轨道交通行业标准的影响力,以企业标准为基点,逐步向行业标准、国家标准乃至国际标准转化,提升标准化工作水平和标准国际化水平。

第二节 标准化工作理论基础

一、基本概念

1. 标准

标准是指通过标准化活动,按照规定的程序经协商一致制定,为各种活动或其结果提供规则、指南或特性,供共同使用和重复使用的文件。标准宜以科学、技术和经验的综合成果为基础。[①]

根据该定义,标准是一种文件,该文件区别于其他文件的五大特征是:具有特定的形成程序,具有共同并重复使用的特点,具有特殊的功能,具有特定的产生基础,

---

① GB/T 20000.1—2014《标准化工作指南 第1部分:标准化和相关活动的通用术语》.

具有独特的表现形式。[1]

2. 标准化

标准化是指为了在既定范围内获得最佳秩序,促进共同效益,对现实问题和潜在问题确立共同使用和重复使用的条款以及编制、发布和应用文件的活动。[2]

由此可见,标准化是一种活动,该活动具有特定的目的、范围、对象、内容,会产生相应的结果和效益。[1]

二、标准分类[1]

根据标准化机构的层级、影响范围和所属领域不同,所发布标准的影响范围也不同,按照标准化活动的范围可将标准分为国际标准、区域标准、国家标准、行业/协会/团体标准、地方标准、企业标准等。其中,我国的标准包括国家标准、行业标准、地方标准、团体标准和企业标准。国际标准、区域标准、国家标准以及国际性的学协会标准由于影响范围大,制修订与最新技术保持同步且能公开获得,通常被认为是公认的技术规则,而团体标准、企业标准等主要在特定范围内产生影响。

国际标准是指由国际标准化组织或国际标准组织通过并公开发布的标准。目前,国际标准主要由国际标准化组织(ISO)、国际电工委员会(IEC)以及国际电信联盟(ITU)这三大标准组织发布。

区域标准是指由区域标准化组织或区域标准组织通过并公开发布的标准。区域标准由具备地域型特点的区域标准化组织或区域标准组织制定。欧洲的欧洲标准化委员会(CEN)、欧洲电工标准化委员会(CENELEC)发布的欧洲标准(EN);美洲泛美标准委员会(COPANT)发布的泛美地区标准(COPANT)等都是具有影响力的区域标准。

协会标准是指由学协会组织通过并公开发布的标准。国外一些具有影响力的学协会发布的标准往往在某些专业领域具有广泛影响。如:电气电子工程师学会(IEEE)发布的标准(IEEE Std),美国测试与材料协会(ASTM)发布的标准(ASTM)等。

国家标准是指由国家标准机构通过并发布的标准。中国国家标准(GB,GB/T)由国家标准化管理委员会(SAC)发布。国际上具有影响力的国家标准大多由公认的国家标准机构发布,如:英国标准学会(BSI)发布的英国标准(BS);德国标准化学会(DIN)发布的德国标准(DIN);法国标准化协会(AFNOR)发布的法国标准

---

[1] 白殿一,刘慎斋.标准化文件的起草[M].北京:中国标准出版社,2020.
[2] GB/T 20000.1—2014《标准化工作指南 第1部分:标准化和相关活动的通用术语》.

（NF）等。

行业标准是指由某个国家的行业标准化机构通过并公开发布的标准。

地方标准是指在国家某个地区通过并公开发布的标准。我国地方标准由省、自治区、直辖市标准化行政主管部门统一组织编制、审批、编号和发布。

团体标准是由在我国依法成立的团体按照团体确立的标准制定程序自主制定发布。我国鼓励学会、协会、商会、联合会、产业技术联盟等社会团体，协调相关市场主体共同制定满足市场和创新需要的团体标准，由本团体成员约定采用或者按照本团体的规定供社会自愿采用。团体标准的技术要求不得低于强制性国家标准的相关技术要求。

企业标准是指根据需要自行制定或与其他企业联合制定的标准，我国鼓励和支持在重要行业、战略性新兴产业、关键共性技术等领域利用自主创新技术制定企业标准。企业标准的技术要求不得低于强制性国家标准的相关技术要求。

三、标准化原理[①]

标准化作为一门学科，有它自身存在和发展的理论体系。这些理论知识是人们从长期的标准化实践工作中总结和概括出来的，反过来它又指导人类社会的标准化活动，并在新的实践中得以丰富和发展。

1. 国外标准化原理

（1）桑德斯原理

英国标准化专家桑德斯，于1972年出版了《标准化目的与原理》一书，该书系统总结了标准化活动过程，即制订—实施—修订—再实施过程的实践经验，分析阐述了标准化活动的目的、作用和方法，主要观点如下。

①标准化从本质上来看，是人们有意识地达到统一的做法。

②标准化不仅是经济活动，也是社会活动，标准化工作应在社会各方面的通力协作下推进。

③标准发布的目的是实施。在标准实施过程中，可能会为了整体利益的最优化而牺牲局部的利益。

④制定标准要慎重地选择对象和时机，并保持相对稳定。

⑤标准在规定的时间内，应根据需要进行复审和必要的修订。

---

① 上海市标准化研究院，中国标准化协会，上海信星认证培训中心．标准化实用教程[M]．北京：中国标准出版社，2011．

⑥在规定产品的性能或其他特点时,必须规定相应的测试方法和必要的试验装置。需要采用取样的情形下,应规定取样方法;必要时,还应规定样本的大小和取样的频次。

⑦国家标准以法律强制实施的,必须谨慎考虑标准的性质、社会工业化程度及现行的法律配套等各方面因素。

(2)松浦四郎原理

日本标准化专家松浦四郎,于1972年出版了《工业标准化原理》一书,系统地研究和阐述了标准化活动过程的基本规律,其主要观点如下。

①标准化的本质是简化,简化不仅要减少某些事物的数量,简化目前的复杂性,而且要预防将来产生不必要的复杂性。

②标准化的目的是实现最佳的"全面经济",需要从系统的思维理念和全球的视野,通过制定和实施国际标准来实现。标准化是一项社会活动,需要社会各方面相互协作共同推进,需要克服过去形成的社会习惯。

③简单决定于"互换性","互换性"不仅适用于实物,而且也适用于抽象概念或思想。

④制定标准的活动实质上是慎重做选择(形成标准)的过程,必须根据各种不同观点仔细地选定标准化主题和内容,标准的制定应以全体一致同意为基础,一旦形成标准应保持固定。

2. 我国的标准化原理

(1)"简化、统一、协调、优化"原理

我国标准化专家李春田提出"优化、统一、简化是标准化的基本方法""在优化的基础上统一和简化是标准化最基本的特点"的理论。随后,专家学者对该理论进一步丰富和发展,形成了我国的标准化理论体系基础。

①简化原理

简化是标准化基本的原理,标准化的本质是简化。简化是指通过标准化活动把多余的、可替换的环节简化,减少事物的复杂性。简化是有原则的,只有合理的简化,才能达到总体功能最佳。例如:汽车零部件繁多的规格,给生产管理带来大量的工作,某些汽车零部件的功能性相近,这就需要化繁为简,缩减汽车零部件规格,以最少的规格满足生产和市场的需要。

②统一原理

统一是指在一定范围、一定程度、一定时间、一定条件下,对标准化对象、功能或其他特征及特性所确定的一致性,且与被统一前事物功能等效。统一是标准化活动的目的之一,统一化应符合以下一般原则。

- 统一是有时间和条件的。标准化所指的统一是在一定时间和一定空间范围内有效的,过了这个时间或离开了这个空间,标准就不一定适用。
- 统一必须具有被取代前事物功能上的等效性,即统一后的事物必须与被统一取代的事物在功能上具有等效性。例如:某些汽车零部件统一化的前提是确保功能上的等效性。

③协调原理

标准是标准利益相关方协商一致的产物和相互妥协的结果。某项标准的制定和实施往往会涉及多个利益相关方的利益,达成各方都能接受的"妥协"是一个需要充分沟通和协调的过程。标准协调本身也是多方面的,有技术层面的协调,有利益层面的协调,也有管理层面的协调。例如,某汽车制定一项新的安全标准,这就涉及政府监管部门的监管要求、汽车使用者的期望、汽车制造商现阶段的科技能力和成本承受能力、汽车产业链的配套能力等各方代表间的协调和主动干预,最终才能形成各方都能接受的"妥协"标准。

④优化原理

优化是标准化追求的一种效果。优化是通过标准化活动,在一定的条件下,对标准系统的构成因素及要求进行设计、选择或调整,使标准化的对象形式更加规范、有序,更加合理、有效,使之达到最优化的效果。优化原则就是要进行优化设计、优化生产方法、优化管理秩序,以获得最佳秩序和最佳效益。需要强调的最优化是要站在全局的视野、产业发展的高度和运用系统论的思维来考虑的最优化,不是局部的利益、短期效益和狭隘视角的最优化,否则,就不是标准化所追求的优化。

(2) 标准化系统管理原理

在自然界和人类社会中,普遍存在各种系统。如任何一个企业都表现为一个系统,它是一个人造系统,就标准来说也同样具有系统属性。标准系统不是自然产生的,它是根据人们的需要创造出来的,也是一个人造系统,这个人造系统在人类社会系统中具有特定的功能。我国标准化专家李春田提出了系统效应原理、结构优化原理、有序发展原理和反馈控制原理四项标准化系统管理的原理。标准化系统管理原理是各类标准体系的建立和实施的理论基础和方法论的源头。

①系统效应原理

标准系统的效应不是直接从每个标准本身,而是从组成该系统的互相协同的标准集合中获取的,这个集合效应超过了标准个体效应的简单叠加,这就叫作系统效应原理。标准系统是一个整体,不是单个要素的算术求和。作为一个有机整体的标准系统,其效应与组成该系统的各个标准及它们的结构有关,它不是各个标准个体效应的总和。

②结构优化原理

对标准系统来说,不论是国家标准系统还是企业标准系统,都是由许多标准组成的,这些标准(称为系统的要素)并不是简单的堆积,而是标准系统各要素之间科学的有机联系,这种联系和有序排列组合就是标准系统的结构。根据结构优化原理,对标准系统的结构进行优化时,要从标准系统的结构形式来考虑。如果结构形式任一方面优化程度低,都会影响整个系统的结构优化水平。

③有序发展原理

有序发展原理是指标准系统建立不是任其自然,而是要进行有效管理和控制的。随着时间的推移、科学技术的发展、标准水平的提高,标准系统的有序结构必然要进行调整或改进,始终维持标准系统的有序性,才能不断发挥标准的系统效应。

④反馈控制原理

反馈控制原理是指在建立标准系统及在其运行过程中,要不断从外部环境获得环境变化的信息,对这些信息再加工,根据所加工的信息对标准系统进行控制,使其与环境相协调,这是一个无限循环的过程。没有信息就无法对标准系统进行管理,也就无所谓标准化活动。

(3)综合标准化原理

综合标准化是指为了达到确定目标,运用系统分析方法,建立标准综合体,并贯彻实施的标准化活动。其使标准化活动目标更明确、重点更突出,能更综合、系统地解决问题。综合标准化工作遵循以下原则:

①把综合标准化对象及其相关要素作为一个系统开展标准化工作;

②综合标准化对象及其相关要素的范围应明确并相对完整;

③综合标准化的全过程应有计划、有组织地进行;

④以系统整体效益(包括技术、经济、社会三方面的综合效益)为最佳目标,局部效益服从整体效益;

⑤标准综合体的标准之间,应贯彻低层次服从高层次的要求;

⑥充分选用现行标准,必要时可对现行标准提出修订和补充要求;

⑦标准综合体内各项标准的制定与实施应相互配合。

第二章　城市轨道交通标准化发展要求

第一节　标准化建设的必要性

"十三五"以来,我国城市轨道交通网络化进程加速,在多层次网络发展、运营服务水平提升、关键技术创新、标准体系健全等方面取得了突出成就,但仍在网络化统筹、核心装备完全自主化、可持续发展、标准化体制机制等方面存在问题,已是城市轨道交通发展的难点,必须与时俱进地加快城市轨道交通标准化建设,全面支撑城市轨道交通持续发展。

一、城市轨道交通发展现状

1. 轨道交通网络化进程加速

运营与在建、待建里程位居世界前列,"十三五"以来,我国城市轨道交通持续快速发展,截至2020年底,共有45座城市开通城市轨道交通运营线路,总运营里程达7 969.7公里;"十四五"期间,建设规划运营里程将超过7 000公里。轨道交通网络化发展的城市不断增加,运营线路4条及以上且换乘站3座以上的城市占比超过48%,其中北京、上海、广州、深圳等城市逐步迈入超大规模网络运营阶段,客流规模与客运强度持续攀升。

2. 多制式多层次网络并存发展

多制式城市轨道交通系统投入运营,其中地铁占比78.8%、其他制式占比21.2%,拥有两种轨道交通系统制式的城市已达20座。多层次轨道交通网络融合发展,粤港澳大湾区、长三角及京津冀城市群等地区,正积极建设干线铁路、城际铁路、市域(郊)铁路、城市轨道交通"四网融合"的城市群一体化交通网。图2-1所示为飞速发展中的上海地铁。

图 2-1　飞速发展中的上海地铁

3. 运营服务水平全面提升

从日均运营服务时长来看,2020 年平均 16.8 小时/日,位居前五的北京、上海、重庆、西安、贵阳均超过 18 小时/日;从发车间隔来看,整体呈现逐步缩小的趋势,2020 年高峰小时最小发车间隔不大于 120 秒的线路已有 16 条,最大行车密度超过 30 对/小时的城市共有 4 座;从可靠性来看,列车服务可靠度快速提升,远超欧洲城市 100 万车公里/件的平均水平,位居世界前列。

4. 关键技术自主能力显著增强

在不断扩大网络规模的同时,我国城市轨道交通技术也得到了长足的发展。装备技术整体水平实现从跟跑到并跑,多数核心装备已经实现自主,包括车辆整车制造技术、自主 CBTC 信号系统、网络级 LTE-M 技术、多元化"互联网 +"售检票技术等,并初步建立城市轨道交通产业体系和规划、设计、建设、运营标准规范体系,达到国际一流甚至领先水平。

5. 规章制度体系持续健全

城市轨道交通运营管理制度和运营标准体系不断健全,近年来行业层面相继印发 9 个规范性文件和 4 个配套规范;地方层面,苏州、无锡、宁波等 29 座城市出台了地方性法规,天津、哈尔滨、济南等 27 座城市出台了政府规章,北京、石家庄、沈阳等 15 座城市同时出台地方性法规和政府规章;发布城市轨道交通运营标准 15 项(其中国家标准 3 项、行业标准 12 项),7 项运营管理类团体标准正式立项,其中 2 项已进入报批阶段。

二、城市轨道交通发展的问题

我国城市轨道交通建设速度快、建设规模大,部分城市运营服务水平向国际一流水平靠近,但行业整体建设与运营服务水平仍有较大提升空间。

1. 网络化发展的认识还不充分

随着我国城市轨道交通全面进入网络化发展阶段,城市轨道交通的发展逐步从建设轨道交通向运营轨道交通转变,从注重线路建设与开通运营转型到建设与运营并重。但由于我国城市轨道交通整体起步发展时间相对较晚,各地城市规划建设速度也不一致,对网络化发展的认识存在一个渐进深入的过程,大部分城市对网络化的需求缺少统一的考虑,缺少网络化集中统筹、协调共享的管理理念。

2. 网络安全韧性水平还需加强

我国城市轨道交通在城市交通中的重要性日益凸显,但由于关键线路运能配置标准不足、网络缺少快线和联络线、系统冗余性和匹配性较弱、安全应急联动指挥能力不强等原因,导致出现应对大客流、故障事故、自然灾害等突发事件的韧性不足等问题,因此需要完善和优化网络自身结构功能,强化标准匹配性设计。

3. 装备系统技术优势还不突出

目前,我国城市轨道交通装备技术基础研究还比较薄弱,技术装备自主化、智能化仍存在一些技术瓶颈;技术标准体系不够完善,产业链协同不够有力,知识产权和品牌意识不强,在国际市场竞争中的技术优势不突出,部分核心技术和零部件仍依赖国外,与从跟跑到领跑的发展要求不符,亟待聚焦城市轨道交通发展关键与重点,提升核心装备技术自主化和关键技术攻关能力。

4. 可持续发展能力还不充足

城市轨道交通的快速发展,使得建设资金和运营费用的大幅增加。一方面,建设投资仍处于较高水平,"十四五"期间预计年均完成建设投资约 6 000 亿元;另一方面,运营成本尤其是设施设备维护成本快速上升,票务收入难以覆盖运营成本支出的问题逐渐显露,面临的财务可持续的压力日益增大,需要从关注规模扩张向关注效益和可持续发展转变,防范难以维持长期运营维护要求的财务不可持续风险。

5. 行业标准体系还不完善

我国虽然初步建立了城市轨道交通工程、运营和产品技术标准体系,但涉及新技术应用和新制式推广的标准规范体系和认证体系仍不能满足发展需要,一定程度上制约了城市轨道交通的高质量发展,亟待健全和完善我国城市轨道交通技术标准体系,实现城市轨道交通工程、运营和产品的系列化、标准化,全方位降低设计、生产、维修、运用成本,支持我国城市轨道交通行业走出国门,参与世界竞争。

三、标准化是轨道交通发展的首选

通过国家、行业、团体、企业的标准化协同工作,可以促进标准对各座城市轨道交通建设和运营的良性发展。一是通过标准化,增强网络化建设运营统筹规划,减少运营阶段大规模的更新改造,加强规划建设阶段的网络化标准研究;二是通过标准化,加快轨道交通四网融合和交通一体化,形成城市群、都市圈层面,涵盖规划、建设、运营、技术的标准体系及标准编制;三是通过标准化,提升建设运营的风险应对能力,制定安全和应急类标准;四是通过标准化,形成核心装备自主研发和生产优势,加快在"卡脖子"的车辆、信号、通信、系统集成等领域科技攻关;五是通过标准化,促进大规模轨道交通建设可持续发展,推动站城一体、轨道交通TOD、成本规制等方面的有序发展。

第二节 标准化建设的重要性

我国城市轨道交通已步入"十四五"发展的关键时期,在国家战略的指引下,需要牢牢把握高质量发展的内涵和几个重点方向,打造轨道交通"一流设施、一流技术、一流管理、一流服务、一流效益"五个一流,构建安全、便捷、高效、绿色、经济的新一代智慧型城市轨道交通。充分发挥标准化在推进轨道交通高质量发展中的基础性、引领性、战略性作用,促进网络融合、核心装备自主化、数字化转型等发展。

一、轨道交通行业标准化发展趋势

我国城市轨道交通标准化工作始于20世纪80年代的轨道交通建设初期。1986年,颁布第一个城市轨道交通国家标准《城市公共交通标志 地下铁道标志》(GB/T 5845.5—1986)。至90年代末,共颁布了《地下铁道车辆通用技术条件》(GB/T 7928—1987)等14项产品标准和《地下地铁设计规范》(GB 50157—1992)等7项工程建设标准,当时制定的标准数量少、内容分散。

2004—2012年,城市轨道交通作为一个独立的专业纳入了标准管理体系,城市轨道标准化工作进入快速发展阶段。这一阶段,参与城市轨道交通建设运营的各方主体逐步认识到了标准的重要性,全行业积极参与标准的制修订工作。2006年,成立全国城市轨道交通标准化技术委员会。

2012年以后，国家标准化主管部门和行业主管部门进一步加大对标准化技术委员会的管理，城市轨道交通标准化工作日趋规范，城市轨道交通标准的制修订工作进入了稳定发展阶段。

30多年来，我国城市轨道交通标准化工作取得了突破性进展，城市轨道交通标准体系逐步完善，有效支撑了城市轨道交通的工程建设和运营管理，但相对于城市轨道交通的建设速度和规模仍显滞后，对支撑行业走出去尚显不足。当前和今后一段时期，我国城市轨道交通仍将处于发展的快车道，着眼世界发展新变化、适应经济发展新常态、提升自身发展新水平，都对行业标准化工作提出了更高的要求。从国际看，在"一带一路"倡议的带动下，城市轨道交通行业将着力形成产业集群优势，深度参与国际市场竞争，充分发挥标准互联互通作用。从国内看，有助于构建协作发展、协调配套、协同推进的城市轨道交通标准化工作格局，服务国家优先发展公共交通战略，促进产业转型升级、经济提质增效。从行业看，通过标准驱动创新，规定技术底线，规范行业秩序。标准在有效协调供给与需求关系、更好地保障城市轨道交通建设运营质量、促进城市轨道交通高质量发展等方面，将发挥越来越重要的作用。

二、轨道交通行业高质量发展要求

《中华人民共和国国民经济和社会发展第十四个五年规划和2035年远景目标纲要》提出以推动高质量发展为主题的工作总要求。《交通强国建设纲要》强调进一步推动交通发展由追求速度规模向更加注重质量效益转变，由各种交通方式相对独立发展向更加注重一体化融合发展转变，由依靠传统要素驱动向更加注重创新驱动转变，构建安全、便捷、高效、绿色、经济的现代化综合交通体系，建成人民满意、保障有力、世界前列的交通强国。《国家综合立体交通网规划纲要》对加快建设交通强国、构建现代化高质量国家综合立体交通网提出了新的更高要求，明确必须注重交通运输创新驱动和智慧发展，更加突出统筹协调、更加突出绿色发展、更加突出共享发展，建设人民满意交通。《2021年新型城镇化和城乡融合发展重点任务》提出建设轨道上的城市群和都市圈，加快规划建设京津冀、长三角、粤港澳大湾区等重点城市群城际铁路。

贯彻落实交通强国、新型城镇化、都市圈发展等国家战略，构建安全、便捷、高效、绿色、经济的新一代智慧型城市轨道交通，为人民群众提供高质量的轨道交通服务，提升人民群众的获得感和幸福感，推动轨道交通由网络大规模发展向高质量发展转变，是轨道交通行业肩负的重要责任。

三、轨道交通高质量发展的内涵及重点方向

中国城市轨道交通协会《城市轨道交通发展战略与"十四五"发展思路》明确了"一流设施、一流技术、一流管理、一流服务、一流效益"五个一流的轨道交通高质量发展内涵及发展战略。围绕构建安全、便捷、高效、绿色、经济的新一代智慧型城市轨道交通目标,轨道交通应在以下几个方面予以重点推进。

1. 一体融合、多式协调,稳妥有序助力城市能级提升

突破以往轨道交通单一发展的模式,强化不同功能层次、多制式轨道交通以及与其他交通方式的一体化规划、一体化建设、一体化运营。推动城市群和都市圈干线铁路、城际铁路、市域(郊)铁路、城市轨道交通"四网融合",推进城市轨道交通与全国性综合交通枢纽的无缝衔接与换乘,推进轨道交通 TOD 上盖开发和站城一体,提升城市轨道交通综合效益。

2. 聚焦核心、自主突破,确保关键装备安全可控

完善工作机制,落实行业自主创新组织保障;布局重点任务,加强重点研发任务技术攻关与行业应用示范,推动重点装备自主创新与批量应用;完善配套措施,优化产业布局,规范市场秩序,创建中国标准,加强认证能力,坚持开放合作,夯实装备体系产业基础,积极推动"国产化率导向"向"关键核心自主可控导向"转型。

3. 品质卓越、安全持续,促进综合效能充分发挥

紧密结合交通强国建设,探索新的城市轨道交通管理模式,提高运营管理智能化、便利化水平,提升以城市轨道交通为骨干的出行体系综合运输效能。一是充分发挥客流与网络资源以及节能环保优势,提升综合服务品质。二是研发先进安全保障技术,确保系统运营安全可控。三是建设智能运控系统,提高运营管理效能。四是完善网络化先进管理模式,以网络统筹促进可持续健康发展。

4. 数字转型、智慧赋能,推进智慧城市轨道交通建设

面向智慧建设、智慧运营、智慧服务等核心领域,结合新技术发展态势,加强顶层规划与蓝图设计,指导智慧城市轨道建设。积极推进城市轨道云、大数据平台、基础通信平台等新型融合发展的基础设施建设,重点针对数据信息制定统一要求和规范,构建发挥实效的管理适配体系和技术标准体系。

四、标准化促进高质量发展

标准是经济社会活动的技术依据,在国家治理体系和治理能力现代化建设中,发挥着基础性、引领性、战略性作用。围绕构建安全、便捷、高效、绿色、经济的新一代智慧型城市轨道交通目标,"十四五"期间布局四个方向的标准化发展规划,促进

轨道交通行业高质量发展。

1. 发挥团体标准的市场化作用，提高关键领域标准有效供给

《国家标准化发展纲要》指出要优化标准供给结构，充分释放市场主体标准化活力，实现标准供给由政府主导向政府与市场并重转变。中国城市轨道交通协会、轨道交通产业联盟及区域轨道交通联盟发挥各自优势，逐步建立完善标准化工作机制，确定团体标准化发展目标，构建完善优化标准体系，以市场化需求为导向，形成一系列行业共性发展需要的标准，强化社会团体制定原创性、高质量标准的作用。

2. 编制网络融合标准，促进区域一体化和城市能级提升

在城市群和都市圈发展的背景下，编制涵盖规划、技术、运营管理层面的一体化融合标准，推进干线铁路、城际铁路、市域（郊）铁路、城市轨道交通"四网融合"。如区域轨道交通互联互通技术标准，解决不同制式的互联互通及跨线运营；区域轨道交通一体化运营管理标准，适应多网融合协同运输服务；区域轨道交通一体化生产设施布局标准，最大程度发挥规模效益；区域轨道交通信息互联及数据共享标准，规范统一采集、处理和共享。在交通与土地利用一体化发展的要求下，补强轨道交通与城市、土地一体化开发方面的标准，发挥交通引导轨道交通空间优化和治理的作用。

3. 攻关核心装备标准，形成城市轨道交通产业自主化

完善城市轨道交通装备产业相关政策、法规、标准，加强轨道交通核心装备全自动运行系统、基于新一代通信技术的智能列控系统、车辆关键零部件统型、车站机电设备集成类等标准的编制，强化装备系统标准的实施监督，推进核心装备产业自主化，加快与国际接轨。

4. 构建安全、绿色、智慧城市轨道交通标准体系，打造现代化城市轨道交通

以建设"便捷顺畅、经济高效、绿色集约、智能先进、安全可靠"的高质量轨道交通网络为目标，形成安全、绿色、智慧的城市轨道交通标准体系。在安全方面，形成涵盖网络规划、安全设计、装备可靠性、建造风险控制、运营安全生产、安全评估等方面的标准体系，融入新一代信息化、物联网等技术，提高轨道交通的安全韧性。在绿色方面，形成覆盖轨道交通规划、设计、建设、运营、维护全生命周期的绿色低碳标准体系，助力国家实现"双碳"目标。在智慧方面，构建我国自主知识产权的智慧城市轨道交通技术标准体系，着力研究编制一批共享关键核心技术标准，形成从顶层管理、监督评估、运行应用、平台建设、数据融合、底层感知的系列化标准。

第三节　标准化建设的迫切性

在交通强国等国家战略引领和上海地铁"三个转型"发展背景下，上海地铁网

络化和高质量发展是必然趋势。为了应对超大规模网络面临的风险和挑战，迫切需要深化完善现有的标准体系和标准供给，以标准统筹网络化建设运营，以标准提升安全管控能力，以标准促进智慧和绿色地铁发展，以标准加强新技术的转化，以标准促进长三角一体化发展。

一、上海地铁的发展现状及战略需求

截至2021年底，上海地铁运营线路20条（含磁浮和浦江线），总运营长度831公里，运营车站508座，网络规模世界第一、客流规模世界第二。按照《上海轨道交通网络规划（2017—2035年）》，上海轨道交通网络大规模的建设仍将持续，近、远期还将新建约1 385公里的网络，包含市域铁路、市域轨道快线和地铁制式，上海市城市轨道交通运营网络如图2-2所示。超大规模轨道交通网络面临大客流安全管控、数量庞大的多制式设施设备维护、突发事件及灾害的应急处置、超深基坑开挖和深盾构隧道施工建设、财务收支不平衡等风险和挑战。

面对超大城市、超大网络、超大客流的轨道交通运营管理新特征，上海地铁牢牢抓住高质量发展的本质要求，对标世界最高标准、最好水平，提出了"从建设运营的高速增长向高质量发展转型、从单一的交通运输功能向综合服务的城市地铁网络转型、从运营地铁向经营地铁转型"的"三个转型"战略发展目标。从战略转型入手，积极破解传统地铁运营服务的发展瓶颈与难题，提升上海超大规模网络运营管理效能，推动轨道交通高质量发展，为城市提供安全、智慧、绿色、人文的高品质出行服务和生活服务。

二、上海地铁运营和建设面临的问题和挑战

1. 运营和建设风险加大，安全管控能力有待增强

一是运营大客流风险。上海轨道交通网络化快速发展、客流量持续增长，对运行计划安排、车站客运组织、应急调度指挥、乘客信息服务等提出了更高的要求，任何一个环节出现问题就有可能发生延误，部分线路、车站前期运能设计规模、设计标准与实际运量需求不相适应，都会增加网络运营常态大客流的安全风险。二是建设施工风险。建设施工的车站数量多、运营交叉多、风险种类多，特别是崇明线超长距离越江盾构施工，以及17座车站和19个盾构区间的运营交叉施工，都带来一系列安全风险源。上海地铁需要不断提高安全水平、完善安全风险防控体系、增强网络安全管控能力。

2. 设施设备维护难度大，网络资源共享水平有待提升

一是设施设备规模总量大和制式型式多样化增加了维护难度。轨道交通的设

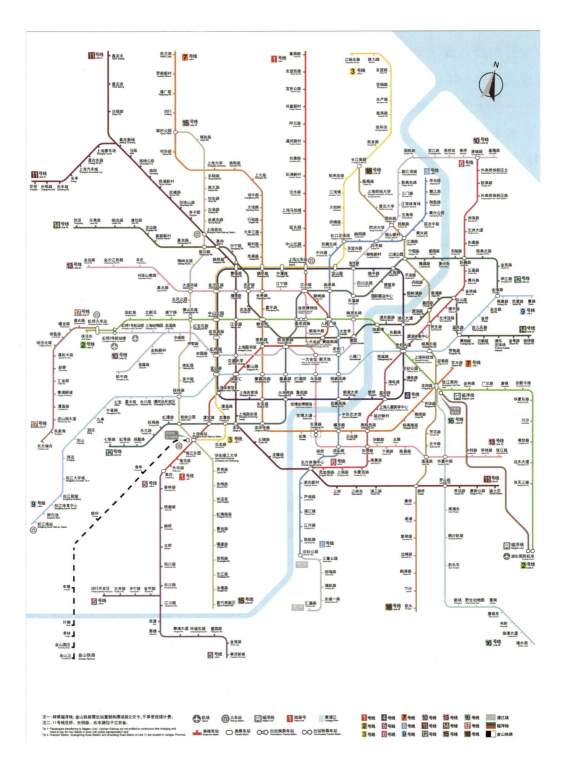

图2-2 上海市城市轨道交通运营网络示意图

施设备涉及车辆、轨道、供电、信号、通信、车站设备等多个专业系统,各专业系统装备的制式和型号多样,系统之间接口标准的不统一,加大了维护难度。二是系统平稳运行受到挑战。随着线路延伸、新线建设和设备分阶段大修更新,老、中、新系统之间的型号和接口标准不统一,影响了系统运行可靠性和效率发挥。三是网络资源共享水平仍较低。上海地铁已经有效强化了网络集中管理功能,但在网络资源调配与集约利用、换乘站机电设备集成共享等方面还需优化提升。四是网络化更新改造难度加大。由于一些老线在建设阶段按照单线招标和建设管理,未重视网络化的需求,如网络无线通信系统等,老线陆续步入大修更新改造后,改造量非常大。

3. 乘客需求呈现新变化新特征,运营服务品质有待提升

随着社会和城市的进步发展,乘客的出行和服务需求日趋多样化、个性化和高品位,对地铁运营快速便捷舒适、车厢车站高品质环境、公众服务便利友好性、交通服务和城市服务一体化等提出了更高要求。需要贯彻落实好"人民城市人民建,人民城市为人民"重要理念,提升地铁运营服务品质,更好地满足人民群众对美好生活的向往。

4. 智慧和绿色发展面临新挑战,新技术推广应用有待加强

构建综合、绿色、安全、智能的立体化现代化城市交通系统,给城市轨道交通智慧发展、绿色发展带来新挑战。在智慧地铁方面,上海地铁还需进一步依托5G、物联网、云计算、大数据、人工智能等新领域,促进网络一体化融合、轨道减振降噪、全自动运行系统、暗挖法等技术,从试点应用走向全面推广应用。在绿色地铁方面,围绕碳达峰、碳中和目标,将绿色发展融入地铁建设运营全过程,构建绿色低碳标准体系,加强绿色建设、节能运营、减振降噪等新技术推广应用,深入推进轨道交通的绿色发展。

5. 长三角一体化新背景下,轨道交通促进"四网融合"关键作用有待发挥

城市轨道交通具有承接对外交通和集疏城市内部交通的关键功能,在上海都市圈及长三角交通一体化发展新形势下,上海城市轨道交通需强化与干线铁路、城际铁路、市域(郊)铁路的融合与衔接,在通道资源、装备系统共享以及协同运营、区域标准等方面均有突破,实现大型客运枢纽中不同功能层次线路间的"零换乘",构建高效立体的客运衔接模式,提高与近沪城镇轨道交通的一体化衔接,实现都市圈轨道交通的融合发展。

三、以标准化为手段应对上海地铁发展问题和挑战

面对超大规模网络运营、建设带来的诸多新问题与挑战,上海地铁把标准化建

设作为确保安全运营、优质服务、高质量发展的着力点,发挥标准化助力企业转型发展的支撑性、基础性、引领性作用。

1. 以标准强化安全风险全过程管理,提高安全管控能力

一是强化规划设计标准,提升本质安全水平。如在规划设计阶段,针对大客流安全管控需求,提高线路输送能力标准、车站集散能力标准、换乘通行能力标准,增加大客流与网络输送能力的匹配性。二是编制涵盖轨道交通全寿命周期的标准,提升安全全过程治理能力。完善交通基础设施安全技术标准规范,完善轨道交通安全生产、应急管理、防灾减灾救灾标准,编制"安全设计、安全施工、安全风险防控、安全评估"全过程的综合性技术规范。全面推进公司、车间、班组三级安全生产标准化建设,实现源头治理、系统治理和综合治理。三是建设标准化、数字化工地,全面提升建设管理水平。将BIM技术、物联网技术等转化为标准,创新建设管理模式。

2. 强化标准的网络化统筹,提高网络运营管理效能

针对上海地铁设施设备运营维护难度大、网络资源共享程度低、网络运营管理协同程度低、网络大修更新改造等问题,强化标准对网络化规划、网络化建设、网络化运营、网络化经营的统筹,实现运营需求标准化。将网络化运营需求纳入规划建设标准,形成规范统一的技术管理规程、运营作业规程、维护管理规程等标准,为网络化运营奠定基础。通过运营需求标准化、建设标准化、运营管理标准化的全过程管理,促进网络系统平稳运行,优化网络资源共享水平,降低网络运维成本,提高网络运营管理效能。

3. 加强运营服务标准体系建设,提升网络精细化服务水平

坚持以乘客需求为导向,持续对标国际最高标准、最好水平,加强运营服务标准体系的建设。一方面加强运营服务需求标准化,加大服务配套设施的建设和改造,加大环境整治,提高车站车厢环境质量,保障乘客出行的安全、便捷与舒适;另一方面提升窗口服务作业标准化,坚持以标准化、规范化、人性化服务为基础,以特色服务为亮点,以智能化服务为突破,以服务信息多渠道、快速发布为创新,调整优化运营服务举措,进一步塑造"安全便捷、服务规范、环境温馨、社会参与"的服务品牌。

4. 打造智慧、绿色标准体系,以标准化推动新技术应用

智慧地铁方面,以业务需求为导向,从顶层设计、试点示范、评估梳理到标准编制,构建形成科学、合理、系统、开放的智慧地铁标准体系,指导上海智慧地铁建设有序开展。绿色地铁方面,形成符合规划、设计、建设、运营、维护实际需求的城市轨道

交通绿色标准体系,促进绿色节能工作更加科学、规范、有序发展。新技术应用方面,不断完善科技创新成果标准转化机制,将先进适用的科技创新成果融入标准,如 BIM 技术、信息化技术、5G 技术、LTE-M 技术,提升标准水平,促进科技成果的产业化应用。

5. 推动长三角区域标准规划与编制,促进"四网融合"

发挥上海地铁在长三角轨道交通企业中的优势作用,探索建立区域轨道交通产业联盟,充分利用区域内各级轨道交通技术委员会平台,建立长三角区域标准化工作机制,协商制定长三角轨道交通一体化发展规划,开展区域关键标准的编制,在不同网络的一体化规划标准、互联互通技术标准、设施设备资源共享标准、协同运输服务和管理标准、信息共享标准等方面予以突破,将标准化作为重要抓手,促进长三角区域干线铁路、城际铁路、市域(郊)铁路、城市轨道交通"四网融合",推动长三角区域交通运输服务高质量发展。

第三章 上海地铁标准化建设发展历程

面对超大型城市、超大规模网络、超大客流带来的城市轨道交通运营新挑战，上海地铁秉持"智慧运营为重点、乘客服务为目标、行业需求为导向"的原则，把标准化建设作为支撑城市轨道交通高质量发展的制度基础。十多年来，通过建立健全企业标准化体系，推动标准在一线的落实，上海地铁的标准化工作成为国家标准委、交通运输部向全国推广的典型案例。这些成果不仅回应了新时代对轨道交通运营发展的新要求和新变化，带动提升了行业管理体系和管理能力的现代化水平，也为推进交通强国建设，服务全面建设社会主义现代化国家奠定坚实的基础。

第一节 上海地铁标准化建设目标

上海地铁立足"国内领先、国际一流"战略目标，依据轨道交通行业发展方向，按照国家和上海市关于标准化工作的重大部署，坚持"标准引领、追求卓越"的创新理念，制定集团标准化建设的发展目标。

凭借标准提升服务效能，追求贯彻好建设人民城市的发展理念。践行"人民城市人民建，人民城市为人民"重要理念，以标准为技术支撑，打造上海全龄友好、无障碍出行的高品质轨道交通环境，实现轨道交通的精细化管理，提升交通治理的现代化水平。

凭借打造"标准化生态"的工作模式，追求上海城市地铁行业的高质量发展。围绕智慧交通、城市数字化转型、碳达峰碳中和等重要战略目标，推动标准化与安全、服务、运营、建设、科技、管理、绿色、文化相融合，以高水平标准化工作全方位支撑上海轨道交通高质量发展。

凭借轨道交通领域的标准化合作，追求长三角城市群协同发展的领头作用。围绕基础设施互联互通、科技创新深度融合、技术共享等领域，推动轨道交通标准协同模式和共商机制建立，为长三角交通一体化发展提供技术支撑。

凭借推动国际标准化工作，追求我国轨道交通行业话语权的提升。积极参与轨道交通国际标准制修订，以国际标准传播上海轨道交通的实践经验，以点带面提升我国轨道交通行业的国际影响力。

在具体实现路径上，上海地铁将标准化建设总体目标细化在各个发展阶段中："十二五"期间全面建立标准化体系，"十三五"期间全面深化完善标准化工作，"十四五"期间和未来全面发展提升标准化水平。

"十二五"时期，确立了标准化建设的总体目标和战略规划，将建立完整的标准化技术管理框架作为发展思路。这段时期的目标包括：一是开展标准化建设的系统研究，为标准化工作开展奠定理论基础；二是整合各个业务已有较成熟的工程建设和经营管理方面的技术标准和管理措施；三是建立标准化工作的系列标准框架、组织机构、标准宣贯方案等。

"十三五"时期，确立了标准体系全面建立健全、标准实施全面覆盖、"标准化＋"全面融入的发展思路。在这段时期内的目标包括：一是建设完善标准化体系，包括建立并完善标准化工作机制，建立工程建设标准体系，协调融合已有的各项标准子体系等内容；二是支持标准的实施、监督、评价和保障，包括标准的宣贯培训、信息化技术引入、推动各业务板块全面标准化等内容；三是加强标准化工作的软硬件建设，加强人才培训和开发标准化管理的信息化工具；四是推动标准化工作的对外交流和服务。

"十四五"时期，确立了加快构建推动上海地铁超大网络高质量发展的标准体系的发展思路。这段时期的目标主要有：一是强化标准体系建设基础，围绕安全生产经营需求、超大规模地铁网络管理、新技术新设备新工艺等重点，制定和优化相关标准规范，以高标准赋能集团高质量发展；二是强化标准实施评价系统，围绕促进精细管理、促进规范作业、促进改进创新等关键，深度推进标准化线路（车间）、车站（班组）建设，提升标准实施能效；三是强化标准品牌培育力度，围绕城市轨道交通发展目标、上海提升核心能级和核心竞争力、集团新一轮"三个转型"等要求，开展标准创新实践，提升标准化发展活力。

第二节　上海地铁标准化建设历程

标准化作为治理体系和治理能力现代化的重要工具,需要解决"什么是标准、如何编标准、如何用标准"这三个核心问题。经过十余年的实践,上海地铁也给出了自己的答案,回应了城市轨道交通运营服务标准化建设的三个问题,即"建设什么、谁来建设、如何建设",这三个问题涵盖了标准化工作的价值、主体、范围、方式、程序、评估等方面。结合在运营过程中遇到的障碍和挑战,上海地铁的标准化建设通过鉴别、整合、统一、评价等方式,规范并制度化企业管理过程中涉及的各个事项或操作内容,促使宏大的生产、运营、服务管理工作从概括性、抽象性向具体化、生动化的方向改变,并时刻朝着标准化理论靠拢,以寻求各个工作系统的最佳秩序和整体效益。

2011年以来,上海地铁以上海城市轨道交通网络标准体系规划研究为契机,探索企业标准化工作路径,先后建立了标准化组织体系、运营服务标准体系和标准化实施体系,累计发布5 000余项企业标准,培养了大量的标准化专业技术人才,获得了国家级轨道交通运营服务标准化试点等荣誉,为全国城市轨道交通领域的标准化工作起到了良好的带头作用。

上海地铁十年来的标准化建设思路,既来源于管理理论与标准化理论的交叉创新,更来源于城市轨道交通管理工作的实际探索。具体来说,标准化建设工作中始终围绕着四个层面展开:第一个层面是各个层级全面延伸"实际、实用、实效"的管理原则。三个"实"明确了标准化建设的基本立场和实现方向;"全面延伸"指标准化建设的涉及面广,用标准化视角勾勒出各个层间工作的目标、内容、流程、结果、反馈等子体系轮廓,明确了其范围和边界,精细化了管理内容。第二个层面是回应建设现代化的国家治理体系要求。以标准化思维建设管理体系,弥补了超大城市中治理体系宏大、抽象的不足,映射了国家治理向具体、精细的方向延伸。第三个层面是转变城市轨道交通运营管理的组织形态。通过标准化建设,理顺生产技术、生产管理、流程管理、业务管理等主体之间的关系,并引入标准化管理思维,扭转传统管理的计划思维、部门形态、参与交互带来的一系列工作偏差,使上海地铁标准化服务成为现代公共服务的基本样式,引领轨道交通转型发展。第四个层面是对外输出管理理念成果。标准化作为治理能力建设的重要技术基础,实现程度直接体现了企业的管理水平与管理策略,是企业在社会中往来的通行证。上海地铁的标准化建设,既能有效加强与国内外的交流与往来,更可以对外讲述中国企业管理和公共服务的转型与变革,展示中国的对外形象,提升对外开放的广度、深度与强度。图3-1为风驰电掣的地铁列车。

图3-1　风驰电掣的地铁列车

在这十年的发展历程中,上海地铁经历了"十二五"时期的探索与准备,"十三五"时期的起步与成长,正在秉承新发展理念,围绕新发展格局,引领城市轨道交通标准化建设步入新发展阶段。在上海地铁标准化建设的过程中,大致可分为四个时期,分别为创建期、提升期、深化期和引领期,各时期主要工作如下。

在上海地铁标准化建设的创建期(2011—2014)内,首创运营服务标准体系、标准化组织体系和标准化实施体系的三体系合一,形成了上海地铁"一体两翼"标准化建设模式。其标志是研究并首创了三体系的基本架构,经过理论研究和实践总结,建立了上海地铁系列标准体系、标准化组织架构、标准实施日常管理机制。并且首创了全国轨道交通标准化试点,为上海地铁标准化体系的深化和完善打下坚实的基础。

在上海地铁标准化建设的提升期(2015—2017)内,建立了标准化工作五大机制,实现标准化工作的常态化、精细化、规范化管理。其标志是完善了上海地铁标准化体系的架构,丰富其内涵。通过精益理念整合优化已有的标准体系,采用持续改进措施推进标准化实施工作,切实提升了标准化体系质量、标准质量和标准化实施质量。

在上海地铁标准化建设的深化期(2018—2020)内,以示范为目标,深度推进标准化建设,全面向标准化建设示范转化。标准化建设深入基层业务领域,营造"标准化+"的企业文化精神,形成基层标准化标杆引领。首创行业标准化评价体系,引入标准化实施效果评估策略,补齐标准化应用最后一环。成立上海市轨道交通标准化技术委员会,承担城市轨道交通领跑者的社会责任,推广上海地铁标准化工作经验。

在上海地铁标准化建设的引领期(2020至今)内,着眼于超大轨道交通网络建设运营,推动标准化体系在区域和国际推广中的带头作用。利用获评首批上海标准的优势,建设轨道交通标准软连通,带动长三角一体化协同发展,示范经验辐射到全国交通运输行业。主编、参编行业、国家、国际标准,推动标准走向全国、走出国门。现在上海地铁标准化建设的知识体系已经成为上海和全国轨道交通标准化建设的名片和品牌,形成了实实在在的竞争力和发展优势。

一、标准化建设创建期(2011—2014)

围绕"四个中心"和社会主义现代化国际大都市的总体目标,"十二五"时期不仅是上海创新驱动转型发展,努力争当全国推动科学发展、促进社会和谐的排头兵的关键时期,也是上海轨道交通全面提升综合管理水平的重要战略机遇期。按照统一规划部署,上海地铁积极推进城市轨道交通网络标准体系研究、运营服务标准体系建设、标准实施体系及标准化组织体系规划,形成上海地铁"一体两翼"的标准化建设模式,奠定了上海地铁标准化工作的基石。

1. "一体两翼"的战略发展规划

随着对城市轨道交通标准化发展的认识不断加深,结合特大、超大城市治理理念,编制符合上海地铁发展实际的标准化总体设计被摆上重要议事日程。2011年,上海地铁发布《上海申通地铁集团有限公司发展规划纲要(2011—2015)》,提出"管建并举,管理为重,安全运营为本"的战略指导思想,借助标准化管理理念,实施网络运营和设计研究方面的"两大提升"建设任务,以及轨道交通运营服务管理的"申通品牌"计划,形成了指导当前和未来标准化工作的纲领性思想,明确了上海城市轨道交通行业的标准化建设方向。

同年,围绕"强化管理、确保安全"的工作要求,上海地铁提出将标准化建设规范化和体系化作为抓手,制定行业领先且具有规范性、时效性、协调性、可操作性的先进标准体系的发展目标,明确了标准化工作发展的基本思路、建设目标、建设总任务和重点等,绘制了上海地铁标准化建设的发展蓝图。

2011年12月,上海地铁多个部门协作完成了"上海城市轨道交通网络标准体系"规划研究。课题立足上海地铁的标准化工作需求,结合我国城市化进程的发展特点,站在上海城市轨道交通行业发展的角度,探讨了以上海为例的城市轨道标准体系总体规划和具体构建的方法,归纳了上海地铁标准化运营建设方案的运行机制。课题成果提出了上海地铁标准体系"一体两翼"的架构模式,即以企业标准体系的建设完善作为主体,辅以标准化组织体系和标准化实施体系为两翼支持。该模式立足标准化建设的三个重要主体,在实际过程中并行推进,三大体系相互支持、相互补足,"一体两翼"的理论架构成为上海地铁标准化工作的重要技术指导。

2. 标准体系建设

上海地铁为确保轨道交通的安全运营,规范企业的管理行为,促进企业管理和技术全面进步,提升持续经营高质量和卓越管理品质,从服务通用基础、服务提供、服务保障三个维度和类别,探索研究构建了"运营服务标准体系",并结合轨道交通运营和维保的服务特质,创新性地将体系内标准按照作用和属性,系统性地划分为"技术标准、管理标准和工作标准"三类。既体现了服务标准体系的共性,又突出了轨道交通的服务特质,覆盖和规范了上海地铁运营和建设所有的技术事项、管理事项、工作事项,成为上海地铁全面经营管理和质量管理的基本依据。

在标准体系的建设过程中,还先后开展了多体系的融合,将不同时期建立的"质量、环境和职业健康与安全"三体系,有机地融入服务标准体系,将各体系的程序文件统一转化成服务通用基础、服务提供、服务保障体系内的"技术、管理、工作"标准,完成了标准体系的整合,以及制度文件向标准的转化。完善健全了3大类、21小类、5 000余项标准。形成了"统一标准、统一编号、统一格式、统一实施"的标准化建设的统一管理平台,消除了多体系运行的弊端。

根据服务标准体系的运行要求,明确了标准制修订、标准体系建设、标准实施等规范要求,明确了集团、部门、公司标准化建设的组织体制、管理规范等规定,为后续标准化建设的常态化、深层化、持续化的发展和提升,奠定了扎实的管理基础,充分发挥了服务标准体系在"一体两翼"架构中的主体作用。

3. 标准化组织体系建设

上海地铁标准化组织体系建设以顶层与基层双向并举为核心。为了回答"标准化工作由谁来做"的问题,上海地铁在规划之初推出的一系列文件和措施,兼顾了标准化机构配置和标准化运作组织两大核心。

在2011年下发的"上海申通集团有限公司企业标准体系编制工作的通知"中,就如何将"管建并举、管理为重"的工作方针贯彻进上海地铁标准化规划的问题,组建了标准体系编制领导工作组及技术工作组,明确了分工职责、计划步骤和工作要求,为标准化的推进工作打下组织基础。

2012年成立的集团标准化委员会和集团标准化室标志着上海地铁标准化组织体系的正式组建,组织以各级管理层和职能部门为主干,各级成员单位子部门为脉络，结合 GB/T 15496、GB/T 15497、GB/T 15498、GB/T 19273、GB/T 24421 和《企业标准化管理办法》等管理服务标准，共同形成了标准化工作的多层次领导和管理保障体系。在此基础上，各直属公司分别成立标准化分委员会和标准化分室，明确标准化分管负责人、配备各级标准化员，将标准化工作落实到基层一线，形成公司、线路（车间）、车站（班组）标准化管理组织架构。

此外，上海地铁运营服务标准化工作按照"人性化服务、精细化管理、标准化建设"的工作方针，围绕安全、服务、管理等要求，从组织领导、人员培训、工作机制、检查监督、评价考核等方面出发制定一系列保障措施，为实现持续稳定、安全和谐、科学发展的目标奠定了扎实的管理基础。

4. 标准化实施体系建设

标准效能的高低取决于标准在实际工作中的应用，上海地铁标准化实施体系以基层建设为核心、配套管理为依托，形成从上到下讲标准、用标准的良好氛围。

在标准化建设创建期，上海地铁的标准实施体系建设主要围绕促进标准在基层的贯彻执行。针对基层的工作特点，制定用来规范现场作业和常态工作的作业指导书，让职工清楚知道"做什么、怎么做、做到什么程度"，确保标准在基层员工思想中扎根，实现标准的真正落地。同时以层级推进、现场检查的方法确保标准到岗。以痕迹管理的思维将集团发布的标准层层下发，组织标准到岗、到位的现场检查，让标准体现到每个岗位。

为最大限度确保标准实施推进到位，上海地铁在标准实施前期确立以点带面、试点推进的办法。上海地铁以 9 号线服务标准化试点为重点，探索不同层级标准实施运行的模式，形成集团首批运营服务标准化试运行示范试点，上海地铁标准化建设也在 2014 年被批准成为国家级社会管理和公共服务综合标准化试点项目。标准化示范试点的出现，大大缩减了标准全面铺开实施的预备工作，也能够有效查找到标准在实际应用过程中的不足，从而有的放矢，形成可复制、可推广的成熟经验。

在标准实施的日常管理上，上海地铁加强专职人员、兼职人员、骨干人员三重标准化队伍建设，以标准化资格考试的形式加大了对专业技术人员标准化业务知识的培训。另外开发应用标准管理信息系统，减少了不必要的管理成本。还通过"标准化专栏""标准化工作宣传册""标准化专项竞赛"等多种内部宣传方式，提高了集团员工的标准化意识，同时提升了标准实施的群众基础。

二、标准化建设提升期（2015—2017）

上海地铁总体呈现"线长、点多、分散"的特点，部分线路还存在基础设施建设系统性不高,管理、服务、技术人员数量水平参差不齐,站点客流量差异显著等管理难点。自开展标准化建设以来,上海地铁始终坚持以"一盘棋、一张网"的工作思路,确保标准落地应用。面对超大城市、超大网络、超大客流的地铁网络运营管理新特征,上海地铁以改革创新为驱动力,把标准化建设作为确保安全运营、优质服务、卓越发展的着力点,立足"规范、先进、科学",不断完善运营服务标准体系、标准化组织体系和标准化实施体系。

1. 标准体系不断完善

面对深化改革、转型发展的新形势、新任务、新要求,标准化建设成为推动各项发展措施和改革成果制度化、规范化、科学化的重要抓手,标准体系的完善成为促进运营服务质量、管理和技术提升的基石。上海地铁标准体系的不断完善和标准质量的不断提升,使标准化成为科技创新成果转化的桥梁和纽带,释放了标准化理论的蓬勃活力,显现了标准化技术带动轨道交通行业创新发展的能力,推动创新发展和综合竞争能力的整体提升。

依据 GB/T 24421 的相关要求,结合运营过程中发掘出的实际需求,上海地铁就改进运营服务标准体系探索了多个需要完善的方面,保障标准化战略的实现。

建立标准化工作的配套制度方面。上海地铁根据集团转型发展要求,先后编制修订集团《标准化工作管理规定》等标准,规范标准化工作日常基础管理,形成标准化常态管理模式,建立起标准化工作的保障制度,有效提升标准化精细管理水平。

优化运营服务标准体系方面。上海地铁制定了"集团试运行阶段标准转换推进表",推进规章转换成标准的全覆盖,完成了规章到标准文件的全面转化,固化了标准申请、立项、编制、征求意见、送审报批、发布等制修订流程。梳理了运营安全与运营服务体系法律法规及上位标准,整合关联、重复、交叉、碎片化的内容,编制由上位标准、集团标准、直属单位标准组成的标准明细表及各个管理层级的作业指导书。同时开展科技信息、企业经营管理等方面的标准体系研究,加强科研和标准制修订实践的融合。结合超大规模轨道交通网络施工建设和运营管理需求,构建上海地铁工程建设系列标准,与上海地铁服务系列标准一起形成系统完整、科学先进的企业标准体系。

提升标准质量方面。上海地铁从 2017 年起定期开展标准复审和精简工作,规范标准编制、审查流程。结合这一时期内开展的各项试点工作,审核发布和即将发布的各项标准,使上海地铁的各项标准都达到程序合理、内容科学。

对外协作方面。上海地铁在建设自身标准体系的同时积极参与国家和地方标准的编制，与行业分享标准化建设经验，将积累的各项标准课题研究技术成果和其他城市地铁单位进行交流，推广标准化应用成果。

从上海地铁在服务标准体系构建和完善时期做出的各项举措来看，有以下启示。

（1）**重视实践的理论性指导**。成熟的理论不仅是对实践的总结提升，更可为解决实践中遇到的问题提供更多启迪。上海地铁非常看重标准化管理理论层面上的思考与探索，通过开展多项研究总结对实践有指导作用的理论，形成实践—理论—实践的循环提升，印证"用理论指导实践，在实践中完善理论"。

（2）**夯实基础制度保障**。所有围绕标准体系制定环境、运作流程、管理办法都经过严密的科学论证，经批准后以制度形式规范执行。

（3）**持续优化完善标准体系**。标准体系的优化策略从规划阶段之初就已经制定，在标准体系的建设过程中，上海地铁始终秉持精简清晰的完善原则，动态优化体系和文件，减少冗余程度，标准体系的结构始终保持在均衡状态。另外在优化结构的同时审查过往标准，精简文本内容，合并重复条文，统一业务领域中流程、术语的标准化表达。因此，标准体系不论在文本质量还是在结构完整性上均取得良好的平衡，标准体系的综合质量得到质的提升。

（4）**重视对外协作的宝贵经验**。通过持续参与同外部单位合作及咨询研究，既能积累自身技术经验，又能在交流中吸取借鉴外界的做法，内化之后反哺集团的标准建设方案。

2. 标准化组织层级不断精细

在确立标准化发展总体战略规划后，上海地铁以"全覆盖"为导向积极推进集团、公司、线路（车间）、车站（班组）层面的标准网络化管理机制建设，建立从集团到基层部门多级标准化组织：集团标委会和下属公司标委会分会指导总体方向，各级标准化室、基层标准化分室贯彻推进标准，标准化工作专兼职人员执行标准并反馈实施情况，形成了由集团、各单位主要领导挂帅、分管领导主抓，标准化工作机构归口管理、职能部门指导协调，全员参与、上下联动的标准化建设组织新体系。

在标准化组织保障的探索中，上海地铁经过反复研讨、实践论证和反馈完善，在组织架构和技能认知方面充实了标准化组织体系，标准化组织层级的不断深化和延伸，推进了集团标准化工作常态化发展。

从上海地铁在构建标准化组织体系期间做出的各项举措来看,注重以下方面。

(1) **注重层级化组织结构**。标准化分级管理组织架构能够细分标准化工作,有利于标准实施和监督检查,更重要的是分级管理能够明确各方在标准化工作中的角色和承担的责任。结合网络化的信息管理平台能够最大限度保证标准化管理的上下统一。

(2) **强调基层实施的重要性**。标准的效果只有通过执行才能体现,而标准体系的主要部分都是面向基层工作,基层标准化管理是标准化工作的压舱石。上海地铁以标准实施全覆盖为重点,以"基层基础基本功"为标准实施关键,把标准化工作深入到线路(车间)、车站(班组),通过加强标准实施现场一线的组织推进力度,促进规范管理、按标作业,有效提升标准实施改进的质量。

(3) **重视形成常态化的标准化组织配置**。标准化人员的配备是标准常态化实施的重要保证,上海地铁在标准化建设提升过程中,将标准化组织层级深入到基层一线,每一个线路(车间)、车站(班组)都至少配备一名标准化员。标准化员既能在日常工作和管理中运用标准,也能起到标准化工作方法、思维的带动作用,保障标准化工作在基层的顺利推进和常态发展。

3. 标准培训成效日益显著

随着标准化组织建设的不断推进,上海地铁根据标准化管理的需求,按照实际、实用、实效的原则,有针对性地加强标准培训,持续保障高素质的标准化管理人员。一是强化标准编制的技术水平。上海地铁在2015年起以管理干部、专兼职人员、骨干技术人员为对象,开展了基于GB/T 1.1、TCS标准编制软件和标准管理信息系统的应用实作培训。二是强化员工尤其是新入职员工的标准化基础和标准执行操作水平。根据标准体系在不同实施阶段的需要,通过专项培训、基础培训、案例培训、现场培训等多种方式,设计制作面向不同对象的培训内容,提升员工标准化基础和实作能力。三是建立常态化的培训机制。标准化培训纳入各部门、单位年度工作,坚持统筹规划、分类实施的原则,促进标准化培训工作科学化、制度化、规范化。优化集团与各单位的培训任务分工,以"专业部门分工负责"为原则,在重点培训项目上,突出专业部门主体责任,建立集团标准化室牵头抓总体、各专业部门分工负责、各单位积极配合的工作机制,形成齐抓共管、互相支持的良好氛围,进一步增强员工"知标、学标、执标"能力,为确保标准实施落到实处提供有力支撑。图3-2所示为大客流疏导。

图 3-2　大客流疏导

4. 标准实施方法不断创新

在上海地铁标准体系建设过程中,牢固树立了"用标准规范作业和管理,用标准化制度保障运营安全,用标准化管理提升服务质量,推动轨道交通行业卓越发展"的责任共识。上海地铁的标准化建设经受住了超大城市轨道网络建设运营、超大客流常态管理带来的巨大压力和挑战,满足了社会公众对于上海地铁运营服务的期盼。在上海地铁标准化管理方案中,标准的有效实施成为保障轨道交通建设运营安全、提升服务水平的推进器。

为实现标准的全面实施,上海地铁根据管理架构和现场生产实际情况,从不同层面建立标准实施的管理办法和不同策略,既考虑到了各层级业务的标准化需求,也强化了标准实施的可行性。

第一是制定了较为完善的标准实施指导策略,顶层引导方向,中间逐级负责,基层强化贯彻,配套保障跟进。上海地铁出台《集团标准体系实施方案》,明确标准体系在各级实施过程中的检查方式、标准明细和考评办法,结合责任分配、标准发布、标准执行、标准培训、标准宣贯五个方面的阶段实施机制,做到标准的常态化运行。在集团、公司、线路(车间)、车站(班组)各层面,均形成系统的标准体系表和明细表,保障各项工作都有据可依。

此外,这一时期牢牢抓住基层标准化建设,以线路(车间)和车站(班组)为重点建设对象,采取日评、月评、季评、年评结合的形式,常态化监控基层标准实施和评价检查的效果。另外,全方位营造标准化实施的环境和氛围,传统媒体和新媒体结合将标准实施的重要性根植在员工心中。标准化工作培训网络的建设也能满足基层日益增加的标准化建设需求。

第二是进一步强化了标准化实施的基础管理工作。上海地铁将标准体系建设与标准检查改进工作列入日常工作内容,通过制定计划管理机制,建立逐级推进的沟通渠道,规范标准文档的管理和标准化工作统计管理,形成了标准实施检查改进基础工作的闭环管理。另外,借助信息化技术在标准化建设过程中的推广应用,大大提升了管理效率。

上海地铁在构建标准化实施体系期间的举措侧重于以下方面。

(1) 明确实施策略,确保稳步推进。在标准实施管理方面,建立起逐级推进的沟通机制,自上而下明确各级责任,标准实施纳入常态化管理范畴,提高管理效率。在技术应用方面,推进标准化信息平台的应用,用数字化手段替代传统标准的管理流程。在组织配套方面,充分调动基层的积极性,营造标准化工作的氛围环境。

(2) 建立标准实施机制,明确各级责任。在规范标准实施工作方面,着重解剖各项规定和细则的内涵,切实形成统一管理与分工负责相结合的标准化工作模式,创新性建立了标准化推进机制、标准化工作机制、标准化检查机制、标准化改进机制和标准化考评机制,固化了集团上下各项标准化业务,使标准化建设真正实现常态化发展。

(3) 完善实施流程设计,规范标准实施管理。在推进标准实施的过程中,管理职责由集团、公司和基层分级承担,用流程的科学合理保证工作的质量和效率。通过建立对标准贯彻效果的常态化检查和监控,结合标准实施效果评价体系,实现标准的动态修正。

(4) 提升标准实施效果,确保标准实施落地。上海地铁把作业指导书作为确保标准落地的关键,全面覆盖作业岗位和作业项目,编制好作业指导书,夯实标准体系建设。同时,创新标准实施检查改进方式,包括制定实施方案明确实施效果的检查方式、标准实施效果的统计工作、五查一改进等内容。此外重视将闭环管理和标准实施结合起来,标准实施效果的检查被纳入各级部门日常工作,固化成为制度的一部分。

三、标准化建设深化期(2018—2020)

标准化管理是一项系统工程,其成功与否不仅和标准本身质量有关,更是受到理念、组织、配套管理等众多因素的影响。要想取得预定的效果,就必须在实施过程中采取有效的措施,不断巩固建设成果,达到企业制度效应持续性地正向输出。

标准化体系建设基本完成并投入运行后,上海地铁认为,企业成功的标志并非单纯取决于经营过程中的盈利,而是能提供最舒服、最适用的公共服务,将运营服务做成备受社会喜爱与信赖的"工艺品"。标准化的运营管理是一个渐进的过程,只有不断推动、执行和创新,才能让标准思维的方方面面完全融入集团的过程管理中,才能因地制宜地永续经营。

在取得标准化建设提升期的丰硕成果后,上海地铁结合运营状况,根据标准实施质量的提升、标准化管理的制度化、标准的宣贯培训与保障、标准实施成效的评价、标准体系的精简优化等方面,全面推进集团标准化工作由试点迈向示范,进一步带动行业发展。

1. 更加重视标准体系的质量水平

标准化体系的竞争力通过其标准质量水平体现,标准的持续改进是保障标准质量水平的有效措施。上海地铁在集团标准体系建设全过程中,始终对提高标准综合质量投入了巨大关注,在标准体系建设完成后,上海地铁更进一步将重心转移至标准体系的优化和持续改进,以期成为具备行业内示范作用的城市轨道交通标准体系。

上海地铁结合运营管理特点,抓住"实际、实用、实效"的原则,优化标准编制流程以提升综合质量。一方面通过新编和复审手段,整合标准体系内与运营安全关联度较大的标准、交叉重复的标准、碎片化标准以及作业指导书四类内容。另一方面修订了集团内标准的编制审查文件,规范了标准的编写要求、编制流程、标准报批审核,优化了标准的全寿命周期管理。在标准文件梳理整合方面,按照标准体系分类原则,在管理层面和专业层面全面梳理、重新归类、调整层级、界定范围,规范集团级和各直属单位级标准。同时缩减标准文件体量,梳理各业务条线标准,明确各部门单位的优化任务,完成标准文件的复审和整合工作。

进入标准化建设深化期后,上海地铁对标准体系的关注重点由"标准增量"转至"标准存量",紧紧抓住新形势下城市轨道交通发展的契机,挖掘标准体系的潜力,提升应用质量。在技术标准方面,组织对各类技术标准进行全面梳理,查漏补缺、细化补强、及时修订,确保技术标准科学管用。在管理标准方面,适应集团"三个转型"发展变化,整合优化多个管理标准子体系,形成与改革发展的管理机制、运作方式相匹配、相适应的管理标准体系模式,确保管理标准简约适用。在工作标准方面,根据企业运营管理新模式、新技术、新规范,不断优化现有工作标准,增强与管理标准的支撑和衔接,确保工作标准的实效性。

上海地铁借助创建标准化线路(车间)和车站(班组),提升改进标准的质量,将标准执行细化到以车站、班组为代表的基层,形成适应现场管理和执行的更精细的标准模板。此外还明确各项标准在基层中实施管理的主体,结合各项转化要求和实践特点,动态完善、精简整合标准。这些措施将规范化作为管理抓手,通过推进标准的贯彻实施,深度实现标准化管理改进的目标。

2. 更加注重标准体系的持续提升

上海地铁参照国家、行业和地方标准开展了企业标准的符合性审查,检查标准的对标情况和区域适应程度,参照各公司内规范性文件,检查制度向标准的转化程度。同时围绕上海地铁运营服务标准体系,参照国内外经验分析自身不足,研究制定动态纠正标准缺陷的方案,使标准实际、实用、实效。

为了提高标准实施质量,上海地铁持续加强标准体系的管理。一是优化各级责任分工,以基层标准化管理为重心,配备不同层面专兼职人员,健全基层站点的标准化工作组织。二是形成标准化月度自查自评、季度专项评估、年度督查综评等方式,完善常态管控机制。三是建立标准实施效果评价,通过标准实施效果评价管理办法和指标体系,寻找标准体系综合提升的方向。

值得一提的是,上海地铁针对基层工作实际,重点完善提升标准体系的适用性。针对基层工作业务条线多样、繁杂的特点,以安全运营为第一需求,从实际生产过程中的现场操作内容出发,编制一系列岗位作业指导书,明确编制要素、编制格式、编制模板等规范要求,使员工学习标准、掌握标准的难度大大降低,现在上海地铁作业指导书已成为员工按标作业的标准依据。

针对超大轨道交通网络建设运营实际,在优化完善运营服务标准体系的基础上,新建工程建设标准体系。鉴于新三线投运、"C3"集控模式、新技术新设备升级,以及监察体制、修程修制、生产劳动组织等改革深化的影响,一方面结合行业变化及时编制、修订对应的技术、管理和工作标准,另一方面利用标准分级管理,实现标准的量身定制。同时以构建"标准链"的方式推进标准之间的融合统筹,促进企业标准体系的协调贯通。图 3-3 所示为建设中的"地铁长龙"。

3. 更加注重标准的闭环管理

在标准实施过程中,上海地铁意识到准确评估标准的实施效果,不仅能提高标准的综合质量,更能预判标准关联的潜在风险,做到未雨绸缪。创新开展了"运营服务标准实施效果评价指标体系"课题研究,调研近年来国内外标准实施效果评价的实践经验、理论方法和常用工具,以定性和定量分析结合的形式,形成了一套标准实施效果评价的理论框架和多级指标体系,并利用试点工作进行测试。上海地铁运营

图3-3 建设中的"地铁长龙"

服务标准实施效果评价体系是行业内首个标准化建设评价体系,这一体系的出台,补充了上海地铁标准化理论的一环,覆盖到了标准生命周期的后半阶段,实现了标准的全过程管理,大大提升了标准体系的科学性。

上海地铁还通过试点运行的方式总结标准的实施评价成效,以1~2个车站作为试点,按照 P-D-C-A 循环为手段的工作方法,收集实施评价的反馈意见、固化方法和工具,为评价体系的推广应用奠定基础。

4. 更加注重标准实施机制的常态化运行

上海地铁进一步深化了标准实施机制,从标准实施的分级管理和逐级负责,到标准执行情况的常态监控、标准系统的持续改进、标准应用的考核激励,再到标准管理的基础保障,营造出各个层面"标准化+"的业务生态,标准化理念真正成为企业制度、员工文化中密不可分的一部分。

随着上海城市精细化管理理念的推广,在推进标准实施中,上海地铁将管理重心放在提升企业标准化管理的精细度上,将标准改进工作纳入各部门、单位的日常,并与专业相互融合;将绩效评定挂钩标准化工作成果;将标准化建设的状态统计作为各级常态工作的组成部分。

在标准实施过程中,上海地铁贯彻"将员工作为标准化建设的重要主体"理念,使其能够真正嵌入基层工作,做到常态化、制度化,成为日常运营的一部分。一方面对员工开展标准实施培训,使"知标、学标、执标、对标"覆盖至现场一线,形成人人参与的标准实施环境,提升基层标准化工作能力。另一方面在基层建立标准实施的

"小系统",按上位标准、企业标准、作业指导书、记录等层次要求,统一线路(车间)、车站(班组)各类标准的具体配备,编制标准明细表,形成规范模板。基层标准化是上海地铁标准化建设的重要成果,基层标准化实施的小系统和标准化实施的大系统相得益彰、互补互进。

5. 更加注重标准化试点经验的示范推广

在上海地铁标准化建设深化期内,以"安全运营、优质服务、保障到位、精检细修"为目标,全面推进标准化线路(车间)、车站(班组)建设工作,形成一批标准化试点示范精品项目。通过建设标准化线路(车间)、车站(班组),积极探索实践过程中的标准化管理新需求,开发出了一系列各具特色的标准化管理方法,借助智慧技术、新媒体宣传、精益理念等思路,上海地铁在标准化的规范管理模式上取得了重大创新与突破。按照《集团运营服务标准化示范项目实施方案》的要求从组织职责、沟通机制、计划安排等方面,明确了建设示范项目的工作路径,以此形成上海地铁运营服务标准化建设的示范模式,探索轨道交通行业标准化建设管理的特色样本。标准化工作试点示范项目的建设,既能有效评估管理方法的成熟度和适应性,找到完善方向,又能评估标准的规范性和合理性,最大限度降低管理成本,起到"投石问路"的作用。

6. 更加重视标准化建设经验的带动作用

在取得标准化建设的阶段成果之后,上海地铁积极主动承担起了更大的社会责任,以自身经验推动行业标准化建设的发展。2019年上海地铁牵头成立"上海市轨道交通标准化技术委员会",深度参与区域协作,发挥标准互联互通的作用,服务国家交通强国的发展战略目标。委员会自成立后履行了梳理行业内标准、组织标准主编单位复审、制修订标准等标准化建设相关工作,为行业内成员单位开展了多项标准化专题培训,在社会中也广泛宣传标准化为行业发展带来的作用与优势。"上海市轨道交通标准化技术委员会"的成立,搭建了轨道交通运营服务领域创新成果转化为技术标准的平台通道,助力上海轨道交通打造安全高效、智慧人文、品质品牌地铁。

伴随着长三角标准一体化发展的推进,上海地铁结合自身运营与行业研究经验,在长三角轨道交通标准一体化发展的思路理念中提出了自己的思考,为推进长三角轨道交通标准化信息互通、资源共享、优势互补、互利共赢的协同发展新格局作出贡献。

上海地铁在标准化建设与完善的工作中,以更高站位将自身发展同国家、行业的命运结合起来,融入新时代的新发展理念,把标准领跑作为新时代质量提升的基础支撑,确立"提升标准实施质量,促进超大网络运营管理"的管理思路,形成适应超大规模网络运营管理新特点、新一轮转型发展新形势的标准化工作新氛围。

7. 更加注重融合其他领域的新技术

标准化管理不仅局限于标准和管理,对于其背后的技术理论和思维变革更是联系紧密,因此对于企业来说,管理模式的转型也意味着其内涵和外延的变化,善于运用其他领域的技术和思路,往往能起到事半功倍的效果。在运营管理模式的转变过程中,跨领域融合思维对标准化管理的建设产生了显著的助推效果。

一是应用信息化技术。开展以集团协同平台"标准管理系统"为核心、各直属单位 OA 办公网络标准管理子系统为支持的标准化服务平台建设,推进标准从立项到复审、从实施到改进等各业务流程全过程信息化管理,提供高效、便捷、准确、先进的标准化技术服务。同时规范数据管理,构建覆盖全集团、全专业、全系统的标准数据库,实现标准分级查阅、下载。收集整理行业相关国际、国家、行业、地方、团体标准,形成城市轨道交通行业标准信息库。建立标准基础台账"双轨制",做到纸质台账和电子台账管理同步更新。

二是引入管理理念。按照上海地铁《"十三五"发展战略规划纲要》要求,引入项目管理技术方法,运用 P-D-C-A 模式,将标准检查改进与"三标合一"贯标工作有机结合,形成规范化的闭环管理。在标准实施评价过程中加入量化分析理论,构建标准实施考核指标,运用数据分析标准的编制质量和实施质量。

三是科技成果的标准转化。坚持需求导向和成果产业化方向,加强标准研制与科技创新的互动与融合,将安全、运营、建设等先进技术标准的研制列入集团科技计划支持范围,实现自主创新技术标准的突破,促进科技创新成果通过标准及时转化为生产力,推动超大网络运营的科学管理。

四、标准化建设引领期(2020 至今)

在积累丰富的标准化建设理论和实践经验的基础上,上海地铁继续依托高质量发展理念,根据交通强国战略,围绕体系深化、研究创新、服务应用、领域融合,树立标准化工作标杆品牌,辐射带动长三角区域及周边地区。此外探索跨区域标准化合作的新机制,引领带动城市轨道交通行业标准化的高质量发展。图 3-4 所示为轨道交通智能调度平台。

图 3-4　轨道交通智能调度平台

1. 推动行业标准体系向更深更广层次发展

建设完善行业标准体系既是国家标准化工作的重点和深化城市轨道交通行业发展的重要措施,也是落实超大城市治理理念和构建现代化治理体系的必要手段。上海地铁在构建企业标准体系、编制企业标准的同时,积极承担国家、行业、地方层面相关标准的编制。在完成内部标准体系建设后,上海地铁进一步扩大视野,将自身的标准编制经验与技术融入到行业的标准化建设发展中。

近年来,上海地铁主持起草了国家标准《城市轨道交通运营技术规范》、地方标准《城市轨道交通乘客信息系统技术规范》等外部标准。参与编制的国家标准《城市轨道交通试运营基本条件》获 2018 年中国标准创新贡献二等奖。通过与美国绿色建筑委员会(USGBC)和绿色建筑认证协会(GBCI)合作,完成《轨道交通 LEED 评价标准》,这是上海地铁在城市轨道交通行业可持续发展上迈出的重要一步,该标准是全球轨道交通行业首个绿色认证标准,不仅对推动世界范围内轨道交通行业可持续发展意义重大,同时也是对国家碳中和战略的有力回应。

在标准制修订过程中,上海地铁在轨道交通关键技术方面形成了具有自主创新特点的技术特色。参与起草的《地铁快线设计标准》等行业标准、地方标准着眼于轨道交通运营过程中的技术关键,在业内引起了较大反响。此外加入了上海工程建设标准国际化促进中心,以标准输出为抓手,编制并转化一批具有中国话语权的轨道交通工程标准,主编的《城市轨道交通智慧车站技术规范》成为上海市住建委第一批转化为外文版的工程建设标准,扩大了中国城市轨道交通行业的世界影响力,也加速我国优势领域技术标准能力的创新突破。

在经历新冠疫情后,上海地铁结合城市轨道交通运营过程中的关键性问题,分析特大、超大城市中轨道交通疫情管理防控路径,参与编写的《病媒生物防制操作规程　地铁》《质量管理体系　响应突发公共事件的指南　第1部分:公共交通服务》等外部标准,弥补超大城市应急管理体系的短板。

2. 主动开展适应需求变化的创新性研究与服务

上海地铁以企业运营管理经验为基础,运用课题研究、专项研究、成果转化等手段,不断创新并丰富着城市轨道交通标准化建设理论体系的内涵。

上海地铁牵头完成了中国轨道交通协会团体标准体系的课题研究,课题研究形成了集"基础、建设、运营、装备、开发"五大业务板块于一体的标准体系框架明细,建立了标准体系的适用性评价理论和操作方法,结合各方意见梳理了行业管理中的通用、专用类标准。研究成果于2019年正式发布,形成标准化理论及体系的输出模板,助力城市轨道交通行业现代化发展。开展"运营服务标准实施效果评价指标体系"研究,运用指标数据分析评价标准编制质量和标准实施质量,提高标准实施有效性。

在标准化理论创新的基础上,上海地铁继续深入标准化应用研究,主导参与了包括国家标准委、交通运输部、上海市专项计划等多个层次的轨道交通标准体系应用研究,积累了全方面的技术力量。此外,将标准体系建设的做法与经验形成对外输出模式,承担青岛、常州、合肥、长沙等城市地铁的标准体系规划研究工作,交流共享上海地铁特色的标准化管理经验,带动行业标准化建设步伐。

3. 促进企业文化和标准化理念的高度融合

在上海地铁标准化建设工作之初,围绕标准化理念宣传和员工标准化技能培训两方面制定了一系列管理办法。随着标准化建设的逐步推进,上海地铁认为贯彻执行标准的最佳办法是通过植入标准化理念,提高员工的自发性。因此借助现代企业管理思维探索出一套"标准化操作—标准化管理—标准化认同"的方案,实现员工行为和标准化思维的融合,将标准化内化为企业内涵的一部分。

在上海地铁标准化建设的创建期,标准化理念的培育以提升标准实施效果的静态宣传和知识培训为主,这样的方式能够让员工在短期内快速提高标准操作能力,但是在激活员工主观能动方面稍显不足。在上海地铁标准化建设的引领期,通过营造"标准化+"的氛围,将企业文化和标准化理念高度融合:一是培育标准文化,把标准文化与工匠精神培养、质量提升活动有机结合,广泛传播标准化理念、推广应用标准化方法,及时传递标准化知识及工作要求,形成学标准、懂标准、用标准的良好氛围;二是严格执标责任,结合标准化线路(车间)、车站(班组)建设,形成"严字当头、爱岗敬业、忠于职守"的标准化行为规范,真正"让标准成为习惯、让习惯符合标准";三是形成文化融合,把企业文化理念渗透进标准化建设,体现企业文化的内涵实质,把标准化建设与各项工作有机结合,做到统筹推动,把标准化线路(车间)、车站(班组)文化建设基本规范标准纳入标准化创建,实现标准化与文化建设的双促进。

4. 凸显标准化建设为核心的行业引领作用

按照"标准引领、追求卓越"发展目标,承载"国内领先、国际一流"成为全球卓越轨道交通企业的愿景,上海地铁在发展战略框架下将"标准化+"融入企业,不断夯实安全、服务、管理等各项工作,努力成为行业标准的引领者、示范者、倡导者。

经过十年的努力,上海地铁的标准化工作取得了一系列成果。2020年"轨道交通运营服务标准化试点项目"成为全国32个标准化试点示范典型项目之一,入选《国家标准化试点示范建设案例汇编》,并成为上海市首部《标准化工作白皮书(2020年)》"标准化实践"案例。2021年"运营管理服务标准化,打造安全智慧高效城市轨道交通新模式"标准化实践项目,被国家标准委、交通运输部作为标准化典型案例予以推介推广。

为更好打造促进上海地铁转型升级和卓越发展的高水平标准,引导行业发展方向,上海地铁积极申报"上海标准"[①]评价试点。编制的企业标准《上海轨道交通全自动运行线路运营要求》,经过评委会综合评定,关键性指标全面超越国内外同行水平,成为第一批"上海标准"。同时,编制的企业标准《轨道交通轨道精测网技术标准》、主编的地方标准《城市轨道交通导向标识系统设计规范》获2020年"上海标准"评价试点项目。获评第一批"上海标准"及"上海标准"评价试点项目,表明上海地铁的标准化工作正坚实迈向高质量发展阶段,以高质量的标准带动上海地铁高质量发展。

上海地铁积极参与标准化国际交流,吸取有益经验。通过参加国际标准化上海

---

① "上海标准"标识制度:上海市制定的地方标准、团体标准、企业标准,经自愿申请和第三方机构评价,符合国内领先、国际先进要求的,可以在标准文本上使用"上海标准"标识。

协作平台会议、IEC 大会等活动,与欧洲标准化委员会、ISO 技术管理局等国际机构互动交流,在 2020 年"世界标准日"的国际标准研讨会上,分享参与国际标准化活动的策略与方法及国际标准提案技巧。借助中国 IEC 青年专家暨国际标准化青年英才选培活动,向国际组织输送城市轨道交通行业技术专家。同时参加 IEEE/VT/HSTMSC 电气电子工程师协会高速列车和磁浮标准委员会及标准工作组,为参与高速列车和磁浮系统、安全性、可靠性和运营维护有关国际标准的制定打下基础。

5. 推动构建区域轨道交通标准一体化的联通

长三角一体化发展是习近平总书记亲自谋划、亲自部署、亲自推动的重大战略。在长三角协同发展的趋势下,上海地铁积极响应国家政策要求,探索区域化轨道交通一体化的发展路径,牵头开展《长三角区域轨道交通标准一体化》研究项目,提出的长三角区域轨道交通标准一体化工作机制、协同标准清单及试点项目等研究成果,具有创新性和实用性。牵头主编的《长三角区域一体化市域快速轨道工程技术标准》,作为首批长三角区域工程建设标准示范项目正式立项。参与编制长三角区域地方标准《市域快速轨道交通客运服务规范》。

依托"上海市轨道交通标准化技术委员会"平台,围绕长三角区域多层次轨道交通一体化,聚焦标准引领轨道交通安全智慧绿色发展主题,举办长三角区域轨道交通标准一体化发展倡议活动暨长三角轨道交通标准化论坛,共同谋划长三角轨道交通标准化发展规划,共同完善提升城市轨道交通发展的运营、建设关键标准,共同推进长三角轨道交通标准化信息互通、资源共享、优势互补、互利共赢的协同发展新格局,为推动长三角区域城市轨道交通标准一体化创新发展作出贡献。

第四章　上海地铁标准化建设的总体成效

标准化是提高企业效益与效率的基础,是实现高质量可持续发展的必由之路。上海地铁通过开展标准化建设,建立健全企业标准化体系,推动标准在一线实施应用,确保城市轨道交通安全可控、管理有序、运营高效。

第一节　标准化建设提升安全运营服务质量

标准化体系的建设,立足"突出安全、全面覆盖、科学合理"的原则,适应了改革深化、转型发展的需求。通过不断完善运营服务标准体系,标准化管理思维得以融合企业的管理机制、职责和业务过程,标准与现有制度、流程、方法、指标统一贯通,适应实际运营建设、吻合生产管理、衔接现场作业,大大提高对外对内的工作效能和工作质量。据统计,上海地铁发布实施涵盖"通用基础标准、运营服务提供标准、运营服务保障标准"3个子体系和21个子类5 000余项标准,贯穿运营维保、建设管理、安全生产、科技研发、企业经营等业务,使各专业工作都"有标可依,有例可循,有序可做",满足了安全生产和运营管理的需要。2017年上海地铁新建工程建设标准体系,覆盖了轨道交通建设领域内17个专业,能够有效支持建设板块设计管理、工程技术、项目管控、质量监管等业务流程,并与现有运营服务标准体系良好地融合衔接,明确了标准体系的技术、管理、工作界限,架构清晰、实际实用、适用性强。

标准化组织体系的建设,集战略规划指导、标准贯彻实施、成效监察督办的企业服务管理职能于一体,成为规范各级标准化业务的主要载体。集团、公司、基层各级标准化组织之间责任明确、相互监督,形成的分级管理、一体联动的组织结构促进了标准化工作的有效实施,不论是集团层面的文件下发、公司层面的上传下达、基层层面的落实反馈,都得以畅通进行。各部门单位的服务质量及服务效率得到提高,从源头上保证了标准化支撑高质量服务目标的实现。

标准实施体系的建设,围绕"横向到边,纵向到底"的工作思路和"谁主管,谁负责"的标准落实原则,形成了集团上下统一管理与分工负责相结合的标准化工作推进机制。借助自查、互查、转向查、定期查、结合查和持续改进的"五查一改进"和"典型引路,问题导向"的实施考评路径,不仅提高了各部门标准化工作规范水平,也促使日常管理和专业技术管理相互融合、相互促进,提高标准实施后改进的针对性,放大了标准化建设的整体效果。同时立足实施反馈的标准实施效果评价体系,也有力推进了标准化工作的持续改进和创新。

标准化工作保障机制的建设,以系统管理理念为核心,在标准化工作推进方面起到了巨大的作用。在标准化资源储备方面,建立的标准化知识库收集了轨交运营、建设、科技等方面的经验成果,为标准在集团内甚至行业内的普及奠定了扎实的基础。在标准化队伍建设方面,通过实施上海地铁各项人才计划,建设技术工作室,制定规范科学的基层技术人员培养制度,拓宽专业技术人才融合发展通道,在轨道交通行业重点科技和关键核心技术领域形成人才集聚、技术领先优势。多种培训方式实现了标准化技能的全面覆盖,涌现出诸如"全国五一劳动奖章"获得者熊熊,全国列车司机济南大赛一、二等奖获得者刘源、丁冠凌,"上海市五一劳动奖章"获得者孙春霞,"上海工匠"获得者李鹃伟、严如珏等一大批劳动模范。

通过建设具有领先水平和上海地铁特色的企业标准体系,不仅强化了标准保障上海地铁建设运营的基本能力,还使上海地铁在城市地铁服务领域具备了全过程管控能力,确保安全运营、优质服务和高质量发展。网络运行可靠度、服务水平、经营规模和运营效率四个方面八大核心全部位居行业前六,其中一半以上指标位居行业前三。列车运行可靠度从2010年的15万车公里/件提升至2020年的882万车公里/件,实现58倍的快速提升,如图4-1所示。以全球第一的路网规模、全球第二的客流规模、同等条件下国内第一的运营服务时长,持续保持将近100%的列车正点率。上海地铁在国际地铁协会(CoMET)19家会员单位、中国城市轨道交通协会(CAMET)41家城市地铁成员单位中均居于第一梯队。乘客满意度指数在上海市公共交通行业中位居前列,9条线路的客运服务通过"上海品牌"认证,连续八届获上海市文明行业称号,9号线成为上海市首个通过服务标准化项目验收的轨交线路。

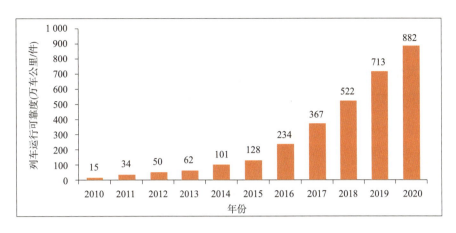

图 4-1　上海地铁列车运行可靠度指标近十年增长图

第二节　标准化管理促进企业可持续发展

标准化管理的信息化模式,形成了对内高效、便捷服务的支撑性作用。依托集团"标准管理系统",标准从立项到入库到实施的全过程管理得到了统筹支撑,围绕标准落实的各业务系统间的互联、互通、信息共享的能力也大大提高。在直属单位内部,以集团"标准管理系统"为参照开发了各子系统平台,在基层终端开发标准化工作移动 App,共同构建了标准化管理的信息生态,告别了传统的管理模式,带动了标准化管理信息化的全面发展。例如维保通号分公司搭建的智能运维信息平台,解决了多年来费时易错的人工操作模式,提高了标准化工作的效率和质量,为设施设备安全运行和维护保障提供了重要支撑。上海地铁标准化工作的数字化转型大大降低了管理工作成本,强化了各级员工对标准化理念的认知程度,提高了他们的工作效率。

标准化管理的常态化模式,营造了独特的工作文化,有效提高了员工在标准化工作方面的主观能动性。多种围绕标准的宣传方式营造了集团上下"知标、学标、执标"浓厚的标准化文化氛围,形成了人人参与的环境。员工对于标准化理念的理解不断加深,从而迸发出巨大的创新热情,形成各具特色的标准化工作方法;磁浮公司的员工们通过思考归纳,打造出"一套理念,X 种导向"的"1 + X"标准化服务品牌;运营一公司的员工认真总结生产一线中遇到的问题,探索出一系列紧密结合标准化理念的工作方法,成立的综合监控工作室被评为上海市技能大师工作室;维保车辆分公司的员工们在工作之余自发在 OA 平台学习标准化知识,提升业务技术水平。这些来自员工们的标准化工作自主探索,折射出标准文化的深入人心,也见证了上海地铁标准化工作有序推进。

标准化管理的持续改进模式,保障了上海地铁标准化管理工作的稳步发展。在发展过程中,上海地铁通过开展多项理论研究课题,实现了标准化工作持续改进机制效能的最大化。一方面从组织管理、体系完善度、实施水平、考核指标多个方面综合评估了标准的实施效果,提高了标准质量的科学性,为后续标准制定提供了有效的信息支持;另一方面借助对标准持续改进的理论研究,优化了标准实施的管理环境,提高了标准化建设的总体质量。

第三节 标准化创新引领行业进步

标准赋能智慧地铁。上海地铁在行业内率先发布《上海智慧地铁建设与发展纲要》,聚焦轨道交通运营生产、服务、管理等关键,通过标准的规范、支撑和推动,形成一批地铁安全运行和乘客服务的智能化应用,助力智慧化、数字化地铁建设。依据先进技术标准及科学运行标准,建成投用国内第一个通过大数据进行业务智能分析、采用云架构的"上海轨道交通网络运营调度指挥中心",与城市运行"一网统管"平台形成对接,保障城市运行安全。建立链接城市轨道交通运营全过程、45个运营应用全场景的智慧运营标准子体系,形成覆盖城市轨道交通6大专业63项智能监测的"1+3"智慧维保平台和系列标准。建成行业首批高度智能化运行、管理及服务的智慧车站,率先推出扫码进站、掌上出行等"地铁+互联网"服务标准,实现上海地铁乘车二维码与长三角区域以及北京、广州、重庆等16座城市轨交互联互通。研发自动扶梯智能安全监视及远程控制系统标准,做到行车车控室智能"监"、远程"控",标准助力城市轨道交通智慧出行。

标准创新行业领先。组织编制一系列创新的智慧运营技术标准,填补技术空白,占领技术高地。独创性标准占企业技术标准总量38%,领先行业技术水平的相关标准占企业技术标准总量16%,部分标准填补智慧运营技术空白。编制《上海轨道交通全自动运行线路运营要求》《城市轨道交通全自动运行运营场景规范》和《城市轨道交通全自动运行线路初期运营前安全评估技术规范》等具有国际领先水平的一系列企业标准,其中《上海轨道交通全自动运行线路运营要求》获首批"上海标准",是国内首个轨道交通全自动运行顶层设计标准,确定的安全性、可靠性、高效性方面关键性指标全面超越国内外同行水平,应用全自动驾驶技术提升运行质量和乘客出行体验,列车运行可靠度达到全网络平均水平的2倍,本标准已在全国十余座城市得到应用,提升了城市智慧化建设和精细化管理能级。编制互联互通CBTC标准体系,通过基于通信的列车自控系统(CBTC)关键技术及核心装备研制,有效解决国内外不同厂商信号系统设备不兼容、列车无法跨线运营等难题,已应用于上海7号线ATC车辆基地改造、青岛8号线、呼和浩特2号线、合肥4号线等建设项目。上海地铁10号线为国内首条大运量全自动运行线路,如图4-2所示。

图4-2　国内首条大运量全自动运行线路——上海地铁10号线

第四节　标准化建设凝聚企业精神

确立了"国内领先,国际一流"的战略理念,突出标准化建设对企业发展的支撑作用。自2011年以来,上海地铁在发展战略框架下制定了标准化工作的战略规划、年度计划,将标准化理念逐步融入各系统、各领域、各专业,通过持续推进标准化建设,不断夯实企业安全、服务、管理等各项工作基础,为实现"国内领先、国际一流"成为全球卓越轨道交通企业的愿景,推进上海地铁卓越发展提供了有力支撑。

确立了"安全运营,优质服务"的责任理念,突出标准化建设对企业发展的服务作用。通过十年来标准化建设的有力推进,集团上下牢固树立了"用标准规范作业和管理,用标准化保障运营安全、提升服务质量、推进卓越发展"的责任共识,经受了超大网络建设运营、超大客流常态管理的巨大压力和挑战,满足了社会公众对运营服务的新期盼。上海地铁多次获全国实施卓越绩效模式先进企业、亚太质量组织"全球卓越绩效奖",2015年获上海市质量金奖,2017年获第17届全国质量奖,2021年获第四届中国质量奖提名奖。

确立了"标准先行,改革推动"的创新理念,突出标准化建设对企业发展的推动作用。面对深化改革、转型发展的新形势新任务新要求,标准化建设使各项改革发展措施和改革成果制度化、规范化、程序化、科学化,从而促进质量、管理、技术、科技创新成果向"标准"转化,不断释放标准化工作的蓬勃活力,显现标准化带动轨道交通行业创新发展的能力,推动创新发展和综合竞争能力的整体提升。

第五节 标准化工作实现社会经济效益

上海地铁建立质量诚信相关制度标准,围绕业务领域五大相关方建设质量诚信体系。构建了合规性控制两道防线,实现了对政府和社会的诚信;建立的首个轨道交通供应商信用管理平台,推动了社会公平竞争的环境营造,实现了对供应商的诚信;成立独立审计部门,制定专项审计标准制度,促进了信息披露机制的完善,实现了对投资方的诚信;出台的职业安全、劳动防护等标准制度,保障了员工职业健康和合法权益,实现了对员工的诚信;上海地铁以"服务承诺、服务践诺、服务评诺、服务促诺"为抓手,在行业内率先提出的"五项服务承诺标准"实现了对乘客的诚信。上海地铁通过3A级合同信用等级认证,荣获上海市诚信创建企业(五星级)称号和守合同重信用企业称号。

上海地铁秉持"为城市发展提速、为美好生活提质、为绿色环保提能、为行业发展提效"的社会效益四位一体理念,通过标准化管理实现对重要社会利益相关方的保障。轨道交通上盖的规划标准,成为实现规划用地集约利用的重要途径;上海地铁的线路规划标准,满足了城市空间发展和整体布局、居民生活、产业集聚的合理平衡;上海地铁的发展有力支撑了长三角一体化、自贸新片区等国家战略的实施,上海外环以外的车站已达116个,城市空间大大延伸。

上海地铁在新时代的转型发展过程中,从单一交通服务商向城市综合服务商转变,充分挖掘网络客流市场价值,创新地铁产业链和价值链,使地铁不再是一个简单的出行交通工具,而是集出行、休闲、购物、消费等为一体的综合性服务功能体。通过积极发展商业、广告、通信等业务,大力布局上盖物业、数字经济等新兴业务,实现非票务收入持续增长,探索出城市轨道交通综合开发的可行道路。

上海地铁积极践行人民城市建设发展理念,不断创新人性化服务、精细化管理、标准化建设,在构建超大规模轨道交通网络的同时,成为"可阅读、有温度、有情怀"的城市第二空间。上海地铁的标准化建设历经十年打磨,形成了实实在在的发展优势,助力上海地铁通向都市新生活。

地铁标准化建设探索与上海实践

第二篇　体系篇

第五章　标准体系建设通用要求

上海地铁根据国家关于标准体系构建、标准制定程序、标准的编写、标准体系实施评价与改进等要求,规划、建立、完善标准体系。

第一节　标准体系

标准体系[①]是指一定范围内的标准按其内在联系形成的科学的有机整体。

一、构建标准体系的基本原则

标准体系的构建应当目标明确、全面成套、层次适当、划分清楚。构建标准体系应首先明确标准化目标,围绕目标构建全面完整的标准体系,包括体系的子体系及子子体系的全面完整和标准明细表所列标准的全面完整。

标准体系表应具有恰当层次。首先,标准明细表中每一项标准在标准体系结构图中应用相应层次;其次,标准体系应便于理解,减少复杂性,层次不宜太多;最后,同一标准不应同时列入两个或两个以上子体系中。

标准体系表内子体系或类别的划分,各子体系的范围和边界的确定,主要应按行业、专业或门类等标准化活动性质的同一性,而不宜按行政机构的管辖范围而划分。

二、构建标准体系的一般方法

构建标准体系主要有以下步骤。

第一,确定标准化方针目标。通过了解下列内容,确定标准体系的构建目标:

---

① GB/T 13016—2018《标准体系构建原则和要求》.

- 了解标准化所支撑的业务战略；
- 明确标准体系建设的愿景、近期拟达到的目标；
- 确定实现标准化目标的标准化方针或策略(实施策略)、指导思想、基本原则；
- 确定标准体系的范围和边界。

第二，开展标准体系调查研究。对标准体系建设的国内外情况、现有标准化基础(包括已制定的标准、已开展的相关标准化研究项目和工作项目等)、标准化存在的相关问题、标准体系建设需求等方面进行分析研究。

第三，进行分析整理。根据标准体系建设方针、目标，结合标准化现状、问题与需求，借鉴国内外已有标准体系结构框架，从标准类型、专业领域、级别、功能、业务生命周期等不同角度，对标准体系进行分析，确定与目标相适应的标准体系结构关系。

第四，编制标准体系表。围绕目标，在调查研究和分析整理的基础上，编制形成标准体系表。首先，确定标准体系结构图；其次，编制标准明细表；最后，编写标准体系表编制说明。

另外，还应对标准体系进行动态维护更新。一方面，对使用过程中存在的问题进行优化完善；另一方面，随业务需求和技术发展的要求，进行动态维护和更新。

三、标准体系表内容要求

标准体系表应包括标准体系结构图、标准明细表、标准统计表和标准体系表编制说明。

标准体系结构图用于表达标准体系的范围、边界、内部结构以及意图。标准体系的结构关系一般包括上下层之间的"层次"关系，或按一定的逻辑顺序排列起来的"序列"关系，也可由以上几种结构相结合的组合关系。

序列结构是指围绕产品、服务、过程的生命周期各阶段的具体技术要求，或空间序列等编制出的标准体系结构图。相关示例如图5-1所示。

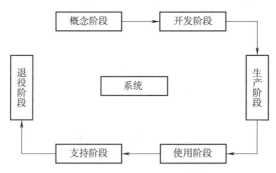

图5-1 序列结构标准体系结构图示例

层次结构是指围绕产品、服务、过程的各级各类技术要求编制出的标准体系结构图。一般层次结构最少为两层,可根据需要增加结构层次的层级。相关示例如图 5-2 所示。

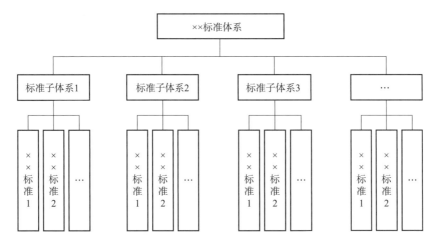

图 5-2　层次结构标准体系结构图示例

标准明细表主要用于描述标准体系表中涉及的标准或子体系的相关信息,包括纳入标准明细表的标准或子体系的编号、子体系名称、标准名称、引用标准编号、归口部门、缓急程度、宜定级别、标准状态等。标准明细表示例见表 5-1(表 5-1 标准明细表示例中具体内容与图 5-2 层次结构标准体系结构图示例对应)。

表 5-1　标准明细表示例

序号	标准体系编号	子体系名称	标准名称	引用标准编号	归口部门	宜定级别	实施日期	备注
1	1	1.1 标准化导则						
2	1	1.2 术语与缩略语标准						
⋮	⋮	⋮	⋮	⋮	⋮	⋮	⋮	⋮

标准统计表主要根据标准体系构建,按要求统计不同类型标准应有数、现有数以及应有数和现有数之间的比率。其中统计项对标准类型的划分可根据需要进行不同维度的划分,如根据标准层级分为国家标准、行业标准、地方标准等,根据标准功能分为术语标准、符号标准、指南标准、规范标准等。标准统计表示例见表 5-2。

表 5-2 标准统计表示例

统计项	应有数/个	现有数/个	现有数/应有数/%
国家标准			
行业标准			
地方标准			
团体标准			
企业标准			
共计			

标准体系表编制说明一般要陈述下列内容：标准体系建设背景；标准体系建设目标、构建依据及实施原则；国内外相关标准化情况综述；各级子体系划分原则和依据；各级子体系的说明，包括主要内容、适用范围等；与其他体系交叉情况和处理意见；需要其他体系协调配套的意见；结合统计表，分析现有标准与国际标准、国外标准的差距和薄弱环节，明确今后主攻方向；标准制修订规划建议以及其他需要说明的问题。

四、不同类型标准体系构建要求

1. 服务业组织标准体系构建要求①

服务业组织标准体系由服务通用基础标准体系、服务保障标准体系、服务提供标准体系三大子体系组成，如图 5-3 所示。服务通用基础标准指在服务业组织内被普遍适用，具有广泛指导意义的规范性文件；服务保障标准指为支撑服务有效提供而制定的规范性文件；服务提供标准指为满足顾客需要，规范供方与顾客之间直接或间接接触活动过程的规范性文件。

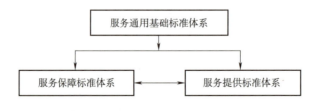

图 5-3 服务业组织标准体系关系图

服务通用基础标准体系是服务保障标准体系、服务提供标准体系的基础，服务保障标准体系是服务提供标准体系的直接支撑，服务提供标准体系促使服务保障标准体系的完善。

---

① GB/T 24421.2—2009《服务业组织标准化工作指南 第 2 部分：标准体系》.

2. 企业标准体系构建要求[①]

企业标准体系是指企业内的标准按其内在联系形成的科学的有机整体。如图5-4所示,企业构建企业标准体系,应通过对相关方的需求和期望及企业标准化现状进行分析,形成企业标准体系构建规划、标准化方针、目标,同时,识别企业适用的法律法规和指导标准要求,在此基础上,构建形成企业标准体系。

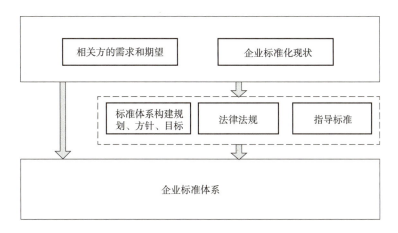

图5-4 企业标准体系构建示例

需要注意,指导标准是指企业不直接执行,而需将其全部或部分转化为企业标准体系中的标准,对企业标准体系有指导作用的标准。

企业标准体系一般由产品实现标准体系、基础保障标准体系和岗位标准体系三个体系组成。企业也可根据自身实际对企业标准体系结构进行自我设计。自我设计的结构应满足企业生产、经营、管理等要求。

第二节 标准制定程序[②]

制定标准是标准化工作三大任务(制定标准、贯彻实施标准和对标准的实施进行监督)中首要的任务。标准是利益相关方协调的产物,严格按照统一规定的程序开展标准制定工作,是保障标准编制质量和水平,缩短标准制定周期,实现标准制定过程公平、公正、协调、有序的基础和前提。本节主要阐述国家标准(行业标准、地方标准、团体标准参照国家标准制定的程序执行)和企业标准制定的程序规定和相关要求。

---

① GB/T 15496—2017《企业标准体系 要求》.
② 上海市标准化研究院,中国标准化协会,上海信星认证培训中心.标准化实用教程[M].北京:中国标准出版社,2011.

一、国家标准制定的常规程序

根据《国家标准制定程序的阶段划分及代码》(GB/T 16733—1997)规定,我国国家标准制定程序阶段划分为预阶段、立项阶段、起草阶段、征求意见阶段、审查阶段、批准阶段、出版阶段、复审阶段和废止阶段9个阶段。

预阶段是标准计划项目建议的提出阶段。全国专业标准化技术委员会(以下简称"标准化技术委员会")对将要立项的新工作项目进行研究及必要的论证,并在此基础上提出新工作项目建议。

立项阶段由国务院标准化行政主管部门对上报的国家标准新工作项目建议统一审查、汇总、协调、确定,直至下达"国家标准制修订计划",立项阶段的时间周期一般不超过3个月。

起草阶段时间周期一般不超过10个月,这一阶段的任务为完成国家标准征求意见稿。负责起草单位应按《标准化工作导则 第1部分:标准化文件的结构和起草规则》(GB/T 1.1—2020)、《标准化工作指南》(GB/T 20000)、《标准编写规则》(GB/T 20001)和《标准中特定内容的起草》(GB/T 20002)等基础标准的要求起草国家标准征求意见稿,同时编写"标准编制说明"及有关附件。

征求意见阶段是自标准起草工作组将标准征求意见稿发往有关单位征求意见起,经过对反馈意见的收集整理,提出征求意见汇总处理表,至完成国家标准送审稿止。这一阶段的任务为提出国家标准送审稿。

审查阶段是对国家标准的技术内容、技术经济依据及其指标和要求是否适应当前的技术水平和市场需求等方面进行全面的讨论和审查,以确保国家标准的先进性和内容合理性,使该国家标准与其他相关标准协调一致,并避免与国家相关法律法规相抵触。审查阶段的时间周期一般不超过5个月,这一阶段的任务为完成国家标准报批稿。

批准阶段指标准报批稿由标准化技术委员会或技术归口单位审核后报国务院标准化行政主管部门或有关主管部门批准,并统一编号发布国家标准。这一阶段的任务为完成国家标准出版稿。

出版阶段指国家标准批准发布后,统一由指定的标准出版单位负责出版。

复审阶段指国家标准在使用一定时期后,国家标准制定部门根据科学技术的发展和经济建设的需要,对国家标准的技术内容和指标水平进行重新审查,以确认国家标准的有效性。国家标准的复审可采用会议审查或函审。

废止阶段是国家标准制定程序中最后一个阶段。对于复审结果为无存在必要、确定废止的国家标准,由国务院标准化行政主管部门予以废止并向社会公布。

二、企业标准制定

企业标准的制定是企业标准化活动的起始,是企业建立最佳秩序,获得最佳经济效益和社会效益的前提。

企业标准是对企业范围内需要协调、统一的技术要求、管理要求和工作要求所制定的标准。企业标准是企业组织生产、经营活动的依据。

1. 企业标准制修订原则

(1)贯彻国家和地方有关的法律、法规、规章和强制性标准。

(2)充分考虑顾客和市场需求,保证产品质量,保护消费者利益。

(3)积极采用国际标准和国外先进标准。

(4)有利于扩大对外经济技术合作和对外贸易。

(5)有利于新技术的发展和推广。

(6)企业内的企业标准之间、企业标准与国家标准或行业标准或地方标准之间应协调一致。

2. 制定企业标准的一般程序

(1)调查研究、收集资料

调查研究、收集资料是制定标准的基础工作,企业应根据制定标准的对象、内容及要求来开展。

①标准化对象的国内外(包括企业)现状和发展方向。如果企业制定产品标准,应系统研究国内外同类及关联产品的生产情况及其质量要求,调研顾客对该产品的期望和要求,以及该产品发展的趋势和方向。

②有关最新科技成果。企业应针对性检索有关的产品专利、产品样本、目录和科技文献,掌握该产品国内外有关最新科技成果,使得产品标准的水平能与科学技术发展同步。

③顾客的要求和期望。在企业标准制定时,企业应调研和关注顾客对产品的要求和期望,使得生产的产品能满足顾客需要。

④生产(服务)过程及市场反馈的统计资料、技术数据。在企业标准制定时,企业应注意收集生产(服务)过程及市场反馈的统计资料和技术数据,并就这些数据进行比较分析,为确定企业标准相应的指标提供基础支持材料。

⑤国际标准、国外先进标准、技术法规及国内相关标准。在制定标准前,企业应全面收集和梳理国际标准、国外先进标准、技术法规及国内相关标准,并对这些资料

进行比对研究,这对企业标准内容的确定是必需且有益的。

(2) 起草标准草案

对收集的资料和调研的数据进行整理、分析、对比、选优,必要时应进行试验对比和验证,并在上述工作的基础上起草标准草案。

标准草案在形成征求意见稿时,应完成标准编制说明的起草。标准编制说明一般包括:

①标准的立项背景;

②标准起草的简要工作过程;

③标准的编制原则和确定标准主要内容的依据;

④采用国际标准和国外先进标准的情况及对比分析;

⑤与现行法律、法规、规章和强制性标准的关系;

⑥对主要试验验证的分析;

⑦实施标准的要求、措施和建议等。

(3) 形成标准送审稿

将起草的标准草案连同"标准编制说明"发至企业内各有关部门征求意见,对反馈的意见进行分析研究,决定是否采纳,并形成标准送审稿。

(4) 审查标准

标准的审查根据具体情况,可采取会审或函审。

(5) 编制标准报批搞

经审查通过的标准送审稿,起草单位应根据审查意见修改,编写标准报批搞及标准编制说明、审查会议纪要、意见汇总处理表等相关文件。

(6) 批准和发布

企业标准由企业法定代表人或由其授权的管理者批准、发布,并由企业标准化机构编号、公布。

3. 企业产品标准备案

凡编写的企业产品标准必须要备案。企业产品标准在发布后 30 天内,报当地政府标准化行政主管部门和有关行政主管部门备案。具体如何备案应按各省、自治区、直辖市人民政府标准化行政主管部门的规定办理。

4. 企业标准的复审

为适应科技的发展和市场需求的变化,企业标准应定期进行复审,复审周期一般不超过 3 年。复审后的企业产品标准应重新备案。

第三节 标准的编写[①]

一、标准编写遵循的格式

标准编写可分为自主研制标准和采用国际标准。自主研制标准按照 GB/T 1.1—2020 的规定进行编写；采用国际标准的我国国家标准的编写除了遵照 GB/T 1.1—2020 的规定外，还要按照 GB/T 1.2—2020 的规定进行编写，我国其他标准采用国际标准时可参考使用 GB/T 1.2—2020。此外，对于建设工程类标准还需遵循《工程建设标准编写规定》（建标〔2008〕182 号）的要求编写。

二、标准编写的主要技术内容

企业标准体系中的关键核心技术要素包括技术和开发的产品设计、产品试制、产品定型、设计改进，生产标准的采购、工艺、监视、测量和检验、不合格控制等方面的标准。服务标准的关键核心技术要素包括服务提供者、服务人员、服务环境、服务设施设备、服务规范、服务提供规范、不合格服务控制和运行管理等方面。

1. 技术标准[②]

（1）设计和开发标准

①产品设计标准

企业对产品进行方案拟定、研究试验、设计评审，完成全部技术文件的设计，收集、制定的产品设计标准，可包括但不限于：

a. 产品设计输入的要求，包括产品的质量特性要求、专业设计规范/标准，以及通用化、系列化、模块化等方面的要求等；

b. 产品设计的方法和程序的要求，包括设计模型、计算方法、设计程序等；

c. 产品设计评审和验证的要求，包括评审和验证的内容、时机和方法等；

d. 产品设计输出的要求，包括技术文件的内容、格式和编号要求、完整性要求、产品型号和命名的要求等。

e. 企业在收集、制定产品设计标准时，应关注环境保护、安全、知识产权保护等。

---

① 上海市标准化研究院，中国标准化协会，上海信星认证培训中心.标准化实用教程[M].北京：中国标准出版社，2011.

② GB/T 15497—2017《企业标准体系 产品实现》.

②产品试制标准

企业对通过试验、试制或用户试用,验证产品设计输出的技术文件的正确性、产品符合质量特性要求,收集、制定的产品试制标准,可包括但不限于:

a. 申请产品试制的条件要求;

b. 产品试制责任部门/人员的职责权限、工作内容及程序和协作关系的要求;

c. 试制产品评审、验证的要求;

d. 试制结论的确认条件及结果应用的要求。

③产品定型标准

企业为确保持续稳定达到产品生产/服务提供条件,在产品试制的基础上进一步完善产品生产/服务提供的方法和手段,改进、完善并定型产品生产/服务提供过程中使用的工具、器具,配置必要的产品生产/服务提供和试验/测试用的设施、设备,收集、制定的产品定型标准,可包括但不限于:

a. 申请产品定型的条件要求;

b. 产品定型的工作内容和程序、试验内容和方法等;

c. 产品定型文件的要求;

d. 产品生产/服务提供用设施、设备、工具、器具的定型机配置要求;

e. 检验和测量仪器的配置和标定要求;

f. 产品定型确认/批准的要求。

④设计改进标准

企业为提高产品质量和适用性,对产品实现各阶段收集到的反馈信息进行分析、处理和必要的试验,收集、制定的设计改进标准,可包括但不限于:

a. 改进信息收集、分析等的要求;

b. 改进方案编制、评审、验证、确认的要求;

c. 改进实施的要求;

d. 改进效果评价的要求。

(2)生产标准

①采购标准

企业对用于产品实现的外部提供的过程、产品以及采购活动的控制,收集、制定的采购标准,可包括但不限于:

a. 品种规格简化、优化的要求,包括规定外部提供过程、产品的限用规则,合理简化品种规格等;

b. 质量要求，包括外部提供产品适用的质量特性、规格、品种、等级等要求，以及外部提供过程、服务的组织、实施及验收要求等；

c. 采购过程控制要求，包括采购活动的职责、审批权限、采购流程、订货方法、接收及付款方式、产品的验证等要求；

d. 供方选择与评定要求，包括对供方的资质和提供产品的能力进行评价和选择，制定选择和评价合格供方的准则等。

②工艺标准

企业对生产的方法、程序和现场管理，收集、制定的工艺标准，可包括但不限于：

a. 生产方法、程序的要求，包括：

生产的方法和手段，如使用的设施、设备及用品的配备数量和结构；

工作流程和环节划分的方法和要求，以及各环节的操作规范、工作内容和输入输出要求等。

b. 生产过程质量控制要求，包括质量控制点设置的原则、工作内容、控制要求等。

c. 生产现场定置管理要求，包括定置管理的目标、内容及程序等。

d. 生产操作规范管理要求，包括操作规范的实施、检查及考核等。

③监视、测量和检验标准

企业对生产的过程及其子过程，以及产品的特性和各过程的结果进行监视、测量和检验，收集、制定的监视、测量和检验标准，可包括但不限于：

a. 监视、测量和检验方法的要求，包括监视、测量和检验的项目、条件、使用的设备、顺序、试验/评价方法、周期/频率、组批规则、计算方法、判定规则等要求；

b. 监视、测量和检验程序的要求，包括检验的设置、监视和测量点/过程的选择，监视、测量和检验的职责和权限、方式、内容以及报告和记录的要求；

c. 监视、测量和检验结果的应用要求，包括结果分析、传递并用于改进。

④不合格控制标准

企业对生产过程中的不合格进行识别和控制，收集、制定的不合格控制标准，可包括但不限于：

a. 不合格的识别、分类要求；

b. 不合格处理的要求；

c. 纠正和预防措施的要求；

d. 不合格处理记录的要求。

2. 服务标准[①]

(1) 服务提供者

服务提供者是指提供公共服务的组织。"服务提供者"标准内容的编写可从公共服务组织的质量管理、环境管理、职业健康安全管理、诚信、服务提供能力、社会责任等方面进行规定。

(2) 服务人员

公共服务组织应从人员配置、人员资质、人员能力等方面对服务人员做出规定。

①人员配置标准。如最低人员配备总体要求、重要岗位人员所占全体员工的最低比例要求等。

②人员资质要求。应根据公共服务组织的岗位设置、岗位职责及所需的人员技能和资格来确定人员资质。应特别关注与服务对象直接接触的人员。

③人员能力要求。应从教育、培训、技能、经验以及人员的健康与素养方面予以规定。

(3) 服务环境

公共服务组织应规定公共服务场所的温度、湿度、光线、空气质量、卫生、清洁度、噪声、场地面积等基本要求，还应对服务场所的日常环境管理做出规定。

(4) 服务设施设备

公共服务组织应结合服务对象要求策划配备这些资源并予以有效管理，可从服务设施设备的购置、验收、使用、存放、维护保养和报废处置等方面进行规定：

①工作场所，如办公楼、公共服务大厅等场所，以及与之配套的水、电、气的供应、通风照明、空调系统等相关设施；

②过程设备，指各种类型的与公共服务提供过程相关的各种硬件和软件，如办公设备、工具、器具、装置及软件等；

③支持性服务设施，如信息系统、网络等；

④各类用品，为保证公共服务提供活动所需的物资等。

对于设施、设备和用品的标准应从两个方面予以考虑：

对确保服务提供过程的有效运作所需的设施、设备和用品的要求，如设施设备的安全技术要求和最低配置的要求等；

---

① 上海市标准化研究院,中国标准化协会,上海信星认证培训中心.标准化实用教程[M].北京:中国标准出版社,2011.

对设施、设备及用品的管理要求,如设施设备的操作规程、维护保养规定、报废处理规定等。

(5) 服务规范

服务规范规定公共服务应达到的水平和要求,服务规范宜描述公共服务提供过程结果的质量要求。质量要求可以是定性的或定量的,应充分考虑以下方面的服务质量特性要求。

①功能性:公共服务组织规定预期交付给服务对象的服务功能特性和目标。

②经济性:公共服务组织从自身的生存和发展的角度以及社会资源有效利用的角度提出,旨在用较少的资源提供高质量的公共服务。

③安全性:公共服务组织应识别可能会对服务对象造成各种伤害的危险源,并根据实际情况规定安全性方面的要求,如消防安全、服务对象人身财产安全、健康安全和保密方面的要求。

④舒适性:舒适性是指服务对象对服务环境、服务设施、服务人员和服务提供活动的综合性感受,有时无法直接规定,可以通过对服务环境、设施等方面的规定体现舒适性的要求。

⑤时间性:公共服务组织应规定公共服务的等待时间、服务提供过程时间、处理服务对象意见的时间等要求。

⑥文明性:文明性是服务人员素质的充分体现,通过对公共服务行为规定文明性要求,使服务对象获得自由、亲切、受尊重的气氛。

(6) 服务提供规范

公共服务提供过程是将输入转化为服务的一组相互关联和相互作用的活动。服务提供规范是指在公共服务实现过程中,为了达成服务规范要求的特性,对公共服务提供的方法、流程和操作程序提出规定和要求,主要包括以下方面。

①服务提供的流程、工作内容、操作规范和输入、输出要求。

②服务的沟通与确认要求。

③预防性措施。应制定紧急情况或服务中断时的预防性措施,以应对突发事件。

(7) 不合格服务控制

服务结果是公共服务组织为服务对象提供公共服务的结果体现。公共服务组织应针对服务对象抱怨、不合格服务纠正及服务争议处置方面提出规定和要求,具体包括以下方面。

①服务对象抱怨等不满意的处置。

②不合格服务的纠正与管理。

③服务争议的处置。

(8) 运行管理

公共服务组织应针对与公共服务提供过程相关的运行管理事项提出要求,例如包括但不限于能源管理、信息管理、合同管理、采购管理、安全管理、持续改进等方面。公共服务组织应立足于组织自身的情况来决定各类运行管理事项的种类和内容。

第四节　标准体系实施与评价改进[①]

一、标准体系实施

标准的实施是标准和标准体系发挥其预期作用的关键步骤,也是标准化工作的最终目的。在已构建完成相对科学完整的标准体系后,应及时启动标准的宣贯和实施。

1. 标准宣贯

一方面要全员参与,将标准化基础知识、标准实施和应用等方面的宣传和培训等覆盖到组织的所有人员。另一方面要各行其道、重点突出,明确界定每项具体标准的使用群体,在宣传和培训时严格对应该群体,提高宣贯工作的指向性。

2. 标准实施

标准实施应先制定专门的计划,做好机构、材料、方法、技术、人员等各方面的准备,有序稳妥地推进,并注重过程中的控制和分析,及时评价标准的实施效果和存在的问题等,不断调整和改进,保证组织标准体系的持续有效。

二、标准体系评价改进

对标准体系的评价分为若干层次,主要包括标准有效性评价、标准符合性评价、标准实施效果评价和标准体系整体评价。

1. 标准有效性评价

标准有效性评价的对象是标准本身,评价的目的是验证标准是否符合实际情况、标准是否具体而富有操作性、标准结构和内容是否完整、标准之间是否协调一致等。

---

① 上海市标准化研究院,中国标准化协会,上海信星认证培训中心.标准化实用教程[M].北京:中国标准出版社,2011.

2. 标准符合性评价

标准符合性评价的对象是组织的活动，评价的目的是监测和确认体系内的所有标准是否被正确地执行。

3. 标准实施效果评价

标准实施效果评价的对象是组织的绩效，评价的目的是考察和衡量标准的实际作用，同时也为标准的修订和改进提供输入。

4. 标准体系整体评价

标准体系整体评价的对象是标准体系的运行情况及组织的绩效，评价的目的是考察标准化工作的效果和成败，推动标准体系的持续改进。

第六章 标准体系建设总体规划

标准化建设是一项长期性、基础性的系统工程,涉及领域多、覆盖范围广、专业跨度大,加强体系设计是标准化建设持续健康发展的基本保障,上海地铁从战略布局、顶层架构、阶段规划三个方面统筹考虑、细致安排。

第一节 标准化体系建设战略布局

上海地铁从战略层面明确分三个时期推进标准化建设,"十二五"期间全面建立体系、"十三五"期间全面深化完善、"十四五"期间全面发展提升。

一、全面建立体系

"十二五"期间,是上海地铁新线新站集中建设、网络规模加速发展、运营能力快速提升的重要时期,也是上海地铁规划、构建、实施标准化工作的关键时期。上海地铁在《上海申通地铁集团有限公司发展规划纲要(2011—2015)》中提出了创建标准化体系的总体构想。

二、全面深化完善

"十三五"期间,是上海地铁运营、建设全面快速发展的战略机遇期,是建成"具有一流城市轨道交通综合集成能力的公共服务企业"的攻坚阶段。上海地铁在《上海申通地铁集团有限公司发展战略规划纲要(2016—2020年)》中提出深化"人性化服务、精细化管理、标准化建设",完成轨道交通运营服务标准化试点(国家级)评估验收。

三、全面发展提升

"十四五"期间,上海地铁将加快构建卓越的全球城市轨道交通企业,率先基本建成通达融合、人本生态、智慧高效的超大规模城市轨道交通网络。上海地铁在《上海申通地铁集团有限公司发展战略规划纲要（2021—2025年）》中提出"坚持对标最高标准、最好水平"，加快轨道交通运营服务标准化示范（国家级）建设。

第二节　标准化体系建设顶层架构

上海地铁标准化体系建设遵循"一体两翼"的构建理念。"一体"，即运营服务标准体系、工程建设标准体系构成的企业标准体系，是标准化体系建设的核心主体；"两翼"，即标准化组织体系、标准实施体系构成的标准管理体系，是标准化体系建设的支持保障，如图6-1所示。

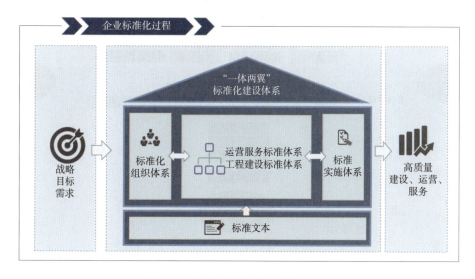

图6-1　"一体两翼"的标准化体系图

在标准化体系建设过程中，上海地铁将企业的发展战略、目标及需求，转化为各专业各层级的标准文本，按照运营服务标准体系、工程建设标准体系构建要求，形成具体的子体系及标准分类，便于查询、检索、规划。为确保标准的有效实施与执行，构建了标准化组织体系、标准实施体系，前者明确了各层级标准化工作人员及其具体职责，将标准落实到人；后者识别了各生产单元的采标目录，将标准落实到岗。通过"一体两翼"的标准化体系，企业的发展战略、目标及需求，最终转化为建设、运营、经营等协调统一的技术要求、管理要求和工作要求，成为组织生产、经营活动的规范和依据，实现了输入到输出的高质量转变。

第三节　标准化体系建设阶段规划

一、总体要求

2011年初,上海地铁开展"上海城市轨道交通网络标准体系"规划研究,提出企业标准体系的总体规划框架、构建方法,确定了"总体筹划—体系建立—体系试运行—常态运行"四个阶段,如图6-2所示。

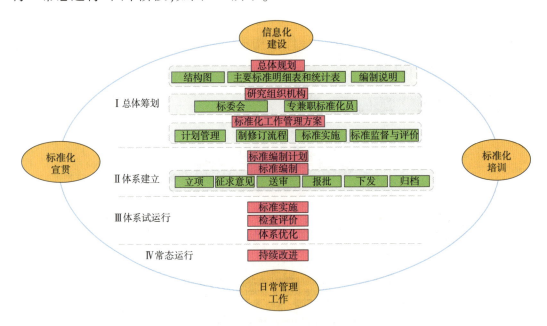

图6-2　标准体系总体规划框架图

二、阶段要求

1. 总体筹划

研究并提出企业标准体系总体框架,编制和汇总标准体系表;研究并建立标准化组织体系,成立标准化委员会、标准化分委员会,设置标准化室、标准化分室,配备标准化工作专兼职人员,开展标准化基础理论知识培训;制订标准化工作管理规定,明确标准化工作计划、标准编制、组织实施、监督与评价等要求。

2. 体系建立

立足公共服务类企业定位,先行构建运营服务标准体系,形成通用基础、运营服务保障、运营服务提供子体系。适应轨交发展需要,构建建设标准体系,形成技术标准、管理标准、工作标准子体系。根据规范的标准制修订流程,开展规章向标准的全覆盖转换,制定发布实施标准。组织全员标准宣贯培训,确立标准化理念,用"标准"确保运营安全成为共同认识。

3. 体系试运行

以推进标准体系有效实施为目标,逐步提升标准体系覆盖范围,建立并组织实施标准体系检查、评价、改进等工作机制,初步构建适应集团科学发展要求、反映轨道交通行业特色、符合运营服务需求的标准体系,形成管理规范化、作业标准化的安全运营良好局面。

4. 常态运行

围绕轨交发展新常态、新形势,制定和优化相关的标准规范。按照"实际、实用、实效"原则,持续完善体系内标准质量、持续推进标准体系全面实施、规范运行。加强标准化工作的信息化建设、日常基础管理,形成标准化常态管理模式,标准化精细管理水平有效提升。

第七章　企业标准体系

标准体系构建需要按照标准化原理与通用要求,结合轨道交通企业运营环节、管理重点、作业关键,设计框架、编制标准、形成体系,是标准化建设的核心工作。上海地铁从企业自身特点出发,构建覆盖运营、建设两大板块的企业标准体系。

第一节　运营服务标准体系

一、体系建设

1. 构建依据

遵照《标准化法》等国家标准化法律法规,以及其他国家、行业、地方标准化工作的相关规定;按照《服务业组织标准化工作指南》(GB/T 24421)、《标准体系构建原则和要求》(GB/T 13016)等系列标准要求;根据上海地铁"管建并举,管理为重,安全运营为本"的方针目标,构建满足轨道交通企业特点的运营服务标准体系。

2. 构建原理

上海地铁坚持"实际、实用、实效"的原则,从标准的系统性、程序性、规范性、先进性着手,构建运营服务标准体系,涵盖通用基础标准、运营服务提供标准、运营服务保障标准3个大体系和21个子体系,如图7-1所示。

(1) **通用基础标准**。由标准化导则、术语及缩略语标准、符号与标志标准、数值与数据标准、量与单位标准和测量标准6大类标准组成,这6大类标准是其他标准制定和实施的基础。

标准化导则,包括适用于运营板块标准化工作的相关国家标准、行业标准、地方标准、团体标准,以及由集团、直属单位制定的与运营相关的标准化相关标准。

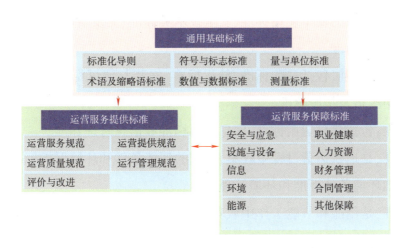

图 7-1 运营服务标准体系框架图

术语及缩略词标准,包括适用于运营板块的术语和缩略语国家标准、行业标准和地方标准、团体标准,以及由集团、直属单位制定的用于运营板块内部信息沟通用的概念定义和术语含义缩略语标准。

符号与标志标准,包括适用于运营板块的符号与标志相关的国家标准、行业标准和地方标准、团体标准,以及由集团、直属单位对符号与标志的样式、颜色、字体、结构及其含义制定的规范性文件。

数值与数据标准,包括用于运营板块涉及的数值与数据相关的国家标准、行业标准和地方标准、团体标准,以及由集团、直属单位对各种数值与数据的判定与表示制定的标准等。

量与单位标准,是运营板块在运行和管理活动中采用的量和单位相关的国家标准,以及由集团、直属单位对量和单位的选用和确定制定的标准等。

测量标准,是运营板块在运行和管理活动中使用的测量方法和测量设备相关国家标准、行业标准和地方标准、团体标准,以及集团、直属单位相关的计量标准等。

(2)运营服务保障标准。是运营服务提供标准的有力支撑,标准体系由 9+1 大类标准组成,分别为安全与应急标准、设施与设备标准、信息标准、环境标准、能源标准、职业健康标准、人力资源标准、财务管理标准、合同管理标准以及其他保障标准等。根据上海地铁运营板块业务分类,主要分为运营和维护两大组成部分。

安全与应急标准,是以保护地铁服务对象生命和财产安全为目的收集、制定的标准,包括设施设备的安全使用标准、安全技术类标准、突发事件分类和应急预案管理标准、安全管理标准。

设施与设备标准,包括选购标准、储运标准、安装与调试标准、运用与维护保养标准以及停用改造及报废标准。

信息标准,包括信息通用标准、信息应用标准和信息管理标准。

环境标准,是地铁运营过程中收集、制定的环境条件和环境保护标准,包括运营提供所需基础环境条件标准和环境管理标准。

能源标准,是用能和节能工作中收集、制定的标准,包括了节能材料标准、节能运行标准和节能管理标准。

职业健康标准,是以消除和减少服务提供过程中产生的职业安全风险,针对职工从事职业活动中的健康损害、安全危险期及其有害因素收集、制定的标准。包括职工工作环境标准、劳动防护标准和职业健康管理标准。

人力资源标准,包括人员配备与管理相关的标准,包括人员资质要求、人员的聘用标准、人员培训标准以及人员的工作绩效考核标准。

财务管理标准,是按法律法规和标准要求,对财务活动中的成本核算和收支等方面进行管理,收集、制定的标准。对于运营板块而言,财务管理标准主要是落实集团层面财务管理标准而制定的管理标准。

合同管理标准,是运营部门将服务对象需求形成文件或口头协定,达成一致并组织实施整个过程的相关标准。对于运营板块而言,合同管理标准主要是落实集团层面合同管理标准而制定的相关标准。

其他保障标准,是为了有效的运营提供而制定的不同于以上9大类标准,如党务管理、纪检要求标准等。

(3) 运营服务提供标准。根据 GB/T 24421 推荐的"服务提供标准体系",运营服务提供标准由运营服务规范、运营提供规范、运营质量规范、运行管理规范和评价与改进5类标准构成,促进标准体系的整体改进。

运营服务规范,是为满足乘客需求,根据运营服务的目的、环节、类别等属性而规定的特性要求。运营服务规范包括功能性、安全性、时间性、舒适性、经济性和文明性六个方面的规定,根据服务流程收集制定了接待、受理服务要求,组织实施要求,验收与结算要求,售后服务要求等。

运营提供规范,对服务提供的要求、方法、程序所制定的标准,包括提供服务的方法和手段,如服务过程中所要求的各项设施、设备及用品的配备数量和结构;服务流程和环节划分的方法和要求,以及各环节的操作规范、工作内容和输入输出要求;服务的沟通与确认要求。

运行管理规范,是运营服务实现过程中的管理要求、实现手段、采用程序、运行管理等所制定的标准。包括国家行业地方团体运营管理标准、客运组织管理标准、票务管理标准、行车组织类标准、设施设备配备标准、人员配备标准和岗位工作标准。

运营质量规范,是识别、分析对运营质量有重要影响的关键过程,并加以控制而收集、制定的标准,包括运营提供评价标准与控制标准、乘客不满意的处置标准和预防性措施的要求及评价标准。

评价与改进标准,对运营服务的有效性、适宜性和乘客满意进行评价,并对达不到预期效果的运营服务进行改进而收集、制定的标准。其与运营质量规范的不同之处在于,前者是着眼运营服务的全过程,而后者仅仅是针对运营服务的关键环节。

3. 构建方法

(1)梳理转换。上海地铁针对运营服务涉及的工作事项以及围绕这些事项开展的所有活动,对运营20多年来的规章制度进行了彻底的系统梳理,完成运营服务基础、运营服务提供、运营服务保障三方面规章制度向标准的全面转换,实现运营服务标准体系全覆盖。

(2)对标采标。对照国家行业地方标准,开展标准体系的适应性、符合性、充分性比较,将相关规范要求及时转化为企业的标准规定,形成标准体系与国家地方行业标准的良好衔接,满足安全生产、运营服务、经营发展需求。

(3)整合优化。将企业贯标的 ISO 9000 质量体系、ISO 14000 环境管理体系、OHSA 18000 职业健康安全管理体系,与运营服务标准体系进行整合,理顺了企业标准与企业规章制度的关系,形成以运营服务标准体系为基础的贯标体系。

(4)精简标准。重点精简整合碎片化不成体系的标准和作业指导书、规范同类作业项的标准和作业指导书。

二、体系完善

1. 体系优化

在标准体系运行中,针对发现的企业标准体系不够系统协调、标准碎片化等问题,持续开展体系优化工作。一是加强标准编制。坚持需求导向和问题导向,充分发挥标准"树标杆"的示范效应和标准"划底线"的兜底作用,制定和优化相关标准规范,补齐企业管理短板,助力科技创新、制度创新、管理创新,在追求高标准中创造更多优质供给。二是加强体系规范。按照明确的标准体系分类原则,持续梳理各级标准,对分类不合理的进行归类、对层级不适宜的进行调整、对范围不明确的进行界定,在标准制修订过程中分批调整、逐步到位。规范标准新编,加强审核把关,避免制定发布碎片化、不成体系的标准。三是加强体系优化。以企业卓越发展为目标,优化安全生产标准体系、运营服务质量标准体系、科技信息标准体系、企业经营标准体系、企业科学管理标准体系,加强体系内标准的研制和融合,将不断升级的标准与轨道交通行业的创新精神、奉献精神、工匠精神和社会责任更好结合,通过标准统一规范、共建共享,实现标准体系协调运行。

2. 标准优化

上海地铁将标准整合优化作为标准体系持续改进的重点,制定专项推进实施方案,重点整合优化同类型交叉重复、碎片化不成体系等与现场实际操作不符的标准和作业指导书,针对精简整合的难易程度,按照先易后难的原则,分三个阶段进行推进。第一阶段快速整合,各部门单位根据确定的精简整合的时间及数量要求,初步优化了标准体系。特别是对规范的业务相同、仅车站或线路等不同的类似标准,将共性内容进行归并、不同内容列入标准,进行精简整合。例如,将《3号线上海南站站行车工作细则》等23项细分每个车站的行车工作细则,精简整合成《3号线车站行车工作细则》。对规范同类作业项的作业指导书基本雷同、实际内容差异较小的,以岗位和作业项为单位进行整合,例如,将60个单项设备作业均衡修作业指导书,整合为12项系统的均衡修作业指导书。第二阶段深度整合,集团部门牵头对业务条线的同类型交叉重复、碎片化不成体系等标准进行深度整合,将需要精简整合的标准列入年度新编标准计划范围。直属单位以推进标准实施为重点,结合标准化线路(车间)、车站(班组)创建,以及运营体系贯标符合性审查专项整改,梳理车站作业指导书,健全适用标准目录,统一格式并更新周期,完善现场标准实施的记录、统计、分析和改进等工作,建立"8大类24小类运营业务分类""6大类23小类维保业务分类"车站班组规范化管理体系。第三阶段常态整合,制定相应机制,纳入日常工作,进行常态整合优化。

第二节　建设标准体系

一、体系建设

1. 构建依据

遵照《标准化法》等国家标准化法律法规,以及其他国家、行业、地方标准化工作的相关规定;按照《标准化工作导则　第1部分:标准化文件的结构和起草规则》(GB/T 1.1)、《标准化工作指南　第1部分:标准化和相关活动的通用术语》(GB/T 20000.1—2014)、《标准体系构建原则和要求》(GB/T 13016—2018)、《企业标准体系　要求》(GB/T 15496—2017)、《企业标准体系　产品实现》(GB/T 15497—2017)、《企业标准体系　基础保障》(GB/T 15498—2017)、《企业标准化工作　评价与改进》(GB/T 19273—2017)等系列标准的要求,根据上海地铁超大规模网络建设"安全生产为本、建设质量提升"的目标,构建引领上海地铁网络化建设和运营,及与企业建设管理机构和管理职能相适应的建设标准体系。

2. 构建方法

建设标准体系构建以国家标准中企业标准体系构建的方法为基础。企业标准体系的结构通常有三种类型,第一种为层次结构,由技术、管理、工作标准体系构成;第二种为功能归口结构,在技术、管理、工作标准体系下又细分计划、经营、质量、能源、设备、人力、安全等子体系;第三种是序列结构,由基础、概念、开发、生产、使用、支持、退役标准体系构成。此外可根据企业需求采用不同的企业标准体系结构,对三种结构形式综合应用。

通过对上海市轨道交通建设板块的定位、业务、组织架构的分析,在企业标准体系构建常用方法的基础上,形成技术标准、管理标准、工作标准三大体系。并借鉴住建部《工程建设标准体系》(城乡规划、城镇建设、房屋建筑部分)、铁路标准体系、民用航空标准体系、轨道交通团体标准体系、装备标准体系等交通运输行业及相关行业的标准体系构建方法。同时对轨道交通行业现有国家标准、行业标准、地方标准、团体标准及上海地铁企业标准进行全面梳理、归纳和分类,根据企业的定位、方针目标、轨道交通专业划分、新技术发展要求等,在技术标准、管理标准、工作标准三大体系的基础上,进一步细分二级、三级、四级子体系,经过对不同构建方案的评价比选,最终形成上海市轨道交通建设标准体系结构,构建方法如图 7-2 所示。

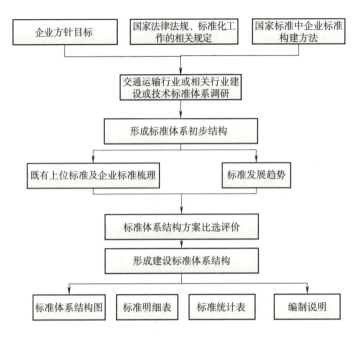

图 7-2　上海市轨道交通建设标准体系构建方法

3. 体系结构

以促进上海地铁超大规模网络建设质量提升为目标，按照"全面完整、目标明确、层次清晰、前瞻开放"的原则，构建上海市轨道交通建设标准体系，涵盖技术标准、管理标准、工作标准 3 大基本体系，其中技术标准体系下分为 12 个一级子体系，以及各一级子体系对应的若干二级子体系；管理标准体系下分为 16 个一级子体系；工作标准体系下分为 2 个一级子体系。上海市轨道交通建设标准体系结构如图 7-3 所示。

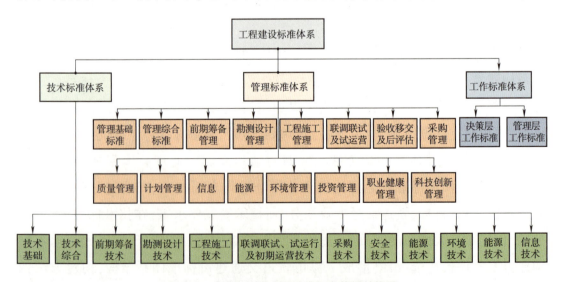

图 7-3　上海市轨道交通建设标准体系结构图

（1）技术标准体系。是指对标准化领域中需要协调统一的技术事项所制定的标准,并按其内在的联系形成体系,按照建设流程及共性要素划分为12个子体系:技术基础、技术综合、前期筹备技术、勘测设计技术、工程施工技术、联调联试、试运行及初期运营技术、采购技术、安全技术、能源技术、环境技术、职业健康技术、信息技术。

技术基础标准,是在轨道交通工程建设范围内作为其他标准的基础,并普遍使用,具有广泛指导意义的标准,划分为术语等6个三级子体系。

技术综合标准,是涉及前期筹备、勘测设计、工程施工等多个建设阶段,并且包含多个专业系统的综合性的标准。

前期筹备技术标准,是轨道交通前期规划阶段及可行性研究阶段的标准,其内容以上位规划标准和管理办法为主,划分为线网规划等4个三级子体系。

勘测设计技术标准,是为保障轨道交通工程勘察测量、设计的质量,使勘测设计工作走向程序化、规范化而制定的技术标准,划分为勘察测量、车辆等19个三级子体系。

工程施工技术标准,是轨道交通施工阶段的施工工艺、施工方法、施工验收等方面的标准,划分为土建施工与验收等4个三级子体系。

联调联试、试运行及初期运营技术标准,是轨道交通工程施工完成后,具备车辆上线运行条件进入系统联调联试、试运行及初期运营阶段的技术标准,按阶段划分为联调联试等4个三级子体系。

采购技术标准,是采购服务和设备的通用技术类招标文件、文本和通用商务招标范本,规范和统一企业选择相关的设计、工程施工、工程建设监理单位和设施设备的技术要求、资质要求及编制要求,按照招标的业务类型进一步划分成2个三级子体系。

安全技术标准,是指在轨道交通工程建设过程中以保护生命安全、基础设施安全、设施设备运行安全为目的而制定的,且涉及多个建设阶段的或多专业的通用性、综合性技术标准。

能源技术标准,是以利用能源、节约能源、降低能耗为目的而制定的技术标准。

环境技术标准,是轨道交通工程规划设计、施工过程中为保护环境和有利于生态平衡,对大气、水、土壤、振动、电磁等环境质量、污染源、检测方法及其他环境事项制定的技术标准。

职业健康技术标准,是轨道交通工程建设过程中为消除、限制或预防职业活动中的健康损害和安全危险及其有害因素而制定的技术标准。主要涉及工作环境所需的职业健康方面通用标准，职业卫生监测、劳动防护设施和用品标准，异常气象条件、辐射、噪声和振动、粉尘、危险化学品等有害物质、生物因素的防范控制标准，职业卫生设计与评价标准等内容。

信息技术标准，是在轨道交通工程建设过程中各种信息的收集、储存、加工、传递、利用等信息技术活动而制定的技术标准。

(2) **管理标准体系**。是对建设过程中重复性的管理活动制定的管理标准，并按其内在的联系形成体系，按照建设流程及共性要素划分为 16 个子体系：管理基础标准、管理综合标准、前期筹备管理、勘测设计管理、工程施工管理、联调联试及试运营、验收移交及后评估、采购管理、质量管理、计划管理、信息、能源、环境管理、投资管理、职业健康管理、科技创新管理。

其中，管理基础、前期筹备管理、勘测设计管理、工程施工管理、联调联试及试运营、验收移交及后评估、信息、能源、环境管理和职业健康管理的标准，是保障执行落实相关技术条款而制定的管理要求。

管理综合标准，是对两个以上建设阶段共同管理要求的归纳总结，包括了方针目标管理和人力资源管理的内容。

采购管理标准包括了招标管理、合同管理和变更管理等要求，规范投标方提供其有能力为合格承包方、集成方的证据，以及根据投标方提供的能力认证，进行评价和选择，包括制定选择评价和重新评价合格竞标者的准则等内容。

质量管理标准包括策划质量管理方针目标，体系内标准的实施特性、过程能力、符合性和有效性以及功能实现情况的检查，对建设质量缺陷的处置、纠正措施以及预防措施等。标准化工作管理的要求也在质量管理中。

计划管理标准包括项目进度计划制定的规范和方法、各阶段进度控制的管理性要求、进度计划管理、计划编制要求、进度控制方案。

投资管理标准以建设项目过程中财务活动、成本核算以及定额控制等要求为主，包括了财务监督、核算考核，以及公司内财务管理等要求。

技术创新管理标准内容包括技术审查管理规范、新技术评估及应用、知识管理、知识产权管理等。

(3) **工作标准体系**。可根据行业的不同选择不同的内容，一般包括岗位工作标准或岗位责任制等，划分为决策层工作标准和管理层工作标准。

工作标准包括简短明确、反映主题的名称，职责及权限，岗位人员资格要求，如文化水平、管理知识等,工作内容与要求检查与考核以及附录、记录及表格。

二、体系完善

上海地铁于2006年8月1日开始施行《上海城市轨道交通网络建设标准化技术文件》,发布了第一批的建设标准,包括网络化建设指导文件、通用图和标准图、招标通用技术文件。在2007—2014期间,又陆续编制发布网络化建设标准化技术文件,在上海轨道交通基本网络的建设过程中发挥了重要的作用。2017年完成第一轮的上海市轨道交通建设标准体系,2020年为了适应建设标准化管理的需求及网络高质量发展新要求,对技术标准体系进行深化研究,形成第二轮的上海市轨道交通建设标准体系,进一步提升了建设标准体系的质量。

1. 第一轮《上海市轨道交通建设标准体系》(2017年)

第一轮是标准体系构建的初探,主要目的是将现有的标准进行总结和分类,形成体系指导上海轨道交通网络建设,这个阶段的特点是基本稳定了第一层和第二层框架体系,将技术标准体系下的二级子体系勘测设计技术、工程施工技术、联调联试及试运营、验收移交,以及管理标准体系下的后评估子体系,分别划分为综合、总体、轨道、限界、车辆、地下车站、高架区间等27个专业,划分上还缺乏科学性,也不能完全体现轨道交通网络化建设、综合开发、智慧地铁等新的发展需求。

2. 第二轮《上海市轨道交通建设标准体系》(2020年)

第二轮标准体系的优化和完善,是在上一轮的标准体系已经不能适应数量愈发庞大的轨道交通行业标准、团体标准、企业标准,及上海地铁"三个转型"、标准引领企业高质量发展等背景下开展的。这一轮的特点是以上一轮标准体系的第一层级、第二层级基本不变为前提,优化和完善技术标准体系,主要优化了四个方面:一是技术标准体系的一级子体系从13个优化成12个子体系,将第一轮的联调联试及试运营、验收移交及后评估合并成联调联试、试运行及初期运营技术;二是将技术基础、技术综合、前期筹备技术、勘测设计技术等一级子体系细分,形成二级子体系或三级子体系;三是优化了勘测设计技术子体系中专业系统的划分,从上一轮的26个专业优化成19个专业,并纳入综合开发的内容;四是充分考虑网络化建设要求,将资源共享、智慧地铁、全自动运行系统、BIM技术、绿色地铁等需求纳入技术综合子体系中。按照优化完成的技术标准体系,对既有标准提出了精简和优化的方向,同时研究形成13项重点技术领域的标准规划,包括网络综合、智慧地铁、绿色地铁、综合开发、车辆、轨道、土建工程、车辆基地、供电、通信及信息化、信号、车站机电设备、节能环保,为"十四五"期间上海轨道交通建设标准的制修订等标准化工作指明了方向。

第八章 标准化组织体系

组织设计是对组织活动和组织架构的设计过程,是开展标准化建设的前提条件。上海地铁通过对标准化工作组织架构、职能分工、管理模式、岗位设置等界定,建设并完善标准化组织体系,使标准化活动更加规范有序。

第一节 构建原则

一、统分结合原则

上海地铁按照集团、直属单位两级管理层次,建立由集团标准化委员会和各直属单位标准化分委员会组成的标准化组织。

二、逐级负责原则

上海地铁按照岗位界定,明确各级组织及岗位人员在标准化工作中的职责。

第二节 组织架构

标准化组织体系框架如图 8-1 所示。

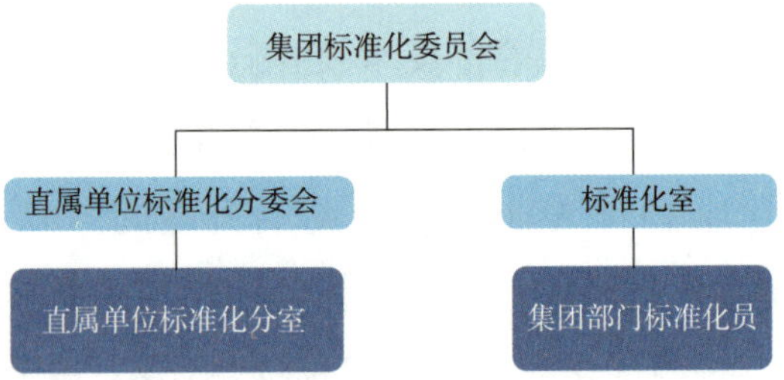

一、集团标准化委员会

是集团标准化工作的领导机构,研究部署标准化工作重大事项、重点工作、重要措施。

图 8-1 标准化组织体系框架示意图

二、直属单位标准化分委员会

贯彻落实集团标准化委员会下达的标准化任务,是直属单位标准化工作的领导机构。

三、集团标准化室

承担集团的标准化工作和标准化委员会的日常工作。

四、直属单位标准化分室

贯彻落实集团的标准化工作,承担本单位的标准化工作和标准化分委员会的日常工作。

第三节 职责分工

一、集团标准化委员会

执行国家和地方标准化法律、法规、方针政策及集团方针、目标、标准化工作要求;确定与集团方针、目标相适应的标准化工作;决策、组织和协调集团标准化工作;建立并实施集团标准体系;批准和发布集团级标准。

二、直属单位标准化分委员会

执行集团标准化工作要求和本单位的方针、目标、标准化工作要求;确定与本单位方针、目标相适应的标准化工作;决策、组织和协调本单位标准化工作;建立并实施本单位标准体系;批准和发布本单位标准。

三、集团标准化室

贯彻落实标委会的决议;组织制定和实施集团标准化工作规划及年度计划;依据 GB/T 15496、GB/T 15497、GB/T 15498、GB/T 19273、GB/T 24421 和《企业标准化管理办法》组织建立和实施集团标准体系;组织集团标准的制修订;组织标准的实施和实施后的监督检查、评价和改进;指导集团各部门、直属单位的标准化工作;组织标准化培训、宣贯工作;组织标准复审;收集标准化信息、定期发布有效标准目录和标准文本、废止标准、归档等;组织标准化工作的考核和奖惩;承办其他标准化业务和活动。

四、直属单位标准化分室

贯彻落实标委会和标委分会的决议;接受集团标准化室的指导,做好本单位的标准化工作;组织制定和实施本单位标准化工作规划及年度计划;依据GB/T 15496、GB/T 15497、GB/T 15498、GB/T 19273、GB/T 24421 和《企业标准化管理办法》组织建立和实施本单位标准体系;组织本单位标准的制修订;组织本单位标准的实施和实施后的监督检查、评价和改进;指导本单位的标准化工作,指导标准化员的标准化业务;组织本单位标准化培训、宣贯工作;组织本单位标准复审;收集本单位标准化信息、定期发布有效标准目录和标准文本、废止标准、归档,上报集团标准化室备案;组织本单位标准化工作的考核和奖惩;承办本单位其他标准化业务和活动。

第四节　管理模式

一、决策层

集团主要领导挂帅,为标准化委员会主任委员;标准化工作分管领导主抓,为标准化委员会常务副主任委员;集团其他领导班子成员为标准化委员会副主任委员,各部门、直属单位主要负责人为标准化委员会委员。

二、管理层

明确标准化工作归口管理部门、职能牵头部门、专业管理部门的标准化工作管理职能,以及各级(各类)管理人员标准化工作的管理责任。

三、执行层

明确标准化工作专兼职人员的工作标准,界定现场作业人员标准化工作执行要求。

第五节　岗位设置

上海地铁各部门、各单位配备专兼职标准化员,并持证上岗,具体负责本部门、本单位标准化工作。标准化组织机构人员明细见表8-1。

表8-1　标准化组织机构人员明细表(运营公司示例)

单位:(盖章)＿＿＿＿＿　　　　　　　　　　　　　　　　　　　　＿＿＿年＿＿＿月

序号	级别			姓名	联系电话	备注
1	公司	—	—			
2		××号线	—			
3		—	××车站			
4		—	××班组			
5		××号线				
6			××车站			
7			××班组			
⋮			⋮			

第九章　标准化实施体系

标准实施是标准化建设的根本任务,通过标准实施能真正发挥标准的作用。上海地铁适应集团管理架构,紧贴现场生产实际,创新建立标准实施体系,有效支撑集团深化改革、转型发展,在推进新线建设、运营服务、经营发展中发挥重要作用。

第一节　标准化实施体系的建设

上海地铁始终将促进规范管理、按标作业作为标准实施的关键与重点,通过构建标准化实施体系,推进标准实施全覆盖。

一、营造标准实施环境

1. 建立各层级标准化宣传网络

充分发挥两级标准化委员会的组织作用,建立集团、公司、线路(车间)、车站(班组)各层级标准化宣传网络,开展标准化工作成果、突出典型、先进经验和重要标准的宣传,使"知标、学标、执标、对标"覆盖至现场、渗透至一线,让职工学有目标、做有标准,促进标准有效实施。

2. 明确各层级标准化培训重点

依托集团人才培养机制,开展面向专兼职人员的标准化专业知识培训,开展面向管理人员的标准化管理技巧的培训,开展面向基层员工的标准化技能培训,实现标准培训全员全覆盖。

二、建立标准实施体系

1. 形成各层级标准明细

为推进标准全面实施,上海地铁根据企业组织架构和现场生产实际,创建标准实施体系，如图9-1所示，形成集团、公司、线路(车间)、车站(班组)各层级标准明细，按国家行业地方团体标准、企业标准、作业指导书、记录等层次要求，统一线路与车间、车站与班组各类标准的具体配备，编制标准明细表，体现分级实施的重点和标准实施的需求。在此基础上，通过编制作业指导书，把标准实施与规范作业相结合，将技术规范、管理要求等转化为严格的程序化作业规定，确保标准实施的有效性。

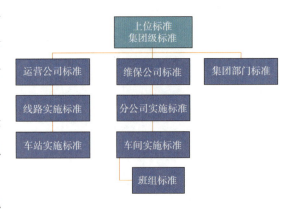

图9-1 标准实施体系框架图

2. 形成各层级标准化工作记录

集团、公司、线路(车间)、车站(班组)均建立和管理本部门、本单位的标准化基础台账，包括标准化组织机构人员汇总表、人员明细表；标准体系分类汇总表、标准体系分类明细表；标准实施体系汇总表、标准实施体系明细表；标准化检查活动记录表、标准实施记录清单、标准实施检查表、整改措施单等，通过标准管理系统动态更新。

3. 形成现场生产表单管理模式

制定"记录表单标准"，定期梳理整合各类生产运行记录，使线路、车站现场使用的各类记录表单得到追溯管理。

三、创建标准实施机制

在标准实施过程中，上海地铁通过建立完善五大工作机制，形成PDCA持续改进活动。

1. 计划管理机制

标准化工作计划、标准编制立项计划、标准实施检查计划、标准培训计划、标准评价改进计划等已形成工作常态。

2. 分级推进机制

按照"分级管理、逐级负责"和"谁主管、谁负责"原则，明确集团、公司、线路(车间)、车站(班组)各层级标准实施的工作责任。集团负责标准实施工作的部署与推进；公司负责按照标准确保运营生产有序可控；线路(车间)、车站(班组)严格执行标准，发现问题及时改进，形成各个层面分级管理、上下联动的网络化管理格局。

3. 评价改进机制

标准实施改进纳入集团各部门、单位常项管理内容，组织开展日常自查自评、季度专项评估、年度督查综评,形成内部约束、外部监督、常态控制、闭环管理的标准实施评价改进模式。归口管理部门制定日常抽查计划,实现月度到点、季度成片、年度覆盖的均衡检查。各专业系统每季下达检查计划,明确重点标准和项点,进行专业检查;各公司每月编制检查计划,确保每月对所有重点项点、每季对全部项点全覆盖检查。

4. 考核激励机制

标准实施工作纳入企业年度绩效考核内容,操作层面以按标作业考核为主、管理层面以标准绩效管理考核为主,并与标准化专项劳动竞赛评先挂钩,体现标准实施持续改进的效果。

5. 日常管理机制

对内,加强案例库、数据库、管理信息系统建设,扎实各项基础管理;对外,加强标准化项目咨询管理,为形成可复制、可推广、可借鉴的做法经验打好基础。

第二节 标准化实施体系的完善

上海地铁围绕集团"三个转型"发展要求,以标准实施全覆盖为重点,通过创新完善标准实施体系,不断推进标准的实施与改进,提高标准实施效益。

一、创新建设标准化现场,落实标准实施要求

上海地铁以安全运营、优质服务为目标,围绕"基层基础基本功"标准实施关键重点,通过创建标准化线路(车间)、车站(班组),将标准化实施体系进一步落实到基层生产一线。

1. 制定创建标准

编制企业标准《标准化线路(车间)、车站(班组)创建标准》,将标准化线路(车间)、车站(班组)建设与安全管理、专业管理、综合管理等融合贯通,形成日常运作、考核评价、结果运用机制,在标准执行的现场管理上有突破。

2. 明确创建要求

集团职能部门从各自业务条线出发,聚焦车站(班组)现场安全运营管理的实际,按照集团专业条线管理要求以及职能管理要求,分别对现场车站(班组)应执行的标准进行梳理,整体规范车站(班组)标准体系,明确标准体系应用类别、范围要求、操作规范,形成适应现场管理和执行的车站(班组)标准体系模板,同步优化完善现场使用的台账记录,规范填记内容与格式等要求。

3. 明确创建责任

进一步明确相关专业和职能部门为标准编制和推进的主体,明确公司、线路、车

站为标准实施管理的主体,在标准编制上做到各专业系统推进。结合集团、部门、公司、线路、车站等各级业务要求,以及新技术、新设备、新操作等转化要求;结合标准实施、持续完善等改进要求;结合技术、管理创新成果等变化要求,动态优化完善标准体系,确保标准实施落实落地。

二、创新标准规范化管理,确保标准实施有效

将标准化与管理融合统筹,实现各项管理资源的整合优化,进一步提高管理效率和效能。

1. 强化管理融合

把标准化作为管理集成的综合平台,通过构建安全、运营、建设、维保、生产等管理体系,将标准化与企业管理体制、机制、职责、过程有机融合,与制度、流程、方法、指标统一贯通,形成和生产管理相吻合、和现场作业相衔接,规范化、协同化、一体化的标准化体系。

2. 完善机制建设

建立进一步导向安全运营、导向服务质量提升的标准实施工作机制,完善统一管理与分工负责相结合的标准化逐级负责机制、完善专业管理与各部门协同推进的标准化运行机制、完善常态管理与持续改进的标准化管控机制。

3. 创新规范化管理体系

根据现场安全运营管理的实际,符合集团专业条线管理的要求、集团或公司职能管理的要求,依据车站、班组、车场业务及日常管理工作,梳理归类现场实施的标准,明确标准体系应用类别、范围要求、操作规范,形成适应现场管理和执行的车站、班组、车场标准实施体系,主要包括"8 大类 24 小类运营业务分类"车站规范化管理体系、"6 大类 23 小类维保业务分类"设施设备班组规范化管理体系、"7 大类 23 小类 DCC 业务分类"车场规范化管理体系,各类规范化管理体系均以"电子文件为主、纸质文档为辅",覆盖全业务、全生产要素。

三、创新评价指标体系,提升标准实施效果

标准实施效果评价是标准实施改进的重要组成部分。通过标准实施评价工作,可以量化标准实施过程和标准实施效果,掌握标准的实施状况,及时识别标准体系中需要完善改进之处,有效提升标准体系的适用性和先进性,促进标准实施效益的最大化。上海地铁在企业新一轮转型发展的新阶段,针对标准化工作"全面建立健全"向"全面深化完善"纵深推进的新特点,创新建立适用于企业内部标准化建设的标准实施效果评价体系。

1. 开展调研

调研近年来国内外标准实施效果评价的实践经验、理论方法和常用工具,形成标准实施效果评价实践、方法与工具调研报告。

2. 组织研究

围绕评价体系建设目标、评价体系的建设思路、指标内容设计、指标量化依据、指标权重分配等重点,形成标准实施效果评价指标体系建设方案。开展标准实施评价的数据收集、指标统计、分析计算等评价标准实施能效的技术研究,运用指标数据分析评价标准编制质量和标准实施质量,提高标准实施有效性。

3. 进行试点

选择有代表性的车站和班组进行试运行,对试运行对象所需要贯彻实施的全部标准,以 PDCA 循环为主要手段进行实施效果综合评价,确定指标体系、固化方法工具,过程中通过研讨持续完善。

4. 形成操作指南

根据标准实施评价统计分析技术体系,编制标准实施绩效评价工作指南,客观科学反映标准化工作成效,指导开展标准化评价工作,确保通用性指标和特性指标真正体现标准实施能效。

四、创新完善的阶段性成效

1. 形成一批典型车站、班组示范

自 2019 年标准化线路(车间)、车站(班组)创建以来,通过现场自评估、各单位推荐、集团年度综合评审、集团标委会评定,形成 22 个集团标杆、优秀标准化线路(车间)、车站(班组),进一步推动标准化规范化要求落实落地,促进试点向标杆的提升。

2. 形成规范化管理体系全覆盖

各运营维保单位分别按照规范化管理体系要求,组织优化线路(车间)、车站(班组)标准实施体系,清理、整合与现场生产作业无关的各项标准,定期梳理核对标准清单、记录清单,"8 大类 24 小类运营业务分类""6 大类 23 小类维保业务分类""7 大类 23 小类 DCC 业务分类"规范化管理体系覆盖全路网车站、班组、车场。

3. 形成标准实施效果评价指标

建立轨道交通行业首创、紧密贴合上海地铁现场工作实际的标准实施效果评价指标体系,明确 4 项一级指标、12 项二级指标以及 34 项三级指标,明确指标的计算方法及权重。确立的指标既有评价的通用性要求,也有符合城市轨道交通行业的特性指标,指标项设置科学,权重分配合理,指标统计及分值计算方法具有高度可操作性,为进一步提升上海地铁标准化工作水平提供有效支撑。

第十章　标准化保障机制

标准体系建设是一项系统工程,必须充分发挥企业整体优势,依靠各级组织、各个部门、各家单位的共同参与,确保标准化工作要求落实到位。

第一节　人员保障机制

一、建立人才队伍

培育一批熟悉标准制定规则、掌握专业技术知识、实践经验丰富的标准化专业人才,建立多层次、满足发展需求的标准化专业人才队伍,为标准化工作提供人才保障。壮大专家队伍,建设以"上海市轨道交通标准化技术委员会"委员、专业技术领军人才、标准化分管人员为主体的标准化专家智库,不断充实和完善标准化高层次人才。

二、加大人员培训

以领导干部为重点,开展法律法规、体系实施管理等内容的培训;以管理人员为重点,开展行业管理规范、体系实施检查等内容的管理技巧培训;以专兼职人员为重点,开展标准化专业知识、体系运行实作等内容的培训;以现场职工为重点,开展作业指导书、学标执标等内容的标准化技能培训,实现标准培训全员全覆盖。标准化岗位资格培训如图10-1所示。

三、提升人员能力

强化标准化专职人员、兼职人员、专业骨干的培训力量,形成网络化的师资队伍;开发标准培训软件、模拟演练课件、多媒体教学片和精品课程,推广案例培训、现场培训和互动培训,采用专题讲座、现场观摩、示范演练、岗位练兵、技能竞赛等多种

图 10-1　标准化岗位资格培训

培训形式,增强培训效果;将线路(车间)、车站(班组)的示范试点,打造成职工学标执标的技能演练场,以点带面提高培训实效,让职工对标准乐于接受、善于应用、熟练掌握。

第二节　研发保障机制

加大科研项目对重点标准研制的支持力度,鼓励成熟适用创新成果及时转化为标准。上海地铁于2009年正式成立上海轨道交通技术研究中心,开始系统性地建立集团内部技术管理体系,规范集团科研项目管理。至"十三五"期末,上海地铁已经形成了完善的科研项目管理制度与体系,制定、修订了科研相关管理规定十余项,涵盖项目采购、预算编制、项目实施、设备管理、推广应用、奖励管理、绩效考核、风险管理、知识产权、合同管理等科技创新活动全流程,在标准化的科研管理体系下,"十三五"期间,上海地铁共计开展科研项目382项,获得知识产权授权97项,成果达到国际领先水平3项,达到国际先进水平26项,获得国家、市级科技创新奖40项,行业协会奖项25项。承担27项政府重大科研项目,完成《城市轨道交通网络化顶层管理架构体系》《城市轨道交通团体标准体系》等行业协会重大项目。上海地铁在规范的创新体系下积极开展标准类科研项目管理,2013—2021年间共开展了130余项标准类专项科研项目,其他各类生产活动产生的标准近千余项,涉及运营管理、车辆制式、设施设备、土建结构、施工设备、通信技术、耐久维护、施工作业、集成标准、设计规范等等全专业领域,涵盖了轨道交通全生命周期。每年针对标准类项目共计投入200万元,形成了一批优秀的标准技术成果。

第三节　日常管理机制

一、规范基础管理工作

制定《标准化工作管理规定》,规范集团和直属单位标准化工作的要求、性质、机构、职责、标准制修订计划管理、标准制修订、标准实施、监督检查、考核、基础管理等管理事项。建立集团、直属单位两级标准化工作例会制度、简报制度、动态信息制度、档案管理制度、月报年报制度。规范台账管理,形成公司、线路(车间)、车站(班组)各级标准基础台账、记录基础台账设置,编制"标准化工作月报表",每月对标准化常项工作进行归纳统计。建设标准化知识库,收集轨交运营、建设、科技等方面的经验、成果、技术诀窍,组织专业人员总结编写成标准,形成可复制、可推广的经验,为标准化建设工作奠定了扎实的基础。

二、规范标准修订流程

明确标准编制原则,企业标准编写原则、结构、内容和格式等要求符合GB/T 1.1的规定,同时引进标准编制"TCS"软件,保证标准编制质量和效率。明确编制规则,规定编写企业标准的格式要求、编号规定、标记示例等事项。明确编制明细,按《标准体系构建原则和要求》(GB/T 13016),对纳入运营服务标准体系的国际标准、国家标准、行业标准、地方标准、团体标准、集团级标准、直属单位级标准,形成标准明细表,标准明细表按序号排列,根据标准编号、标准名称、宜定级别、实施日期、国际标准编号及采用关系、被代替标准号或作废、备注等规范格式进行编制。明确编制流程,将规章制修订和发布流程纳入标准制修订和发布流程,形成"立项—征求意见—送审—报批—下发"流程,如图10-2所示,按照规定的审核时间节点编制发布,同步开发"标准管理系统",用信息化技术优化流程管控。

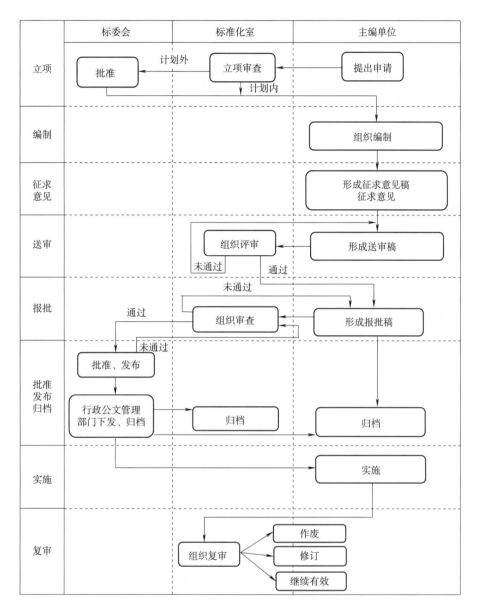

图 10-2　标准制修订流程图

第四节　信息化保障机制

自主研发"标准管理系统",全面提升标准化信息服务能力。建立标准制修订的信息化平台,规范和固化标准从立项到入库的制修订流程,杜绝随意性的弊端。建立标准实施改进的信息化平台,实现标准检查、整改等标准实施业务流程全过程信息化管理。建立标准智能查询平台,实时查询国外、国家、行业、地方、团体、集团、直属单位的标准。建立标准档案平台,按国家档案管理要求,实行纸质和电子文档同步存档。建立标准基础台账平台,通过"标准管理系统",及时交流标准化工作,分享经验成果,实现知识资源共享互通。"标准管理系统"架构如图10-3所示。

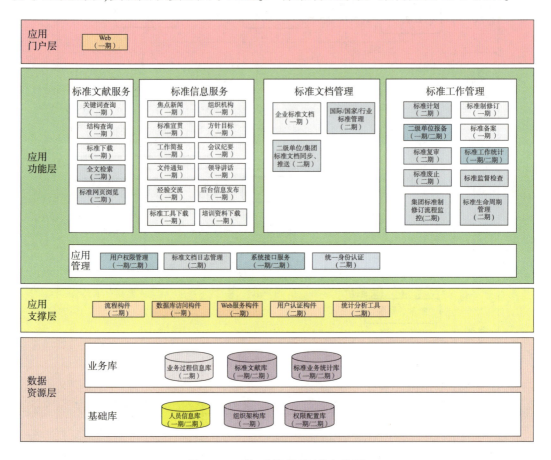

图 10-3 "标准管理系统"架构图

第三篇 实践篇

第十一章 标准研究编制的实践

标准化建设工作的基础是标准的编制与体系的建立。本章主要从网络化统筹、建设运营板块、智慧绿色及产业化发展方向等方面阐述标准编制的目的、标准体系的内容、标准应用的成效，同时以上海地铁具体实践案例进行举例说明，便于读者理解。

第一节 注重标准对网络化建设运营的统筹综合

一、标准是网络化建设运营的重要抓手

截至 2021 年底，中国城市轨道交通运营的城市已经达到 50 座，其中北京、上海、广州、深圳、武汉、杭州、成都、西安等 24 座城市的线网规模已超过 100 公里，进入网络化运营阶段的城市已接近一半。上海、北京是进入网络化运营阶段的首批城市，同样面临着网络化运营的一系列突出问题：一是接口标准不统一难以兼容互联，轨道交通建设基本按照单线招标，由于在建设阶段没有建立统一的技术接口标准或接口开放要求，运营时难以实现不同线路或设备之间的兼容和互联，造成既有线网络化改造的难度很大，如网络无线通信系统的改造；二是设施设备种类多增加了管理难度，网络设施设备数量多、制式多样化，造成运营维护管理难度大，给编制各项操作和维修规程带来不小的困难，也增加了同类设备操作的复杂性，对运营职工的培训效率低；三是延伸及改建项目的建设成本难以控制，延伸线建设受制于既有系统，有时还会因为技术的更新换代，对既有线进行改造，致使延伸线设备系统招标竞争不充分、造价难以控制；四是网络设备资源共享程度低，如换乘站的机电系统、网络基础通信资源、网络运营调度指挥系统等，由于事先未充分考虑资源共享进行统筹

规划,造成了运营管理效率较低,同时也增加了运营成本。

产生上述问题的主要原因在于对网络化运营需求不够重视,需求未能在规划建设阶段进行反馈落实,仍然按单线建设的思路和方法去建设新线,一旦成网运营后就会面临管理效率低、资源浪费多、系统改造频繁、维护成本高等问题,无法发挥网络化效应。而解决这些问题的关键,要以网络化的理念统筹规划,从满足网络顶层管理业务需求出发,从网络层面对各类设备、系统、技术、资源进行统筹,建立指导前期网络化建设和规范后期网络化运营的网络统筹类标准,以促进全网制式和接口的统一、设施设备的资源共享、运营调度和管理的协同等网络化功能及管理效能的实现。

二、标准促进网络化建设运营统筹内容的实现

经过多年来对网络统筹、资源共享、系统集成等网络化建设与运营的探索实践,上海地铁充分认识到,面对网络化管理的复杂与难度,要用网络化的理念、网络化的标准和网络化的统筹去指导网络化的建设与运营,通过网络化管理的顶层设计,构建网络级管理架构,更好地统筹规划建设,解决线路逐次建设引起的线路与网络之间协调问题,避免频繁升级或改造,充分发挥网络整体效能。作为城市轨道交通网络化理论的先行者和实践者,2018年上海地铁将《城市轨道交通网络化顶层管理架构体系研究》这一研究成果编印成书公开出版。

网络顶层管理架构体系由业务功能体系、组织管理体系、应用支撑体系和协同运行机制构成,如图11-1所示。其中业务功能体系重点明确了网络层面具体承担

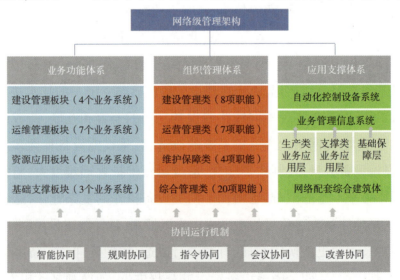

图 11-1　网络顶层管理架构的体系框架

的业务对象,包括网络建设管理板块、网络运维管理板块、网络资源应用板块的各类业务,以及为其他板块业务的实现提供基础设施支撑、数据信息支撑、业务管理支撑等支撑服务的网络基础支撑板块。

三、网络化建设运营统筹的内容

网络化建设运营过程中需要统筹的内容,应以业务功能体系四大板块的网络业务需求以及相互之间的互动反馈为依据,如:乘客服务需求反馈到运维管理需求,网络运维管理需求和网络资源应用需求反馈到网络建设,网络建设又包含系统本身的运行以及运维和资源开发等需求下的建设要求。

因此,网络化建设运营的统筹内容,主要有三个方面:一是不同业务板块的统筹,统筹乘客服务需求、运维需求和建设要求,统筹资源开发需求和建设要求;二是各个业务板块内部不同线路或不同专业或不同系统接口之间的统筹;三是网络基础支撑资源对网络建设管理、网络运维管理、网络资源管理的统筹。

要实现上述网络化建设运营的统筹内容,一方面需要依靠标准,编制网络化标准文件,才能将网络化统筹需求形成统一的规范要求;另一方面还要依靠标准化管理及推进制度,只有推动设计单位去设计、施工单位去建设、供应商去研发、运营单位去验收,才能促进网络化统筹需求的真正落地,才能充分发挥网络化效应和实现网络整体效能。

四、网络统筹标准的类别及关键标准

上海地铁网络化建设运营所需要统筹的内容,主要通过编制相应的标准来规范和实现。结合网络顶层管理架构体系中的四大业务板块以及乘客需求,将网络统筹类的相关标准分为7大类:顶层规划类(对应所有业务板块)、系统运行类(对应网络建设管理业务板块)、运营维护管理类(对应网络运维管理板块)、资源开发类(对应网络资源应用板块)、资源共享类(对应网络基础支撑板块)、乘客服务类、其他统筹类。其中系统运行类属于建设板块的内容,建设板块的其他建设要求应在运营维护管理类、资源开发类中得以反映,因此不再为网络建设单独设置分类。

1. 顶层规划类标准

此类标准是为规范网络化管理业务的顶层规划、设计、管理工作而制定的标准,可指导新线按照网络化顶层架构的要求建设,也是制定相关专用标准的依据,包括网络级管理工程项目建设的标准、智慧地铁顶层规划标准、网络大修更新改造统筹类标准,以及涉及轨道交通建设运营多阶段、多专业的技术综合类标准。如《城轨交通网络级管理工程项目规划建设指南》指导了上海网络运营调度指挥中心C3大楼

的设计;《智慧地铁网络顶层管理架构设计指南》促进了智慧地铁的功能架构、应用架构、数据及平台支撑系统的形成;《网络大修更新改造顶层规划与改造技术指南》为网络大修更新改造目标的确定、改造项目的认定、各系统专业改造方向、原则及标准的编制等指明了方向。

2. 系统运行类标准

此类标准是为统一不同线路设施设备及系统功能而制定的标准,包括限界、线路标志(含线路、行车、供电、信号等)、网络运营调度指挥、网络信息发布、网络票务清分、主变及换乘站共享、专业匹配等标准。关键标准包括《地铁限界标准》《网络化运营调度指挥中心建设指导意见》《网络票务清分系统建设指导意见》《换乘车站机电系统资源共享和系统优化建设指导意见》《轨道交通列车运行速度限制与匹配技术规定》等。

3. 乘客服务类标准

此类标准是为全网乘客提供统一的服务内容(导向标志、服务设施、广播、票务、应急设施等)而制定的标准,包括导向标志、车站客运设备配置、乘客信息系统、票务、应急装备配置等标准。如《轨道交通运营服务标志设置标准》规范了地铁站内导向标志、站外导向标准、列车标志的统一的图形和符号;《车站客运设备配置建设指导意见》明确了全网服务中心、售检票、电扶梯的设计要求;《网络乘客信息系统(N-PIS)建设指导意见》《PA/PIS音视频统一信息服务系统建设指导意见》统一了站内外和列车的各类广播、显示导向;《轨道交通票务管理规定》规定了全网络票卡的种类、票价的计算方式。此外还有车站紧急指示、按钮、车厢紧急解锁装置、逃生平台、逃生门等应急设施配置标准。

4. 运营维护管理类标准

此类标准是为运营维护管理业务提供一体化管理平台、全网统筹的装备资源、统一的人机界面、统一的管理办法、统一的资产编码而制定的标准,包括运维管理平台及系统、维护及应急装备配置、人机界面、应急管理办法、调度通用规程、设备维护管理通用规程等标准。如《网络能耗监测平台建设指导意见》《网络设施设备在线监测平台建设指导意见》明确了网络级平台的建设和线路、车站级系统接入的建设要求;《网络大型装备配置及技术要求》规定了全网轨检、探伤、弓网、清洗等大型装备的配置数量和规格;《综合监控系统人机界面技术规范》规范了不同车站、线路的设备或管理平台操作界面的统一要求。

5. 资源开发类标准

此类标准是指轨道交通在资源开发应用时需要与规划设计、建设、运营相匹配或统筹的标准,包括上盖开发结合类、站内商业设施结合类、广告媒体结合类、民用通信类标准。如《车辆基地上盖开发建设指导意见》规定了上盖开发与轨道交通一体化规划、设计、噪声控制等要求;《车站资源开发及空间利用标准化建设指导意见》规定了站内商业纳入车站建筑设计的要求;《轨道交通移动互联网系统建设指导意见》规定了公众服务和内部运营管理需求下的建设要求。

6. 资源共享类标准

此类标准是指为全网的系统运行、运维管理、资源开发提供共享资源而制定的标准,包括网络基础信息化及数字化系统、通用图及标准图、设施设备统型、专业系统接口等标准。其中,网络基础信息化及数字化系统,为网络业务板块提供全网统一的信息化资源和数据底座,如《网络中心时间同步系统建设指导意见》《网络化通信系统建设指导意见》《轨道交通网络 IP 地址规划》等标准;通用图及标准图,是对设施设备构造、布局、尺寸等形成通用的设计图纸,如道岔、扣件、隧道结构、声屏障、人防通用图等标准;设施设备统型,是为提高维护的便捷性、效率,降低维护成本,如列车和客室标准,车轮、转向架的统型;专业系统接口类,是为实现不同系统及新、老线路之间的无缝衔接,如车辆、信号、站台门、综合监控等与其他系统的接口类标准;其他还有土建资源共享类标准,如《标准车站建设指导意见》对出入口、风井、站内设备用房、生产管理用房等土地和空间资源的整合提出了要求。

7. 其他统筹类标准

此类标准涵盖的内容较为广泛和通用,可作为制订专用标准的依据,包括通用施工工法、各专业验收通用技术要求、招标通用技术文件、招标通用商务文件,以及涉及安全、环境保护、能源等通用技术标准。关键标准包括《基坑工程降水技术与管理》《轨道工程施工招标通用技术文件》《轨道交通高架区间声屏障施工验收技术标准》《城市轨道交通工程安全控制技术规范》《绿色轨道交通评价标准》等。

网络统筹标准的类别和部分关键标准见表 11-1。

表 11-1 网络统筹标准的类别和部分关键标准

序号	分类	包含内容	部分关键标准
1	顶层规划	网络级顶层管理架构,智慧地铁的顶层规划,网络大修更新改造统筹、综合技术	《城轨交通网络级管理工程项目规划建设指南》
2			《智慧地铁网络顶层管理架构设计指南》
3			《网络大修更新改造顶层规划与改造技术指南》

续上表

序号	分类	包含内容	部分关键标准
4	系统运行	限界,线路标志,网络运营调度指挥中心,网络信息发布整合,网络票务清分系统,主变共享设计,换乘站共享设计,专业匹配设计	《地铁限界标准》
5			《网络化运营调度指挥中心建设指导意见》
6			《换乘车站机电系统资源共享和系统优化建设指导意见》
7			《轨道交通列车运行速度限制与匹配技术规定》
8	乘客服务	导向标志,车站客运设备配置,乘客信息系统,票务,应急装备配置	《轨道交通运营服务标志设置标准》
9			《车站客运设备配置建设指导意见》
10			《网络化乘客信息系统(N-PIS)建设指导意见》
11			《轨道交通票种和票制规定》
12			《网络乘客信息服务系统管理规定》
13			《车门紧急解锁装置运营需求原则及技术条件》
14	运营维护管理	运维管理平台及系统,维护及应急装备配置,人机界面,应急管理办法,行车和运营调度通用规程,设备维护管理通用规程	《运营提前介入规划设计的管理办法》
15			《网络能耗监测平台建设指导意见》
16			《网络大型装备配置及技术要求》
17			《控制中心集成操作平台建设指导意见》
18			《网络票务清分系统建设指导意见》
19			《网络运营突发事件应急预案编制规范》
20			《轨道交通资产编码管理技术规定》
21	资源开发	上盖开发结合类,站内商业设施结合类,广告媒体结合类,民用通信	《车辆基地上盖开发建设指导意见》
22			《车站资源开发及空间利用标准化建设指导意见》
23			《轨道交通广告媒体资源开发管理规定》
24			《轨道交通移动互联网系统建设指导意见》
25	资源共享	网络基础信息化及数字化系统,通用图及标准图,设施设备选型,专业系统接口,其他类	《网络中心时间同步系统建设指导意见》
26			《网络通信系统建设指导意见》
27			《预制轨道板设计通用图》
28			《车辆客室和司机室配置标准》
29			《综合监控系统接口技术规范》
30			《标准车站建设指导意见》
31	其他	通用施工工法,各专业验收通用技术要求,招标通用技术,商务文件,涉及安全、环境保护、能源等的通用技术标准	《轨道交通高架区间声屏障施工验收技术标准》
32			《轨道工程施工招标通用技术文件》
33			《城市轨道交通工程安全控制技术规范》

五、标准对网络化建设运营的统筹实践

1.《网络中心时间同步系统建设指导意见》对网络基础支撑资源的统筹

为解决不同线路的弱电系统各自设置 GPS 设备以获取标准时间造成各线路的时间显示、时间记录不同步的问题,避免由此产生的设备系统故障判断、处置和信息发布时间不准而带来的一系列问题,上海地铁于2008年开展网络时间同步系统实施方案研究,并于2011年发布了《网络中心时间同步系统建设指导意见》。

该标准确立了在上海轨道交通范围内采用 NTP 协议实现各弱电系统的时间同步的机制,规范了网络中心时间同步系统以及各线路的弱电系统接入该系统的建设标准,包括系统机制、基本网络架构、系统网络配置、系统网管配置、系统性能、系统安全措施、系统实施原则及方案等内容。

该标准发布起至 2018 年初,已应用于上海轨道交通 1～13、16、17 号线,并于 2018 年起建设了以 C3 为核心的时间同步网,容量覆盖了 14、15、18 号线与新一轮的新线建设,以及既有线逐步迁移至 C3 后的时间同步需求。目前上海地铁已建立了全网统一、高效、精准的时间同步网络。NTP 时间同步网络五级组网结构如图 11-2 所示。

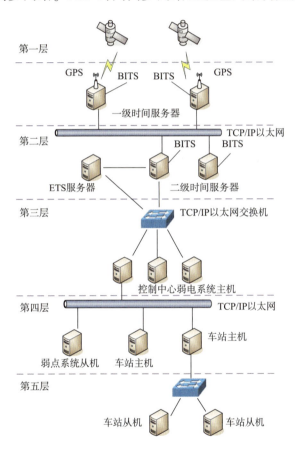

图 11-2　NTP 时间同步网络五级组网结构图

2.《轨道交通列车运行速度限制与匹配技术规定》对信号、车辆等多个专业的统筹

上海地铁既有 10 条运营线路中有 7 条线路的旅速达不到 35 km/h,除了站间距等客观因素外,还有列车与站台门不联动、停站时间较长以及 ATO 目标速度达不到设计速度等原因。既有线 ATO 目标速度达不到线路设计速度的关键,是不同专业

对限速定义的理解存在偏差,各专业对安全层层加码之后,使实际运行速度始终达不到设计速度,影响了列车运行效率。

为了避免新线设计出现同样问题,2014年上海地铁启动了《轨道交通列车运行速度限制与匹配技术规定》标准的编制,目的是规范名词术语,明确各专业之间的接口关系,协调车辆、限界、线路、轨道与路基、信号、供电、其他设施设备之间的速度要求,最大程度发挥列车运行效率。

该标准制定了线路等级速度、特殊路段(道岔、曲线)临界速度、车辆构造速度、车辆超速防护触发速度、信号ATO目标速度、信号ATP顶棚速度、站台门限速之间的速度匹配关系(图11-3),并给出了线路等级速度为80 km/h、100 km/h、120 km/h的关键速度匹配值(表11-2)。上海14、15、18号线等新线设计中采用了该标准,开通运营后实际旅行速度分别为34.12 km/h、37.1 km/h、37.37 km/h,较既有1~10号线的平均旅速提升了6%。

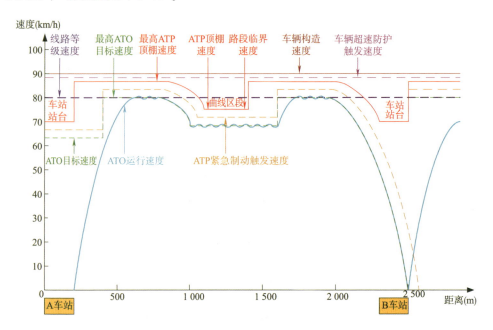

图11-3 列车运行控制相关的各类速度相对关系图示例(80 km/h)

表11-2 关键速度值匹配表(单位:km/h)

线路等级速度	车辆构造速度	车辆超速防护(紧急制动)触发速度	车辆最大动态包络线	正线区间结构设计速度	最高ATP顶棚速度	最高ATO目标速度
80	≥90	88	90	90	87	80
100	≥110	108	110	110	107	100
120	≥132	128	130	130	127	120

3.《换乘车站机电系统资源共享和系统优化建设指导意见》对换乘车站资源和网络化运营管理需求的统筹

换乘站是城市轨道交通网络化建设的产物。随着网络化建设运营规模的不断扩大,换乘站的数量也在快速增加,换乘站的机电系统资源共享和集成优化的必要性和紧迫性进一步显现。上海地铁于2020年对第一版的《换乘车站机电系统资源共享和系统优化建设指导意见》进行了修编,重点修编了综合监控系统的换乘站共享方案,同时对相关专业进行了调整和优化。

该标准规定了换乘站机电系统资源共享的设计原则,规定了不同类型换乘站车站机电系统的共享方案,以及在此基础上的设备及管理用房整合与优化等内容。其中,资源共享的设计原则主要包括:

(1)共享设计必须能满足两线各自在不同设计工况下的运营要求;

(2)在不同情况下,能保证各线独立运营;

(3)在特殊的情况下(例如火灾事故),各线系统可相互提供支持或备用,系统的容量和可靠性上得到互相补充;

(4)应设置一个多线共享的车控室,由一家运营单位管理,满足换乘车站统一指挥与管理协调;

(5)站厅换乘车站,应遵循一座车站设置一套综合监控系统、一套机电设备监控(子)系统、一套门禁系统、一套火灾报警系统;

(6)通信系统在换乘车站分线路独立建设,换乘车站分线路配置对应的控制处理系统,在不同线路的管理区域分别对应配置各系统的终端设备。

上海地铁通过2006年、2020年两版《换乘车站机电系统资源共享和系统优化建设指导意见》的实施,实现了网络换乘车站机电系统最大化的资源整合,具体效果如下:一是实现了空间的共享,节省车站土建的建造规模;二是实现了设备共享,利用同一组设备满足多座车站的相同设备的需求,如共享自动气体灭火设备;三是实现了系统共享,节省系统设备和空间的要求,如共享隧道通风系统;四是实现了管理共享,如采用一条综合监控系统实现对整个换乘车站的监控管理。

第二节 注重标准对工程建设安全与质量的保障

一、上海地铁工程建设难题与安全风险

上海地铁工程建设从1990年1号线的开工建设到"十三五"期末,已有30年的建设历史。在此期间,既有为迎接世博会而快速建设过程,也有为建成超大规模网

络而攻克一个又一个难题而经历的高质量发展阶段。面对过程中的这些难题和安全风险,上海地铁知难而上,持续创新,不断寻求新技术、新方法、新工艺,并通过标准化的手段进行固化,以保障上海超大规模网络建设的安全与质量。

上海地铁从400公里向800公里超大规模网络的建设过程中,主要面临三方面的难题。

一是基坑越来越深,超深基坑的工程风险控制与安全保障难度大。上海地铁每一轮建设车站的深基坑数量均超过前期水平。"十三五"期间,地下三层、四层车站数量激增且大多位于环境敏感区,工程建设受到超高承压含水层威胁,且基坑与周边建筑物的距离越来越近,周边环境保护要求更为严苛,给建设生产的安全管控带来极大挑战。在这种情况下,亟需建立软土城市超深基坑的施工及防护技术与标准。

二是空间越来越紧,中心城区明挖软土地下车站影响大风险高。近年来,上海城区开发强度继续加大,导致在交通和建筑密集区域建造地铁车站的环境问题非常突出。地下车站工程在施工期间对路面长时间开挖而导致的道路封闭和管线搬迁,逐渐成为社会舆论的焦点,严重时甚至影响工程进度,引发社会问题。要解决这一矛盾,单靠工艺改进和提高施工控制水平是不行的,上海近年来已有少数区段因无明挖施工条件而放弃设站的实例。在这种情况下,亟需探索软土城市车站暗挖设计施工的新手段。

三是盾构穿越频繁,施工条件严苛,建设风险控制难度极大。"十三五"期间,上海地铁网络化建设的安全形势和风险控制较之以往都更为严峻。据统计,2018年上海地铁完成盾构推进88公里,盾构始发接收300余次,风险穿越数十次,合计投入使用盾构数量高达136台;同期开挖实施的车站基坑近80座、施工旁通道超50座,且大部分车站位于城市中心区,周边环境及施工条件极其严苛,可以说,上海地铁建设风险控制难度极大,可参照的经验不多。面对如此严峻的建设风险形势,亟需强化建设管理的技术手段,提高风险控制水平,才能保证城市地铁建设的顺利推进。

二、保障安全建设的工程建设标准体系

2010年上海世博会之后,虽然上海地铁的建设速度正逐步放缓,但建设质量要求和建设难度正逐步提高。面对越来越深的基坑开挖、越来越多的盾构穿越、越来越紧的施工空间等建设施工环境,上海地铁不断研发各类施工新技术、新工艺、新方法,包括复杂环境超深基坑工程建造新技术、区间隧道高精度建造新技术、饱和软土

敏感环境暗挖结构建造新技术、地铁预制建造新技术等,通过技术创新保证施工安全和工程质量。与此同时,将这些做法经验、科技成果进行固化,形成了涵盖设计、施工、验收等各环节、各专业的一系列安全管理、质量管理、技术要求等方面的标准化文件。

在此基础上,上海地铁按照集团标准化建设的总体部署,积极构建上海轨道交通工程建设标准体系,将工程建设过程中通过科技创新和经验总结所形成的一系列标准纳入工程建设标准体系中,并要求建设施工单位严格执行与落实;同时,上海轨道交通工程建设标准体系不仅涵盖了企业标准,还纳入了相关强制性及推荐性国家标准、行业标准及团体标准等,全面反映网络化建设需求,以保障上海地铁工程建设的安全与品质。

上海轨道交通工程建设标准体系在本书的体系篇中已有详细介绍,主要分为技术标准、管理标准、工作标准三大类,其中技术标准又分为技术基础、技术综合、前期筹备、勘测设计、工程施工等 12 个子类。由于工程建设标准体系内容庞大、覆盖专业全面,本文不再详细介绍,仅以车站建筑和结构工程两大专业为例,对相关的技术标准内容通过案例进行介绍,车站建筑及结构工程相关技术标准位于勘测设计技术及工程施工技术两个子体系中。

1. 车站建筑专业的相关技术标准

车站建筑专业的相关技术标准可分为车站建筑标准、防火疏散标准、装装饰修标准三类,主要作用是优化车站功能布局,提高上海轨道交通车站舒适度,增强人性化及适老化服务,提高工程质量与品质,部分标准名称见表 11-3。

表 11-3 工程建设标准体系中车站建筑专业的相关技术标准

分类	标准名称	标准性质
车站建筑标准	车站公共厕所改造技术规定	企业标准
	车站安检设施标准化设计	企业标准
	防踏空橡胶条技术规范	企业标准
	服务中心建设指导意见	企业标准
防火疏散标准	地铁安全疏散规范	国家标准
装饰装修标准	网络视觉形象规范指导手册装修、设施、环境艺术指导分册	企业标准
	车站装修监理招标技术文件通用文本	企业标准
	车站设备管理用房装修标准	企业标准

2. 结构工程专业的相关技术标准

结构工程专业的相关技术标准可分为通用型标准、地下车站及地下区间相关标准、高架车站及高架区间相关标准、工程防水相关标准四类，主要作用是进一步指导城市轨道交通工程建设，控制工程施工风险，提高工程质量与品质，部分标准见表11-4。

表11-4 工程建设标准体系中结构工程专业的相关技术标准

分类	标准名称	标准性质
通用型标准	城市轨道交通结构抗震设计规范	国家标准
	地下铁道建筑结构抗震设计规范	地方标准
	车站站台边缘设置防踏空橡胶条技术规范	企业标准
地下车站及地下区间相关标准	城市轨道交通地下车站与周边地下空间的连通工程设计规程	地方标准
	轨道交通及隧道工程混凝土结构耐久性设计施工技术规范	地方标准
	基坑工程钢支撑技术规范	企业标准
	轴力自动补偿钢支撑技术规程	企业标准
	盾构进出洞始发接受地基加固指导意见	企业标准
	上海轨道交通错缝拼装管片通用图	企业标准
高架车站及高架区间相关标准	城市轨道交通桥梁设计规范	国家标准
	城市道路与轨道交通合建桥梁设计规范	行业标准
	轨道交通声屏障结构技术标准	地方标准
	桥梁预制栏板通用图	企业标准
工程防水相关标准	渗漏防水治理建设指导意见	企业标准
	聚氨酯壁后注浆建设指导意见	企业标准
	地下区间盾构管片弹性橡胶密封垫(三元乙丙)生产工艺及产品标准	企业标准

三、上海轨道交通工程建设标准化案例

1. 超深基坑工程施工技术的标准化案例

为应对超深基坑直接面临7层、9层等超高承压含水层的威胁，以及基坑变形控制和承压水治理等问题，上海地铁在建设期采取了六方面的技术措施来保障施工安全：一是采用了伺服钢支撑系统，做到支撑轴力的自动补偿，有效控制了基坑的变形；二是采用了TRD工法，做到了连续施工形成等厚、无缝水泥土墙体；三是采用了洗槽机，实现了超深地下墙成槽施工；四是采用了橡胶止水接头(GXJ)，通过横向连续转折曲线和纵向橡胶防水带对接缝进行了止水；五是采用了MJS、RJP工法，在低净空下进行了超深超大直径高压喷射桩施工；六是对承压水进行了治理，有效地控制了降承压水引起的周边环境变形，如图11-4所示。

  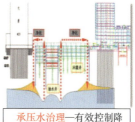

图 11-4 超深基坑工程标准化施工的六项技术措施

为进一步规范施工工艺、提高施工效率,上海地铁进一步编制了《轴力自动补偿钢支撑技术规程》《轨道交通混凝土结构耐久性设计施工技术标准》《基坑工程降水技术要求》《套铣工艺施工技术要求》《基坑工程钢支撑技术规范》等标准,并在"十三五"期间对施工工艺及技术要点进行了优化,推广应用于14号线豫园站超深基坑的建设,解决了车站基坑开挖深度大、自身变形控制要求高、周边环境保护要求高、施工场地小、组织难度大等技术难题。

随着基坑建造技术的不断发展和建设标准的提升,上海地铁的基坑工程变形指标从"十一五"期间的7.3‰H(H代表基坑开挖深度)提升至"十三五"期间的2.8‰H,环比平均提高35.0%,如图 11-5 所示。

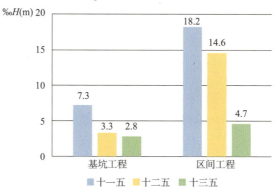

图 11-5 上海轨道交通建设工程变形控制指标对比

2. 盾构施工技术的标准化案例

上海地铁地下区间工程几乎全部采用盾构法建造完成,在软土地层中,盾构施工存在许多风险隐患,包括盾构进出洞风险、盾构穿越的风险、联络通道施工风险等。

为了加强风险控制,保障工程安全及质量,上海地铁编制了《土压平衡盾构施工风险控制建设指导意见》《盾构区间井接头设计施工技术要求》《盾构进出洞始发接受地基加固指导意见》《地铁隧道重叠穿越注浆加固建设指导意见》《旁通道冻结法融沉注浆加固建设指导意见》等相关技术标准,从而规范了盾构施工技术,并推广应用于上海轨道交通的各条线路。"十一五"至"十三五"期间,盾构地层损失率从18.2‰逐步提升至4.7‰,环比平均提高43.8%,另外风险指数下降了2个数量级,抢险指数也下降了近90%。

为了解决隧道横断面收敛变形大、纵向不均匀沉降大等结构刚度不足的问题,上海地铁编制了《上海轨道交通错缝拼装管片通用图》等技术标准,以指导新型快速接头错缝管片的生产制作。随着新型快速接头错缝管片在上海轨道交通18号线的试点应用,取得了以下良好效果:使用快速接头错缝管片的盾构隧道施无渗漏、无碎裂现象;管片拼装精度小于2 mm,较常规管片拼装工艺水平提升50%;隧道实测收敛变形小于1.95‰,较设计要求提升30%;管片接缝张开量小于0.5 mm、错台量小于0.5 mm,较现行规范限值提升一个数量级。施工效果如图11-6所示,错缝拼装管片通用图如图11-7所示。

图 11-6 快速接头管片盾构隧道施工效果

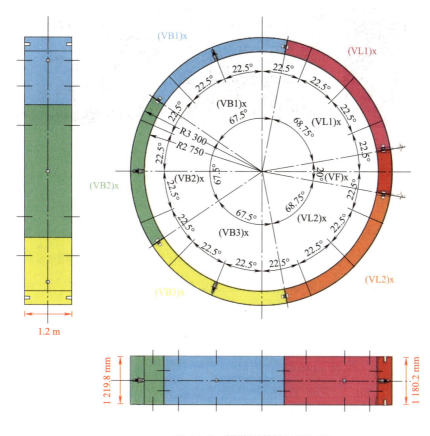

图 11-7 错缝拼装管片通用图

3. 轨道交通预制技术的标准化案例

随着预制建造技术的不断突破,上海地铁编制了《预制轨道板通用图》《预制道岔板通用图》《预制浮置板通用图》《桥梁预制栏板通用图》等标准,新建线路全面推广应用预制轨道技术(预制轨道板、预制道岔板、预制浮置板),施工质量得到了全面提升,施工进度也提高了 5 倍以上。

例如,地下车站大跨无柱预制拱结构在 15 号线吴中路站首次采用,减少了车站的总宽度,并使车站公共区空间更加通透开阔,为地铁地下结构的使用提供了更大的空间和舒适度。预制 U 形梁最早于 2005 年研究并投入试验段应用,2009 年在 8 号线二期工程高架段中试点应用,2013 年又在 16 号线高架线路中正式应用,其中的预制工艺由"后张"改进为"先张",并采用了预制速度高于短线法 30% 的长线法预制;2015 年又在 17 号线高架线路中推广应用,结构尺寸进一步优化,并采用预埋槽集成预埋件,进一步提升施工精度及强度,如图 11-8 所示。

(a) 预制轨道板　　　　　(b) 吴中路站预制拱顶安装　　　　　(c) 预制 U 形梁

图 11-8　轨道交通预制技术在上海地铁中的应用

4. 轨道交通车站暗挖技术的标准化案例

"十四五"期间新一轮轨道交通建设面临着"中心城区难以设站、明挖代价大、环境保护要求高"等难题。针对既有的暗挖技术主要用于车站出入口等断面较小附属结构的现状,上海地铁积极探索研究软土地区车站主体的暗挖实施技术,编制形成了《超大断面钢—混凝土复合管节施工工法》《多顶管组合建造地铁车站施工工法》《带油脂的外锁扣管幕顶管顶进施工工法》等标准,并分别应用于 14 号线静安寺站顶管法施工、14 号线桂桥路站管幕法施工、18 号线江浦路站复合冻结工法施工、14 号线武定路站 U-bit 工法施工,解决了施工微扰动、变形控制难、环境保护要求高、近间距施工难度大、管线搬迁等技术难题,如图 11-9 所示。上海地铁车站主体暗挖技术的研究与实践,为中心城区实施暗挖车站提供了技术储备,也为后续的推广应用提供技术支撑,具有很好的社会和经济效益。

 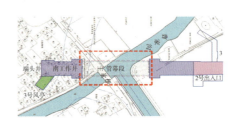

(a) 14 号线静安寺顶管法　　　　　(b) 14 号线桂桥路站管幕法

 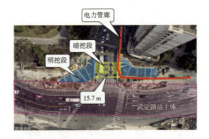

(c) 18 号线江浦路站复合冻结暗挖　　　　　(d) 14 号线武定路站 U-bit 工法暗挖

图 11-9　轨道交通车站暗挖施工技术在上海地铁中的应用

第三节 注重标准对运营安全与服务品质的提升

一、标准化是保障运营安全、服务品质的基础

保障运营安全是城市轨道交通网络系统正常运转的首要前提。网络化运营阶段,各线设施设备的特殊性和差异性造成各线具有不同的故障率,客流的时空不均衡分布特征使大客流出现的时间和位置具有突发性,不同应急保障条件的线路及车站在应急场景下产生不同的应急处置效率。提升城市轨道交通整个运营网络系统的可靠性,将非预知的突发大客流控制在萌芽阶段,并提高所有线路及车站的应急处置效率和水平,这些成为诸多进入网络化运营阶段的运营企业所面对的主要目标,而标准化是实现这些目标、保障运营安全的最佳方法。上海地铁通过多年的运营需求标准化、生产组织规范化、应急联动常态化等标准化工作,取得了按需设计保障系统匹配及可靠性、规范操作提高现场执行度、共治共管提升应急处置能力等成效。

提升服务品质是城市轨道交通运营企业追求的永恒主题,标准化是服务品质保持稳定并持续提升的重要手段。上海地铁在网络化运营向超大规模网络发展的过程中,始终瞄准国际国内同行先进,持续开展对标活动,倡导"人性化服务、精细化管理、标准化建设"理念,通过推出持续缩短行车间隔、延长运营服务时间、打造智慧出行服务、营造乘客舒适环境、规范乘客服务标准等一系列服务升级举措,为乘客提供更好的乘车体验,不断提升上海地铁的运营质量和服务水平,取得了乘客满意度逐年上升、9条线路的客运服务通过"上海品牌"认证、全国首家轨道交通运营服务标准化试点单位等成效。

二、上海地铁运营安全与服务标准化主要内容

上海地铁面对超大城市、超大网络、超大客流的轨道交通网络新特征,以及大量新技术、新装备投用的新情况,把标准化建设作为日常抓安全、抓生产的有效载体,通过运营需求、生产组织、运营服务、安全管理、应急管理、人员管理等标准化实践,持续建立健全标准化制度体系,保障了上海地铁超大规模网络的安全可控、管理有序、运营高效,促进运营服务品质稳步提升。

1. 运营需求标准化

运营需求是城市轨道交通建设的依据,是提升运营安全与服务品质的具体体现。上海地铁始终以运营需求为导向,将运营过程中总结形成的需求形成技术标准,如策划书、建设指导意见、招标技术要求等,通过标准化文件及时地将运营需求

反映到前期建设阶段,实现源头把控。运营需求形成标准的过程中,首先按照"规划建设为运营、运营服务为乘客"的目标,依托物联网、大数据等信息化手段,借助上海地铁超大规模网络的丰富数据资源,对运营乘客满意度,以及各专业不同厂家、不同制式、不同型号设施设备的运营状态、故障返修率、维护人性化等多方面进行综合评估与考量,不断提炼出满足上海地铁需求的各专业设施设备技术新标准与新需求。其次在不断完善既有运维技术标准的同时,依托上海地铁建设、运营和维护一体化管理的模式优势,将其反哺至新线建设、大修、更新改造,通过将技术标准与需求纳入设计文件、建设招标文件、建设技术标准,从源头上逐步形成相对客观、统一的建设需求标准,进一步强化网络运营功能,保障地铁网络安全可靠高效运营。

2. 生产组织标准化

生产组织的标准化是城市轨道交通系统安全高效运转的保障,是各项工作要求执行不走样的基础。上海地铁围绕行车组织、客运组织、设施备设备维护等运营生产组织核心业务,建立了覆盖网络、线路、现场三个层面的管理标准及作业指导书,细化了各专业系统的操作、使用、维修的设施设备技术标准,并按照集团标准化体系管理的内在要求,强化标准体系建设和现场执行落实。在标准体系建设方面,按"网络—线路—现场"的不同业务特点,形成了以网络级"行车组织规程"和"网络调度规程"为基础、"各线行车组织管理规定"和"各线调度规程"为骨架、"行车岗位作业指导书"为依托的三级行车组织标准体系;按"简化、优化、统一"的标准化内在要求,形成以"客运组织规程"为统领、现场客运作业指导书为依托的客运组织标准体系;按设施设备不同的技术要求,形成以设施设备使用规程和维护规程为核心、作业指导书为依托的设施设备技术标准体系。在标准执行方面,通过"交接班会""日常学习"等形式,将标准化的宣贯与培训工作融入日常业务之中,提高标准的掌握程度;通过现场作业的按标检查,提高标准的现场执行程度;通过量化的按标考核,提高员工对标准的认识程度,真正做到"让标准成为习惯,让习惯符合标准"。

3. 运营服务标准化

作为展示上海城市文明形象的服务窗口,上海地铁始终把确保运营安全、提升服务质量放在首位,推进"人性化服务、精细化管理、标准化建设",不断满足广大乘客多样化、个性化、高品质的出行服务需求。一是提高运营服务配置标准。通过提高高峰时段运输能力配置、延长运营时间覆盖范围、提升车站站内通行能力设计、丰富基于"二维码"多样化票种应用等措施,推进补短板项目改造,满足网络化客运服务需求,适应城市综合交通一体化的发展。二是优化现场环境治理标准。通过提升保洁卫生标准,推进"厕所革命"和垃圾分类,加大车站厕所异味治理力度;提升设施设备维护标准,加强自动扶梯保养监护、车站地面防滑和列车空调养护等顽症治理;提升公共安全管理标准,加强安检安保的考核监管,破解"四乱"整治难点,努力改善车站环境和秩序。三是提升现场服务管理标准。以车站管理标准化为基础,对标交通部系列文件要求,持续推进车站管理标准化体系深化;推进服务设施的整治,加强现场服务标准执行;提升设施设备、"两网融合"、站车保洁等方面服务品质,提高乘客感受度。四是提升车站窗口服务标准。精准匹配乘客出行需求,细化便民服务举措、窗口服务标准,培育和提升优质服务品牌。图11-10所示为地铁列车检修现场。

图 11-10　地铁列车检修

4. 安全管理标准化

以切实保障城市轨道交通安全运行为目标,完善体制机制,健全标准规范,夯实安全基础,增强安全防范治理能力。在安全生产上,通过明确安全操作规范,提升从业人员素质,减小人为因素造成的运营安全事件;在风险管控上,建立安全风险分级管控和隐患排查治理双重预防制度,实现对运营全过程、全区域、各管理层级的安全监控;在事后评估上,建立及时、专业、客观、公正的事故调查及评估机制,总结经验教训,规避同类事故的重复发生。此外,依托政府、市民乘客以及其他专业单位多方力量,建立社会多方参与、协同配合的共建机制,在全网推行"四长联动"机制(站长、轨道公安警长、派出所所长和街镇长),社会共治深化平安地铁建设。

5. 应急管理标准化

为提升运营故障或事故发生后的快速反应及应急处置效率,最大程度减少对运营的影响,上海地铁建立并完善了应急管理体系。一是应急预案体系,包括总体预案、各类专项预案以及各现场处置预案等，形成"1个总体预案＋N个专项预案＋X个现场处置方案"的应急管理标准体系，做到实时监控运行设施设备、车站设备以及客流的状态，实现对突发事件的及时预警。二是快速应急响应机制，实现对突发事件的分级响应和动态联动，保证响应的准确性。三是高效应急处置流程，明确并规范应急指挥、应急联动、现场处置以及信息发布的工作流程及具体要求。四是应急管理保障机制，包括法律法规、管理制度等政策保障，人才、物资、资金、技术等资源保障，以及日常的培训演练及总结评估等。

6. 人员管理标准化

一是建规范，上海地铁根据标准化工作导则、服务业组织标准化工作指南，以及"集团标准化工作管理规定"等要求，构建体系完整、覆盖全面的工作标准体系，先后发布实施1 000余项岗位工作标准，对岗位从业人员的职责权限、任职资格、工作内容要求、检查与考核等内容进行了规范统一。二是编标准，上海地铁编写完成调度员、车站值班员、值班站长、车站设施检修工等10个运营主体岗位的上岗证培训标准文件，城轨电动列车驾驶员、城轨电动列车检修工等12个行业工种50个细分等级的培训与考核标准文件。三是提技能，上海地铁作为行业内唯一一家建立岗位培训和技能培训体系的企业，编写轨道交通技能等级教材40本，开展面向专兼职人员的标准化专业知识培训，开展面向管理人员的标准化管理技巧的培训，开展面向基层员工的标准化技能培训，实现标准培训全员全覆盖。

三、标准化提升车辆全寿命周期运维能力

随着上海地铁运营网络的规模不断扩大，运营里程数及车辆保有量的不断增加，对车辆维护水平的要求也越来越高。在传统车辆日常运维模式中，基本采用"日检＋计划修"的方案来开展相关维修业务，难以满足现代运维的需求。在近30年的发展过程中，上海地铁从全寿命角度出发，逐步形成了一套"均衡日常运维＋项目制扣停架大修"的车辆运维管理模式。但无论何种方式，都是基于"人工计划修＋故障修"的传统运维模式，仍旧无法应对超大规模运营网络环境下的车辆运用和维护的需求。

为此，2020年上海地铁提出了以状态修为目标的均衡修管理体系探索研究，以17号线车队为研究试点对象，探索车队在全寿命周期内维修新模式，构建了基于RCM的全寿命规程体系，实现了设备状态维护要求的标准化、维修计划的标准化与部件维修的标准化等，并将逐步深入推广到14、15号线车队管理上。

1. 基于设备结构功能的维护要求标准

通过对设备自身特点的深化研究，全面梳理不同设备的功能、结构、维护维修项

点、维修要求等内容,制定的统一设备分类原则及位置分类原则,形成车辆维修设备树,明确各类设备的维护要求。同时,结合运营需求以运行里程、运行时间、部件运转次数和部件动作次数为维修间隔,从原有单一的时间间隔转化为多维度的维修间隔,突破既有高级修程与低级的界限,实现设备故障修向部件状态修的转变。

2. 基于生产资源配置的维修计划标准

通过对各项维修工作内容的分步解构,梳理了不同维修工作所需要的基础条件,包括计划编制、工时核算、人员配置、资源配置等相关内容,在此基础上组合形成各项维护工作统一的工作包。基于工作包的特点以及外部环境变化与指标要求,编制不同时间跨度上的列车维护生产计划及配套资源需求计划,以满足列车可用率的要求。并根据管理颗粒度的不同,分成三类不同的计划,全寿命的维修计划、中长期的维修计划和短期的维修计划,实现维修计划与原有维修规程的解绑,推进计划修向均衡修的转变,如图 11-11 所示。

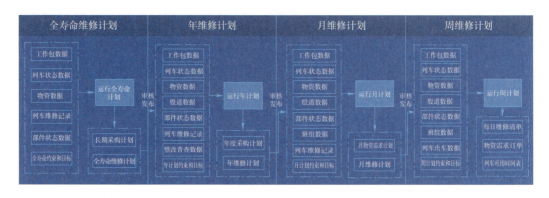

图 11-11　车辆各级维修计划编制要求

3. 基于专业化管理的部件维修标准

通过对关键设备部件专业维修技术的统筹,构建供应链协同平台,固化固件集中维修的作业标准,明确部件拆装、系统排故、供应商管理、检测分析、项目管理等应具备的能力,为一线运营车队提供维修备件保障,为车队做好部件计划性及非计划性维修保障。目前,车辆分公司具备维修能力的部件种类为 19 种,"十四五"期间分公司计划将进一步扩展到 10 大类 39 种部件。通过 17 号线运维模式的探索与标准化试点工作,在运营体量增加的前提下,17 号线车辆有责下线数和乘客投诉量从 2019 年 6 月到 2021 年 12 月得到明显降低,减轻了因车辆原因导致的正线列车故障以及客户投诉。同时,列车的可靠度从 2019 年 6 月到 2021 年 12 月,整体提升了 32%,指标逐年上升。标准化建设对保证运营管理的安全可靠起到了关键作用。

四、标准化保障运营安全服务优质

上海地铁以运营需求为导向、以服务乘客为目标,通过开展运营服务标准化建设,推动企业安全运营、服务提升。

支撑轨道交通安全运营。列车运行可靠度从2010年的15万车公里/件提升至2020年的882万车公里/件,实现58倍的快速提升。列车运行可靠度、服务水平、经营规模、运营效率四个方面八大核心指标全部位居行业前六,其中一半以上指标位居行业前三,在国际地铁协会(CoMET)19家会员单位、中国城市轨道交通协会(CAMET)41家城市地铁成员单位中均居于第一梯队。获得交通运输部安全生产标准化一级达标企业,全面实现"十三五"期间"国内领先、国际一流"的企业发展战略目标和智慧地铁建设目标。

提升轨道交通服务质量。推出"延时、增能、刷码过闸"等一系列服务升级举措。运营服务时间最长线路已达到20小时,日最高延时运送乘客4.38万人次。最小行车间隔达到110秒的国内先进水平。乘客满意度指数在上海市公共交通行业中位居前列,9条线路的客运服务通过"上海品牌"认证,连续八届获上海市文明行业称号。上海地铁9号线成为上海市首个通过服务标准化项目验收的轨交线路,运营安全达到国际一流水平。

第四节 注重标准对智慧地铁的发展导向

一、标准化是引领智慧地铁发展的重要动力

在以物联网、云计算、大数据、量子通信、人工智能、虚拟现实、区块链为代表的新一代信息技术高速发展的大背景下,为贯彻落实国家"交通强国"发展战略,上海地铁近几年持续开展了智慧地铁建设研究与试点示范工作。

在顶层规划方面,上海地铁编制了《上海智慧地铁建设与发展纲要》,系统性阐述了上海智慧地铁的总体蓝图、建设目标、总体架构与主要实施内容,但上海智慧地铁各项业务功能的实现离不开底层数据标准的支撑;在示范工程方面,上海地铁陆续开展了智慧车站、车辆智能运维、信号智能运维、供点智能运维等项目,虽然取得了一定的成效,但相对零散、不够系统、未成体系,还需通过构建标准体系以支撑智慧地铁的规范有序发展。此外在行业层面,北京、广州、深圳、南京、杭州、成都、青岛等城市都在积极推进智慧地铁的研究与应用试点,分别提出了不同的总体规划与解决方案,也取得了一定的应用试点成效,但行业内没有统一的智慧地铁建设标准,不利于建设成本的控制,也不利于行业的可持续发展。

为了将智慧地铁的试点成果尽快转化为技术标准,进一步引领国内智慧地铁领域的发展,上海地铁通过构建一套科学、合理、系统、开放的上海智慧地铁标准体系,使上海智慧地铁的建设成果具有可操作性与可推广性,在促进上海智慧地铁的高质量与可持续发展的同时,也能引领智慧地铁的行业发展方向。

二、上海智慧地铁标准体系的内容及关键标准

1. 上海智慧地铁标准体系的含义

上海地铁根据多年的标准化研究与智慧地铁建设经营经验,逐步构建的上海智慧地铁标准体系,是以"服务智慧地铁的建设与运营"为目标,面向轨道交通建设、运营、经营等各阶段的智慧业务场景,为指导智慧化应用的开发与建设以及使用而建立的一个以"智慧"为主题的标准体系。从智慧地铁标准体系的含义上看,智慧地铁标准体系既不脱离于现有的工程建设标准体系和运营服务标准体系,又能够在两者的基础上以"智慧"为主题而形成独立的标准体系。从适用范围上看,智慧地铁标准体系不仅能应用于建设阶段智慧地铁的设计与建设,还能适用于运营阶段智慧地铁的使用与管理,适用范围更广泛,但内容更聚焦。

2. 上海智慧地铁标准体系的内容

上海智慧地铁标准体系由五个板块、多个层级的专用标准组成。五个板块分别是智慧地铁基础、智慧建设、智慧运营、智能装备和智慧经营,主要按阶段和对象不同进行划分,也是标准体系的第一个层级,如图11-12所示。

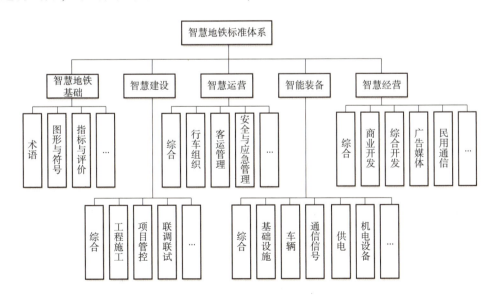

图11-12 上海智慧地铁标准体系的主要内容

第二个层级是以智慧地铁为目标,对可形成的智慧化应用与业务智慧化赋能的成果进行梳理,对轨道交通原有基础业务流程与专业不做列支。其中"智慧地铁基础"按照标准化工作原理划分,包含术语、图形符号与标识、指标与评价等;"智慧建设"按照建设管理的核心业务流程划分,包含综合、工程施工、项目管控、联调联试等;"智慧运营"按照运营管理核心业务划分,包含综合、行车组织、客运管理、安全与应急管理等;"智能装备"按照专业装备划分,包含综合、基础设施、车辆、通信信号、供电、机电设备等;"智慧经营"按照经营管理核心业务划分,包含综合、商业开发、综合开发、广告媒体、民用通信等。

第三层级是在第二层级的基础上,根据各自的特点进一步细分形成,本书不展开描述。

3. 上海智慧地铁关键性标准

通过近几年上海智慧地铁示范工程的建设和应用,已形成并发布了一系列具备行业特色的智慧地铁标准与规范。例如,上海地铁创新研究"双脱机回写技术",实现了手机二维码"扫码过闸"功能,同时编制并下发了企业标准《自动售检票系统云支付技术标准》,以指导上海轨道交通云支付应用的系统建设、运营和维护。又如,为提升车站管理水平与服务质量,上海地铁创新提出"智慧车站"建设并开展相关试点工程,通过示范成果的总结梳理,编制并发布了企业标准《轨道交通智慧车站系统建设指导意见》,作为后续开展智慧车站建设的设计依据。

未来将重点围绕智慧地铁共享数据、平台等共享关键领域,着力编制一批关键的核心技术标准,如云计算平台标准、大数据平台标准、位置服务标准、时间同步服务标准、数据采集标准、数据处理标准、主数据标准、元数据标准、网络安全标准、BIM标准等,以形成涵盖数据感知、数据处理、数据融合、平台建设、顶层决策等各领域的系列化标准。通过加快上海智慧地铁关键性标准的研究与编制,以指导上海智慧地铁建设项目的快速、有序、高质量发展。

三、上海智慧地铁建设的标准化案例

1. 智慧车站的标准化实践

随着城市轨道交通智慧化建设步伐的加快,越来越多的城市意识到建设城市轨道交通智慧车站的重要性。北京、上海、广州等城市已逐步完成了城市轨道交通智慧车站的建设示范,上海地铁选取了5座各具特色的运营车站进行智慧车站试点,并取得了一定的成果。但通过对已实施智慧车站示范工程的评估与检测发现,各方对于智慧车站的建设目标、系统功能、效能提升等要求尚未达成一致意见,亟需从标准层面对智慧车站的业务需求、建设目标、系统构成与功能等内容进行统一,编制大家一致认可的城市轨道交通智慧车站技术标准,用以指导智慧车站的工程建设与运营维护。

智慧车站技术标准的编制过程中,上海地铁采取了"技术方案—工程实施—总结评估—标准编制"的技术路线,即边研究、边试点、边总结,快速反应,第一时间形成标准讨论稿,为智慧车站技术标准的持续优化奠定基础。2018 年初,上海地铁开展了智慧车站的专项研究工作,同时在汉中路站、新江湾城站、诸光路站、顾村公园站和惠南站 5 座运营车站进行试点。通过对这 5 座各具特色智慧车站的系统功能与业务效能进行梳理、总结、评估,统一了智慧车站的定位、基本特征、建设目标、系统功能、系统构成、系统性能、系统软件、系统接口、相关专业配套要求等主要内容。编制并发布了上海申通地铁集团有限公司企业标准《轨道交通智慧车站系统建设指导意见》,同时牵头编制了三个层面的智慧车站技术标准,分别是:上海市工程建设规范《城市轨道交通智慧车站技术规范》、中国城市轨道交通协会团体标准《城市轨道交通智慧车站技术规范》、上海工程建设标准国际化促进中心标准《城市轨道交通智慧车站技术标准》外文版,如图 11-13 所示。

图 11-13　上海地铁编制的智慧车站相关标准

智慧车站技术标准的编制与发布,将指导上海地铁新线建设和既有线改造,全面反映智慧车站系统的建设内容,在行业层面可作为国内城市轨道交通智慧车站系统设计、建设和运维的依据。同时,上海地铁智慧车站的标准化实践经验,可为国内其他城市轨道交通智慧车站的建设提供参考与示范,有力引导城市轨道交通行业的智慧化发展方向。

2. 智能运维的标准化实践

城市轨道交通网络化发展越来越快,给设施设备维护带来的压力也越来越大。在地铁智慧化发展的背景下,各地积极探索城市轨道交通智能运维相关研究与应用,通过建设智能运维体系来解决大规模网络运营下设施设备安全、高效运维的难题。

但从国内发展现状来看,城市轨道交通智能运维尚处于概念阶段,没有普遍适用的成熟经验,更未形成发展共识及行业标准。因此,各大城市轨道交通企业在智能运维的实践方面都遇到了两大难题。

一是缺少智能运维的标准定义,因理解差异造成发展方向不一。目前行业内对智能运维的理解有两种声音:一种是以设施设备的状态监测、故障预警、机器巡检为主题开展的设施设备运行状态监测,注重前端的发现问题但无法直接解决问题;另一种是以设备、物资、维护、检修等业务开展为主题的运维作业信息化系统建设,注重后端的事务处理但不具备前端事件的分析能力。从广义的角度来讲,两者均属于智能运维的范畴,但任何一方的独立发展都难以突破传统运维的边界,难以发挥智能运维的最大能效。

二是缺少标准指导性的解决方案,智能运维技术推广滞缓。上海地铁自 2010 年至今已经试点了数十种智能运维技术,例如车辆专业的车地无线传输及在线监测、轨旁综合检测系统、鹰眼系统、移动点巡检系统、典型故障预警等,通号专业的计轴监测、转辙机监测、CBTC 系统监测、机房环境监测、典型故障预警、故障处置指导、BIM 可视化运维等。其中不乏效果显著技术成熟的案例,但都因缺乏相关建设标准的支撑,大规模推广应用难度较大。图 11-14 所示为上海地铁车辆智能运维监测系统。

图 11-14　上海地铁车辆智能运维监测系统

上海地铁智能运维的标准化实践工作,经历了技术试点评估、智能运维体系规划、智能运维标准体系策划三个阶段。

(1) 技术试点评估阶段(2010—2017):上海地铁对多个专业系统进行了智能运维试点,并建立了相应的智慧运维标准,在减少故障处置时间、提升设备可靠性、提高生产效率、降低人员成本等方面取得了一定的成效。如车辆专业试点了车辆运行状态实时监测、轨旁综合检测、车辆维护管理等技术;供电系统试点了设备状态实时感知预警、机器人智能巡检技术;信号系统试点了道岔转辙设备监测、计轴监测、信号 CBTC 系统监测等技术。

(2) 智能运维体系规划阶段(2018—2020):在多个专业系统的智能运维试点的基础上,上海地铁全面展开了智能运维的顶层规划工作,系统、全面地梳理了 24 项维保业务功能,规划了 8 类业务系统,包括基础业务管理系统、项目管理系统、设备资产管理系统、维护作业管理系统、物资管理系统、应急管理系统、决策分析系统、各专业智能监测与专家诊断系统,并将智慧运维相关规划内容融入《上海智慧地铁建设与发展纲要》。

(3) 智能运维标准体系策划阶段(2021 至今):上海地铁在智慧地铁顶层规划的基础上,充分结合中国城市轨道交通协会发布的《中国城市轨道交通智慧城轨发展纲要》,开展了上海地铁智能运维项目的可行性研究,细化了各专业系统建设内容,匹配了各专业板块的业务需求,同时策划了智能运维建设的标准体系表。下文将以车辆专业为例说明智能运维的标准体系情况。

3. 车辆专业的智能运维标准体系

随着过去几年在列车无线传输、列车在线监测、列车轨旁不停车监测等方面的探索与试验,上海地铁在车辆运维领域已经取得一定的成效。通过车辆智能运维系统的开发与实践,已形成稳定、成熟、可靠的系统平台,积累了大量的数据与模型,在新线车辆招标与既有线车辆增购等项目中,上海地铁均基于车辆智能运维需求提出了相应的要求,并逐步编制形成车辆运维的相关标准,包括总体、车载监测、轨旁监测、检修支持四类 21 项,具体见表 11-5。

表 11-5 上海地铁的车辆智能运维标准体系表

序号	分类	标准名称			
1	总体	城市轨道交通	车辆智能运维系统	第 1 部分:总体要求	
2	车载监测子系统	城市轨道交通	车辆智能运维系统	第 2-1 部分:车载监测子系统	车辆智能信息网
3		城市轨道交通	车辆智能运维系统	第 2-2 部分:车载监测子系统	走行部在线监测与健康管理
4		城市轨道交通	车辆智能运维系统	第 2-3 部分:车载监测子系统	弓网状态监测与分析
5		城市轨道交通	车辆智能运维系统	第 2-4 部分:车载监测子系统	能耗状态监测
6		城市轨道交通	车辆智能运维系统	第 2-5 部分:车载监测子系统	空调状态监测与分析
7		城市轨道交通	车辆智能运维系统	第 2-6 部分:车载监测子系统	车门状态监测与分析
8		城市轨道交通	车辆智能运维系统	第 2-7 部分:车载监测子系统	司机行为分析

续上表

序号	分类	标准名称			
9	轨旁监测子系统	城市轨道交通	车辆智能运维系统	第3-1部分:轨旁检测子系统	轮对尺寸检测
10		城市轨道交通	车辆智能运维系统	第3-2部分:轨旁检测子系统	车辆全景智能检测
11		城市轨道交通	车辆智能运维系统	第3-3部分:轨旁检测子系统	车号识别
12		城市轨道交通	车辆智能运维系统	第3-4部分:轨旁检测子系统	车轮不圆度检测
13		城市轨道交通	车辆智能运维系统	第3-5部分:轨旁检测子系统	受流器检测
14		城市轨道交通	车辆智能运维系统	第3-6部分:轨旁检测子系统	车轮踏面探伤检测
15		城市轨道交通	车辆智能运维系统	第3-7部分:轨旁检测子系统	走行部温度检测
16		城市轨道交通	车辆智能运维系统	第3-8部分:轨旁检测子系统	车下设备声学诊断
17	检修支持子系统	城市轨道交通	车辆智能运维系统	第4-1部分:检修支持子系统	智能巡检机器人
18		城市轨道交通	车辆智能运维系统	第4-2部分:检修支持子系统	检修平台可视化
19		城市轨道交通	车辆智能运维系统	第4-3部分:检修支持子系统	智能工具箱及仓储
20		城市轨道交通	车辆智能运维系统	第4-4部分:检修支持子系统	移动点巡检
21		城市轨道交通	车辆智能运维系统	第4-5部分:检修支持子系统	段场工艺设备管理

车辆智能运维系统标准体系的建立,可推动一系列产品技术标准和管理体系的形成,对城市轨道交通运营企业来说,可有助于避免盲目投资、低水平重复建设等造成的资金浪费。智能运维作为城市轨道交通智慧化发展的重点来看,智能运维标准体系将引领城市轨道交通行业运维管理方向,基于标准形成的统一、规范、高效的系统应用,可推广至国内外其他城市轨道交通运营企业,促进整个城市轨道交通行业的创新升级。同时,使一批具有自主化知识产权的高端装备制造业踏入世界先进行列,并带动一批城市轨道交通上下游产业链的发展。

第五节 注重标准对绿色低碳的发展导向

一、标准化促进城市轨道交通绿色低碳发展

中共中央、国务院印发《关于完整准确全面贯彻新发展理念做好碳达峰碳中和工作的意见》和国务院印发《2030年前碳达峰行动方案》,明确了积极引导低碳出行,加快城市轨道交通等大容量公共交通基础设施建设,明确了绿色低碳、碳达峰、碳中和背景下城市轨道交通的定位,指明了城市轨道交通绿色低碳的发展方向。

上海地铁积极响应国家绿色低碳发展战略,面对城市轨道交通网络规模大、能源消耗量大、技术发展快等特征,始终将节能工作贯穿于城市轨道交通全生命周期的各个环节,注重与绿色发展等经济社会发展趋势相融合,不断探索和实践绿色建造、绿色设计、节能运行、绿色能源等绿色轨道交通可持续发展之路,使设计施工更

适宜化、能源结构更高效化、环境保障更健康化、运行维护更智慧化、配套设施更人性化,助力国家实现"双碳"目标。经统计,2006—2020期间上海地铁累计二次节电超16亿度,折合节约标准煤46万吨,减排二氧化碳126万吨。

为确保绿色轨道交通的规划、设计、建造、运营、维护等工作更加科学、规范、有序,上海地铁在建立常态化节能工作标准体系基础上,围绕绿色低碳发展方向,又创新开展了绿色低碳标准体系的建设,通过标准化的方式推动上海轨道交通的绿色低碳发展进程。

二、构建节能工作标准体系,保障节能工作规范长效

作为全电气化运行的大运量公共交通系统,上海地铁自诞生之日起就天然携带着绿色低碳的基因。在这样一个绿色低碳的系统上深入挖潜,于节能中求解绿色地铁二次节能之方,更是体现了绿色地铁贡献节能减排的"乘方效应"。上海地铁自"十一五"起便积极筹划,制定系统的绿色低碳、节能减排战略,率先提出"打造绿色地铁、提升网络品质"的目标,应用系统性、标准化的管理方法,研究建成了由机制、管理、技术组成的节能工作标准体系,如图11-15所示,以保障上海地铁绿色低碳、节能减排工作的规范化和长效性。

图11-15　上海地铁节能工作标准体系

1. 规范性机制,保障绿色节能工作常态有效

一是研究建立节能激励机制,如每年从节能收益中抽出一部分资金,对节能工作突出的运营公司及个人进行奖励,激励全员参与,保持节能长效;二是制定机电设备系统招标节能技术引逼办法,形成了标准化的节能技术推进常态长效机制;三是编制列车空调、车站照明、通风空调系统等节能产品名录,规范节能产品应用;四是

建立运营线路节能专项改造项目资金投入机制,并积极争取政府"节能减排"专项资金;五是引入合同能源管理机制,探索轨道交通节能改造新模式。

2. 标准化管理,保障绿色节能工作科学有效

一是建立并完善轨道交通节能管理机构体系,做到组织领导,系统推进;二是制定列车、车站、车辆基地等各类用能管理办法,规范管理行为;三是建立了轨道交通能耗指标体系,科学合理评估用能;四是集团与调度指挥中心、维保公司及各运营公司分别签订节能工作年度责任书,明确目标责任;五是制定建设项目和运营线路节能实施的详细规划和工作计划,统筹规划,有序开展。

3. 标准化技术,保障绿色节能工作规范高效

一是建立了轨道交通能耗计量系统,明确规范化的能源计量配置;二是完成了轨道交通能耗数据自动采集与监测管理平台的建设,规范化能源监测系统设计和建设标准;三是构建节能工作技术标准和节能操作规程,指导建设,规范运营;四是形成"数据采集—存储分析—评估改进—支撑保障"的数据驱动式管理闭环模式,实现能耗计量、能耗监测、能耗评估和保障措施的一体融合,确保节能减排管理水平持续提升。

三、创建绿色低碳标准体系,助力行业绿色低碳发展

随着国家双碳战略的提出,国家相关部门和市政府进一步加大对绿色发展工作的推进力度,这就更加需要城市轨道交通绿色标准体系从网络层面、系统角度进行统筹规划和设计。城市轨道交通的绿色发展不应仅局限于节能减排,而应具有更广的范围,更深的内涵,能够全方位诠释"为人民带来美好生活"的愿景,城市轨道交通在带来便捷交通出行的同时,也应更关注健康舒适的乘车环境和人性化服务。

为此,上海地铁面对城市轨道交通快速发展的态势,统筹协调、有效引导,构建了符合规划、设计、建设、运营、维护实际需求的轨道交通绿色低碳标准体系,同时明确了基础、目标、设计、建设、运行、评估、优化等标准子体系,确保目标明确、层次分明,促进绿色节能工作更加科学、规范、有序发展,为引导我国城市轨道交通行业的绿色低碳发展方向提供助力。体系架构如图11-16所示。

四、创新引领,为行业绿色标准贡献"上海方案"

上海地铁始终坚持标准引领,将绿色发展理念融入城市轨道交通建设运营全过程,采取"绿色试点—评估创新—标准编制—实践推广"的技术路线,在17号线诸光路站建设过程中,引入绿色建筑概念,试点绿色评价认证后,融合轨道交通特点,创新形成适合轨道交通的绿色评价标准,用标准规范绿色地铁建设,为行业绿色发展贡献"上海方案"。

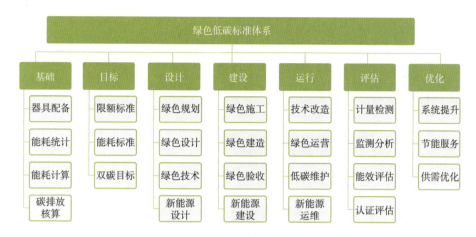

图 11-16 城市轨道交通绿色低碳标准体系

1. 建设亚洲首座获得绿色建筑 LEED 认证的城市轨道交通车站

上海地铁 17 号线诸光路站是亚洲第一个获得绿色建筑 LEED（Leadership in Energy and Environmental Design 能源与环境设计引领）认证的城市轨道交通车站，从建设开始就将绿色理念融入整个施工过程，严格按照 LEED 标准要求开展绿色施工和设计。2018 年 7 月，诸光路站通过了国际上最有影响力的绿色建筑评价认证体系 LEED 银级认证，首开我国城市轨道交通建设绿色认证之先河。经过初步评估：通过 LEED 银级认证的 17 号线诸光路站与未认证的蟠龙路站相比，单位建筑面积能耗减少约 12%，空调能耗减少 2%。

2. 编制全球首个城市轨道交通绿色评价标准体系

LEED 是一个绿色建筑评价体系。该体系是国际认可度比较高、全球最具影响力的绿色建筑体系，由美国绿色建筑委员会（USGBC）开发，目前已经应用到了 182 个国家和地区，超过 10 万个注册和认证项目。LEED 是以结果为导向的评价标准，鼓励绿色建筑适宜技术的创新与应用推广，是评价全寿命周期可持续发展实践情况的标准体系。

国内外针对绿色建筑的评价多达上百种，但绿色城市轨道交通评价标准才刚起步。上海地铁在开展 17 号线诸光路 LEED 认证过程中，发现标准中有很多不适用于城市轨道交通的条款，无法体现城市轨道交通的绿色特点，因此有必要建立一套适用于城市轨道交通的绿色评价标准体系。城市轨道交通引入 LEED 轨道交通标准评价体系理念，可使全寿命周期的绿色建设、运营工作实施更加具体化、标准化、规范化，工作程序流程化，具有更强的可操作性，如图 11-17 所示。为此，2016 年上海地铁与 LEED 评价标准体系的主办方美国绿色建筑委员会（USGBC）合作，在上海地铁 5 号线奉浦大道站、17 号线诸光路站、18 号线等工程开展绿色认证实践的基础上,充分发挥上海地铁在城市轨道交通领域的行业经验和美国绿色建筑委员会(USGBC)在绿色标准开发上的经验,共同合作研究开发了适合全球城市轨道交通的绿色评价标准体系。

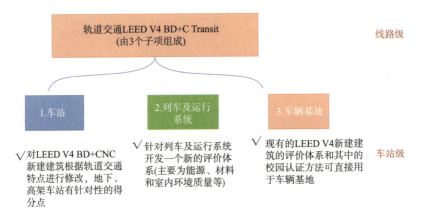

图 11-17　城市轨道交通绿色评价标准体系

3. 首创绿色轨道交通评估标准 LEED Transit 并应用

上海地铁将 LEED 标准认证体系的先进经验和城市轨道交通行业特点进行融合,优化调整了评价关键点,提出了适用于城市轨道交通的绿色评价方法,并在既有 LEED 的 5 大类 21 个评价子系统的基础上,合作编制了 LEED 评价标准体系的第 22 个评价子系统——绿色轨道交通评估标准。LEED 评价子系统如图 11-18 所示。

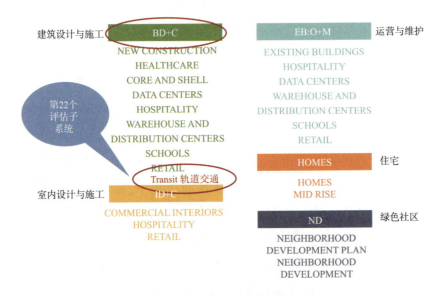

图 11-18　LEED 评价子系统

上海地铁细致梳理多年来在绿色发展领域的研究成果和实践经验,坚持先进性、合理性、广泛性、可操作的原则,关注线网规划、降低环境影响、节约土地资源、优良公交配套、节约能源、室内环境质量、人性化服务和文化氛围、施工质量控制八个评价关键点,形成选址与交通、生态场址、建筑节水、能源与大气、材料与资源、室内环境品质、创新设计、本地优先 8 大评分类目 60 个评价指标。经过多轮修改完善,于 2018 年 11 月发布了 LEED Transit Stations 第一版,填补了 LEED 体系公共交通领域评估认证的空白,有效推动全球公共交通绿色可持续发展,下一步还将不断改进完善,提出城市轨道交通列车、全系统的绿色轨道交通评价标准认证体系。

上海地铁 14 号线昌邑路站和封浜车辆段、15 号线百色路站和元江路车辆段、18 号线全线在建设之初也加入绿色认证的行列。18 号线遵循最新的 LEED Transit 标准要求,应用了外围护结构节能优化、排风热回收、冷却塔节水、高效冷水机组、智能照明等技术,经过初步评估:采用 LEED 认证的 18 号线一期车站与标准规定的基准相比,节能率在 20% 以上,节能水在 37% 以上。18 号线将成为全球首个获得 LEED Transit 全线绿色认证的城市轨道交通线路。

第六节　注重标准对先进制造及产业链的提升

一、标准化支撑先进制造及产业链升级

城市轨道交通作为公共服务型产业,服务水平的持续提升离不开高质量的系统装备,而高质量的装备产品离不开先进的标准。李克强总理在国务院常务会议中特别强调:"标准和产品质量紧密相连,我们要制造高质量的产品,建设制造强国,必须有先进的标准作为支撑。反过来,我们推进装备制造业标准化的目的,也是为了提升消费品质量,拓展国内国际市场。"每一次城市轨道交通先进技术装备的革新及产业链的提升,都离不开迫切的需求标准和规范的技术标准,如果说需求标准是先进制造的源动力的话,那么技术标准就是装备产业发展的催化剂,支撑城市轨道交通各产业链的升级提质。

1. 需求标准化牵引技术发展和产业升级

标准化建设旨在实现需求引领,使系统供应商围绕需求生产统一而不失特质的先进产品,规范发展秩序,从而牵引产业升级。上海地铁作为我国轨道交通网络化运营的领跑者,运营规模居世界第一,在需求凝炼和标准化建设方面具有得天独厚的优势,通过"需求发布—联合攻关—产品孵化—转化应用—需求再完善"的闭环管理方式,始终保持标准化建设方面的领先地位。

2. 技术标准化推动装备功能性能稳步提升

完善和加强先进技术功能、性能的标准化建设是轨道交通建设、运营持续发展的重要保障。同时，还能够引导各方沿着开放、聚合的正确道路前进，规范轨道交通领域先进技术发展秩序；促进核心装备自主能力的提升，推进城市轨道交通装备标准接轨世界；纵向提升产业链技术水平，进而带动整个轨道交通行业的高质量发展。

3. 检测评估标准化严把装备质量关

质量是企业的生命，检测评估是质量控制的一种必要手段。上海地铁始终秉承"社会责任第一、团队协作第一、安全质量第一"的核心价值观，在广泛采用高新技术和先进管理方法过程中，大力推进标准与检验检测和认证认可等质量监督体系一体化建设，强化安全质量意识，努力向社会和公众提供质量最优的工程和服务。

4. 体系管理标准化引领高质量全面发展

《国家标准化发展纲要》明确指出，要加快构建推动高质量发展的标准体系，发挥优势企业在标准化科技体系中的作用，引领高质量发展。《交通运输标准化"十四五"发展规划》指出，提升轨道交通行业治理能力，要求充分发挥标准化的引领作用，建设适应高质量发展的标准体系。

二、全自动运行标准推动行业进步及产业链升级

标准推动城市轨道交通先进制造及产业链提升的典型案例就是全自动运行系统的应用。

城市轨道交通列车运行自动化等级经历了人工、半自动、自动及全自动的发展过程，其中全自动指列车运行全过程无须司机干预。在2006年之前，国内列车运行的自动化等级仍停留在半自动和自动的阶段，而国外全自动运行已有23年的发展历史。上海地铁在考察新加坡东北线全自动运行经验之后，大胆地提出了发展全自动运行技术以提升运输服务能力的设想，并结合10号线的实际情况开展了需求研究和技术标准研究，并相继建立和完善了全自动运行标准体系，为全自动运行技术在上海的落地乃至全国各城市的推广奠定了基础，也推动了列车运行技术的进步和信号、车辆等相关装备产业的转型升级。

截至2021年底，中国内地共计已有14座城市开通了23条554公里的全自动运行系统线路，另外还有近1 800公里的全自动运行在建和规划项目，作为体现城市轨道交通行业最先进制造水平的全自动运行技术，其相关产业链已形成并初具规模。

三、上海地铁全自动运行标准化建设案例

上海地铁依托 10 号线丰富的全自动运营和维护经验,编制了企业标准《上海轨道交通全自动运行线路运营要求》,将运营和维护需求进行了基础性、全局性和系统性的总结与提炼,是上海地铁全自动运行标准的基石,也是国内首个城市轨道交通全自动运行顶层设计标准,同时也推动了上海地铁全自动运行标准体系的建设。该标准在管理模式、业务模式、行车需求和功能需求等方面进行了重大创新,在安全性、可靠性、高效性方面提出的关键性指标全面引领国内外技术提升,并入选上海首批十大"上海标准"。

上海地铁全自动运行标准体系,包括运营需求标准、系统技术标准、检测评估标准以及标准体系管理平台等,如图 11-19 所示。

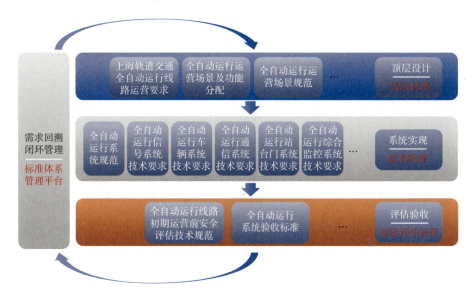

图 11-19　上海地铁全自动运行标准化建设

1. 运营需求标准

自 2014 年 10 号线开通 UTO 全自动运行模式至今,上海地铁积累了丰富的全自动运行和维护经验,编制形成了多项上层需求标准,包括企业标准《上海轨道交通全自动运行线路运营要求》、《上海轨道交通全自动运行运营场景及功能分配》及团体标准《城市轨道交通全自动运行运营场景规范》等,充分明确了与全自动运行相适应的运营管理架构、岗位要求、日常和紧急状况下的操作流程、基本功能要求和安全防范要求等,对全自动运行线路的系统设计、运营筹备和运维管理等工作起到了重要指导和规范作用。

2. 系统技术标准

通过对全自动运营场景和 KPI 指标的细化和分解，形成了标准化的功能、性能和配置需求。在此基础上，上海地铁牵头编制了团体标准《城市轨道交通全自动运行系统规范》，以及信号、车辆、综合监控、通信、站台门等全自动运行核心机电专业的招标文件范本、建设指导意见等标准化文件以规范系统设计。上海地铁通过标准化的系统招标要求，确保开通的全自动运行线路在不同参建方的建设下依然保持着高度的一致性，使基于不同设计理念的产品在功能表现和操控方式上实现统一，方便用户使用维护和人员培训。

3. 检测评估标准

上海地铁牵头编制了团体标准《城市轨道交通全自动运行线路初期运营前安全评估技术规范》、地方标准《城市轨道交通全自动运行系统验收标准》等标准，对全自动运行系统产品的表现进行了严格的规定，确保运营线路在功能、性能、质量等方面始终处于国际领先水平，保障乘客享受全自动运行的高品质服务。

4. 标准体系管理平台

标准的体系化建设与管理也是标准化建设的重要内容。为实现全自动运行需求回溯和闭环管理，上海地铁开创性地建立全自动运行系统技术管理平台，该平台在承载全自动运行技术文件体系的基础上，通过进一步映射链接上下游文件中的具体条目，实现上层宏观粗泛的需求与下层经多专业分配后的精细化需求的跟踪对照，构建了对所有需求有源可溯、有据可依、跟踪落实的闭环管理体系。同时，全自动运行标准化文件体系清晰地展现了业主需求，为信号等专业系统的设计制造指明了方向，是上海地铁乃至整个轨道交通行业的珍贵财富。

上海地铁正在积极推进标准化全自动运行测试环境建设、标准化测试案例构建，以及全自动运行半实物半仿真测试验证平台的建设，积极筹划基于运营场景的全自动运行操作风险模拟预警平台，不断增强上海地铁的标准化测试能力。

第十二章 标准管理优化的实践

标准的应用落地与持续优化是标准化建设工作的推动力。本章主要从科研成果转化标准、标准简化与改进提升等角度,分别介绍了上海地铁的标准化工作机制、主要成果以及若干个典型案例。

第一节 注重科技创新成果向标准的转化

2016年,中共中央、国务院印发的《国家创新驱动发展战略纲要》中明确指出:"健全技术创新、专利保护与标准化互动支撑机制,及时将先进技术转化为标准"。上海地铁放眼全球,着眼未来,高度重视科技创新体系与标准化体系的建设,将创新作为企业高质量发展的第一动力,从融合运作机制、贯通制度保障、技术应用促进、管理评价模式出发,以科技创新提高标准水平,以标准建设推动科技创新成果的总结和推广,引领行业技术攻关与标准提升,为上海轨道交通网络的高质量发展、行业产业的共同进步提供了强大的驱动力。

一、标准融合机制,催化科技成果转化落地

2008年6月,上海地铁成立上海轨道交通技术研究中心(以下简称"技术研究中心"),专门开展城市轨道交通科研课题研究,同时负责科研管理及网络总体研究工作,涵盖技术评估、技术研发、技术审查、技术应用四大业务,实现了科技创新体系与技术管理体系的两位一体,形成"以创新促管理、以管理保创新"的良性发展机制。2009年,上海轨道交通技术研究中心取得国家级企业技术中心认定,成为城市轨道交通行业内唯一的一家国家级认定企业技术中心。

技术研究中心在承担上海地铁建设、运营等大量技术文件审查时,逐渐发现部

分设计标准存在不完善、不全面等问题,不能满足上海地铁快速提升建设、运营的质量要求。因此,技术研究中心依托两位一体的优势,紧跟一线技术与管理需求,在"顶层策源与转型发展、风险防控与安全管理、数字转型与智慧城轨、品质提升与持续发展、网络统筹与一体融合、绿色低碳与环境保护、先进技术装备应用与自主创新、标准化治理与国际化、技术革新"9个领域,开展了大量的研究工作,从技术创新与管理创新两个维度不断开拓、细化、补充、完善了各专业与业务标准,构建了全面的创新标准体系,指导着上海地铁建设、运营一线工作的开展。这些标准也作为技术管理的重要依据,大大促进了科技成果的应用转化,推动着上海地铁建设、运营高质量发展,科技创新与技术管理能级得到了充分提升。

与此同时,上海地铁也建立了畅通的新技术应用机制,针对技术评估、技术审查、技术应用等技术管理工作,均在实践中形成了完备的企业级标准与配套管理规定,指导着创新活动的规范开展与风险管控、自主研发创新成果的审查与现场管理、引进技术的审查与试点推广等技术活动,推动着科技创新成果在上海地铁安全、可靠地落地应用,全方位支撑着上海地铁规划、建设、运营、维护全生命周期的创新升级。

二、标准贯通制度,促进科技创新稳步推进

科技创新本身是一种对未知的探索,是科学技术和经验积累过程中的突破,它具有明显的不确定性或风险性。因此,科技创新过程必须具有相应管理方法,控制科技创新的风险性,保障科技创新活动的规范性与实用性。上海地铁高度重视科技创新活动的规范性,从建设之初,就设立专业部门统筹管理集团创新活动,系统性地建立集团内部科技创新与科研管理体系,不断更新各级企业标准和管理规定,贯通整个科技创新活动周期,相关规定包括《科研项目管理规定》《技术创新风险管理规定》《项目绩效考核管理规定》《技术工作室管理规定》《科技创新奖励管理规定》《知识产权管理规定》《技术管理体系规定》等。

"十三五"期间,上海地铁已经形成了全面、贯通的科研项目管理制度与体系,制定、修订了科研管理规定十余项,涵盖项目采购、预算编制、项目实施、设备管理、推广应用、奖励管理、绩效考核、风险管理、知识产权、合同管理等科技创新活动全流程。在标准化的科研管理体系下,上海地铁五年内共计开展科研项目382项,形成知识产权97项(授权),成果达到国际领先水平3项,达到国际先进水平26项,获得国家、市级科技创新奖40项,行业协会奖项25项。

在不断规范科技创新活动开展的同时,上海地铁也不断探索制定科技创新激励制度,构建由岗位晋升、荣誉表彰、薪酬激励等要素构成的多维度创新激励机制。通过创新项目培育、专项资金引导、创新成果发布等众多创新载体,鼓励员工立足本职、积极创新。定期召开集团科技创新大会,表彰优秀创新团队和个人,打造健康创新生态,营造浓厚创新氛围。

三、标准聚焦创新,激发产业技术推广

城市轨道交通行业的科技创新是多主体的科技创新,也是多专业领域的科技创新。目前我国城市轨道交通行业的科创主体大致由高等院校、科研院所、建筑企业、装备企业和业主企业构成。上海自20世纪末探索建设轨道交通以来,业主公司的构架几经更迭,最终形成了上海申通地铁集团有限公司,成为融地铁建设、运营管理、投融资、资产资源开发和技术研发为一体的大型国有企业集团,是上海地铁建设、运营管理和投融资的责任主体。2020年底,随着10号线二期与18号线一期南段的通车,上海轨道交通网络运营规模和车辆保有量双双位居世界第一,上海地铁也全面实现了"国内领先,国际一流"的战略目标,在工程建设、网络运维、系统集成等关键技术领域都位于行业前列。

由于区位优势,上海地铁成为行业关键领域的先驱者以及创新技术的实践者,也是各专业领域标准的使用者与执行者。标准的制定是将创新技术、先进经验与实际场景的需求相互结合,规范化、普及化的过程。在建设领域,上海地铁目前实施的建设指导文件共计336项,这些不仅是上海地铁建设过程的实践总结,更是全行业领域的宝贵经验,为其他产业链的创新主体——高等院校/科研院所、建筑企业、装备企业提供了经验参考,为它们的技术攻关、产品研发、工艺改良等创新活动提供了客观参照,同时也规范了行业技术、产品市场,大大降低了全行业科技创新活动的试错成本,引领行业产业链的发展。通过标准的贯彻执行,推动科技创新成果切实转化为生产力,科技创新也不断提高着专业标准的水平,只有不断推动这一良性循环,让标准编制、更新与成果转化应用的路径通畅,才能实现轨道交通网络与行业各产业的高质量发展。上海地铁创新成果转化全链条管理模式如图12-1所示。

以LTE关键接口互联标准为例,上海轨道交通14、15、18号线建设时,同步建设了LTE综合承载网络,综合承载了CBTC、集群调度、车载PIS文本、列车运行状态信息、两路车载CCTV视频。该方案相比行业其他应用案例进行了诸多调整和创新,如采用基站共享(RAN Sharing)技术、单独设立线网级热备集群核心,但要实现宽带集群系统主流厂家S1-T接口的互联互通,保障新线和既有线设备采购能更加灵活高效,就必须对基站和核心网的S1-T接口进行标准化研究。

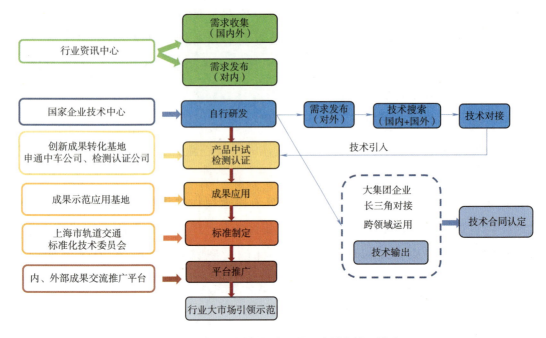

图 12-1 上海地铁创新成果转化全链条管理模式

为此,上海地铁深入研究 B-TrunC 二阶段集群核心网与集群基站接口的技术要求和测试方法,充分吸纳了 B-TrunC 联盟相关厂商的技术建议,编制发布了《上海轨道交通 LTE-M 系统基站与核心网间 S1-T 接口标准技术要求》和《上海轨道交通 LTE-M 系统基站与核心网间 S1-T 接口测试方法》,规定了集群核心网容灾备份相关的过程和功能要求。结合上海轨道交通多年的运维经验和网络化运营发展要求,对宽带集群调度系统进行定制化和标准化研究,统一明确了调度台、车载台、固定台等终端的功能,规范了终端配置、编号、通话组配置原则,明确统一了车载台的硬件尺寸和二次开发终端的操作界面,形成了《上海轨道交通专用无线宽带集群终端技术规范》,将实现运维管理人员在全线网的系统操作过程统一化、使用经验通用化,提高全网络设备维护的通用性,减少维护成本,降低管理难度。

三项标准成果在上海轨道交通 14、15、18 号线的应用,直接减少了 LTE 核心网的数量,从而减少了数百万元的核心建设费用。在行业内,大大提高了轨道交通 LTE 网络设备的兼容性和宽带集群调度系统终端的通用性,降低了轨道交通 LTE 网络建设的隐形壁垒,规范了产品功能,促进相关市场连续循环,促进 LTE 网络良性发展。且 LTE 综合承载系统的良性发展将为列车控制系统的进一步发展奠定坚实的基础,并将为运营管理集群调度提供更丰富、灵活的通信手段,有利于运营管理通信效率的提升和集成多样。另外,通过项目成果的应用,推进了我国宽带集群 B-TrunC

标准体系在城市轨道交通行业的发展和实践。

四、标准建模评价，衡量科研产出价值

上海地铁依托柔性构架的国家企业技术中心科技创新平台支撑，按照标准化的管理规定开展各项科技创新工作。每年从"网络总体研究、专业技术攻关、一线技术革新"三个层面征集创新需求，经行业专家逐项论证筛选并通过集团技术委员会审议后，以集团名义正式发布年度科研计划，主要分为"顶层策源与转型发展、风险防控与安全管理、绿色节能与环境保护、品质提升与持续发展、数字转型与智慧城轨、网络统筹与一体融合、先进制造与自主创新、标准化创新实践及国际化、技术革新"9大板块。之后按照科研管理的标准化流程，全程推进并跟踪每个科研项目的关键节点，建立了以"技术方案、平台系统、产品装置、知识产权和标准"作为重点的评价体系，对各科研项目成果的质量进行考核。

上海地铁高度重视技术标准、管理标准的研究与制修订。2013—2021年共开展了130余项标准类的专项科研项目，其他各类创新活动产生的标准近千余项，涉及运营管理、车辆制式、设施设备、土建结构、施工设备、通信技术、耐久维护、施工作业、集成标准、设计规范等各专业领域，涵盖了城市轨道交通全生命周期。每年投入约200万元支持标准类研究与制修订项目，先后也形成了一大批优秀的标准技术成果。其中主编的国家标准《城市轨道交通运营技术规范》有效衔接运营需求与建设规划，对行业发展影响深远；编制并发布国际首个轨道交通LEED认证标准，严格按照LEED标准建设新线；编制团体标准《绿色城市轨道交通建筑评价标准》，打造"全球首条"智慧环境管理轨道交通示范性线路；编制的企业标准《上海轨道交通全自动运行线路运营要求》关键性指标全面超越国内外同行水平，获评第一批"上海标准"；完成《城市轨道交通团体标准体系》等行业协会重大项目，搭建中国城市轨道交通协会标准化平台，为行业发展贡献"上海方案"。

第二节　注重标准的简化与可操作性

一、由全向精的标准优化和完善

上海地铁作为城市轨道交通运营服务标准化体系的先行者，开展标准化试点工作时期，累计发布了5 000余项标准，涵盖通用基础、服务提供、运营保障3个大体系和21个子体系，为城市轨道交通系统的安全可控、管理有序、服务高效提供了有效支撑。为进一步巩固标准化的实践成果，上海地铁提出了"全面促进运营服务标准化建设从试点向示范提升"的发展战略；一方面要推进标准"由全向精"的简化，解决以往"碎片化管理、重复建设"的遗留问题,提高标准的协调性、系统性与可操作性;另一方面要与一线生产管理业务相融合,加强标准化基础工作,保障标准的落实与实施。

1. 优化标准体系分类与构成

城市轨道交通行业普遍存在专业类别多、管理层级多与技术迭代快的特征,标准体系的构建就需要根据专业类别与标准内容,明确各类标准对应的子体系,确保标准的合理分类。在上海地铁建设发展过程中,各线路的开通时间不同,各直属公司的成立时间也不同,先后按自身管理需求而编制的工作标准、管理标准等,往往缺少统一的体系性规划,较为散乱,也存在重复现象。虽然上海地铁通过建立"通用基础、服务提供、运营保障"的运营服务标准体系总体框架,推动了集团级标准与直属单位级标准的融合,但面对以往的遗留问题,仍需对集团级、直属单位级标准进行全面梳理,根据标准体系的分类原则对所有标准进行优化、调整、归类,持续完善标准体系的分类。

2. 加强标准精简与整合

上海地铁从网络化运营向超大规模网络发展过程中,网络与线路之间、线路与线路之间协调统筹的要求越来越高,这对跨管理层级标准协同提出了更高的要求,此外还存在不同线路的既有标准重复、难以互相衔接等问题。在上海地铁运营服务标准体系的优化完善过程中,需要立足标准体系顶层规划,结合运营、维保各专业特点,重点对标准体系内与运营安全关联度较大的标准、同类型交叉重复的标准、碎片化不成体系的标准进行优化整合与精简,以提高标准间的协调性、可操作性和有效性。

3. 持续改善标准实施机制

标准化管理机制的科学性是标准实施保障的重要前提,上海地铁根据企业管理架构与现场实践,构建了标准实施体系,通过计划管理、分级推进与评价改进等措施,将标准实施与规范作业相结合,在部分标准化试点车站取得良好的实施效果。但随着网络化管理需求的增加,需要进一步推进车站现场执行层面的标准化建设与实践工作,从部分试点向全网示范提升,同时借助信息化、智能化手段,强化标准实施基础,有效支撑运营服务水平的提升。

二、上海地铁运营服务标准精简的实践

"十三五"以来,上海地铁根据标准体系建设规划,逐步开展了集团运营服务标准精简方案的实施,持续完善运营服务标准体系,强化标准实施力度,充分发挥标准

化在保障安全运营、提升服务质量、推进卓越发展中的重要作用。在集团层面,厘清各级标准的关系,整合碎片化、重复化的标准内容;在车站层面,建设标准化车站管理体系,推动标准落实与监管;在岗位职能层面,探索以信息化、智能化手段助力标准学习与应用,紧密关联实际业务场景,保障所有标准在运营服务过程中均得到有效实施。

1. 厘清体系内标准关系,推动集团标准精简整合

自 2016 年起,上海地铁根据《集团年度标准化要点》和《集团"十三五"标准化建设规划》的要求,开展了集团运营服务标准精简整合工作。一是梳理"技术标准、管理标准与工作标准"体系内各级标准的关联性,明确主要整合内容,其中技术标准以业务要素为主线,对业务流程进行梳理,分类整合;管理标准以管理事项为主线,对同一管理事项按 PDCA 过程进行梳理,归纳整合;工作标准以岗位设置为主线,对同类岗位重复编制的进行梳理,合并整合。二是对同类型交叉重复的标准、碎片化不成体系的标准以及作业指导书进行整合,按照网络化运营的技术、管理与工作要求,大幅缩减标准的"体量",提高标准的协调性。三是加强新编标准的审核把关,构建标准牵头部门与专业管理部门的协同审核机制,避免制定发布碎片化、不成体系的标准。

2016—2018 期间,上海地铁完成 49% 的体系内标准精简整合任务,共计 3 903 项标准,主要包括大量碎片化的标准与作业指导书。例如:运三公司的《3 号线上海南站站行车工作细则》等 23 项细分 3 号线每个车站的行车工作细则,精简整合成《3 号线车站行车工作细则》;维保车辆分公司 60 个单项设备作业均衡修作业指导书,整合为 12 项系统的均衡修作业指导书。

2. 横纵双向统一管理要求,提炼方法推进精简整合

上海地铁的《标准化工作管理规定》于 2013 年 4 月 28 日首次编制发布,随着标准化工作不断深入推进,该规定也在不断修改完善、持续改进。在 2017 年组织第三次修订期间,重点结合了标准精简整合要求,从横向业务与纵向管理层级两方面着手研究整合方式。横向方面整合了集团级标准《标准化工作管理规定》和《企业标准编写规则》,该 2 项标准为标准化管理的基础性规范,因此同类可归并精简,将标准的编写要求、编号规则等内容纳入该规定;纵向方面精简直属单位级标准 17 项,把各直属单位原有的标准化工作管理细则进行归并,将有关工作要求纳入该规定。

3. 建设标准化车站管理体系,完善现场管理与实施机制

为保障标准实施的有效性,上海地铁全面推进以"标准化车站试点"为基础的

车站标准化管理体系的建设工作。创建标准化线路(车间)、车站(班组)是上海地铁加强现场管理的重要载体,是深化标准实施的重要组成部分,也是推进企业持续发展的重要基础。管理体系提出了以"8大类24小类运营业务分类""6大类23小类维保业务分类"为基础,"电子文件为主、纸质文档为辅"的标准化车站、班组管理机制建设,已实现网络的全覆盖。上海地铁未来将进一步总结运营乘务和调度业务标准化班组创建试点、设备维护维修业务标准化班组创建试点的经验,开展车场标准化试点建设,形成适应车场现场管理和执行的标准实施体系。

4. 探索岗位知识地图,加强标准实施的"最后一公里"

城市轨道交通行业是专业交叉集成度较高的行业,典型的知识密集型行业,上海地铁以知识管理为抓手,加强标准文件"最后一公里",在满足标准培训学习要求的基础上,利用信息化、智能化手段将标准学习与一线运营生产组织相结合,从设备角度、专业角度、岗位角度出发,将所涉及标准以及相关文件内容进行可视化的转化,构建岗位知识地图,使培训过程更加合理,更可操作,有效提升员工培训学习效果和作业水平。

三、标准化车站管理体系的探索

2019年以来,上海地铁全面推进标准化车站管理体系的创建工作,聚焦车站现场安全运营管理的实际现状,按照"体系完善、重在实施"的原则,将车站涉及相关标准和文件,依据行车组织、客运组织(含票务)、设施设备管理、施工管理、安全管理、应急管理、消防管理等车站业务分类,以及具体业务管理、班组管理等车站日常管理工作,如图12-2所示,形成包括"企业标准、生产组织类和通知类文件、作业指

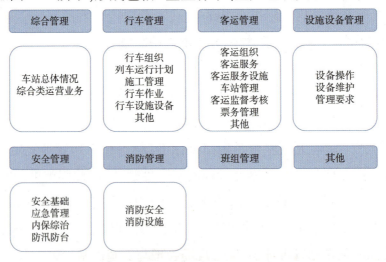

图12-2 标准化车站管理体系文件目录分类

导书、记录表式文本等"在内的车站文件分类标准,实现车站文件、填记记录的规范管理。标准化车站管理体系全面覆盖车站日常运营工作,各岗位职责明确,作业流程标准规范,推动标准化工作落实。

以车站消防管理为例,通过对消防安全日常管理、消防设施设备维护、应急处置预案制备、应急处置力量配置等业务内容的梳理,确定了6项消防专项台账、7项消防基础资料以及10项消防关联台账,与标准化车站文件管理平台对接,在线路级平台上将消防管理与行车组织、客运组织和施工管理等其他9大项内容一同纳入企业标准化车站文件管理总体架构。同时,围绕工作流程、设备管理、台账记录、应急处置和监督检查5个标准化,制定了《轨道交通车站消防安全管理指导手册》,细化了车站每日消防工作图解和火灾应急处置工作指引,具体指导车站的消防安全管理工作。将车站消防安全工作明确为8项日度工作、8项月度工作及8项年度工作,实现车站消防安全管理"全时段、全岗位、全流程、全覆盖"的管理目标。通过车站消防标准化管理工作,上海地铁实现了车站日常消防安全管理、设施设备维护、应急疏散处置、岗位职责分工等消防安全管理和火灾防范工作水平的全面提升。

第三节 注重标准的持续完善与提升

一、标准持续改进提升的重要性

上海轨道交通网络运营规模已突破800公里,面对超大规模网络运营的风险和挑战,迫切需要提升轨道交通网络运营管理效能。同时按照《上海轨道交通网络规划(2017—2035年)》,未来仍有1 000公里以上的网络需要建设,坚守安全底线仍是重中之重,高质量发展的需求下打造精品工程仍是必然要求。

党的十九届五中全会审议通过了《中共中央关于制定国民经济和社会发展第十四个五年规划和二〇三五年远景目标的建议》,提出以高质量发展为主题,全面推进国家治理体系和治理能力现代化。标准在推动高质量转型发展和实现社会主义全面现代化中,发挥着基础性、引领性、战略性作用。《标准化法》《国家标准化发展纲要》《交通强国建设纲要》《交通运输标准化"十四五"发展规划》,提出了提高标准质量、加快科技创新成果标准转化、加强国际交流合作、鼓励参与国际标准制修订等要求。上海地铁《三个转型发展指导意见》也将标准放在促进集团转型发展的重要地位,要求强化标准是高质量发展源头的思维,将最新的发展理念、科技成果、工作方法、质量水平等研究,融入规划设计、工程施工、工程验收、网络运营、设备维护、服务规范等相关标准,提高标准的整体水平,促进高质量发展。

上海地铁必须牢牢把握高质量发展要求，贯彻《国家标准化发展纲要》等国家及行业标准化战略性部署，不断完善和提升标准，促进超大规模轨道交通网络高质量发展。

二、上海地铁标准提升工作机制

上海地铁历经十余年的标准化工作、三轮的轨道交通近期建设规划、轨道交通网络化的运营维护，已经形成了较为完善的、多种形式的标准动态提升工作机制。

1. 运营维保需求对接与标准提升

上海地铁在新线设计管理、网络运营管理中已形成技术审查、工作例会、运营后评估等机制，定期对接运营和维保的需求，通过研究将问题和需求转化落实到标准中。在新线的工可设计和初步设计阶段，发起技术审查流程，运营和维保单位以既有线运营中存在的问题及功能提升需求为依据，提出线路设计的标准提升要求，通过"设计—需求对接—标准提升合理性研判—设计完善"全过程管理，可有效贯彻建设为运营的设计理念。还定期跟踪运营事故和定期召开运营安全生产例会，部分问题和需求会转化为标准的专项研究，如出入口防涝设计标准、全自动运行系统场景标准、站台门技术标准（涵盖有人和全自动无人运行的要求）及设备操作要求。

2. 网络建设规划项目的阶段性标准提升

上海地铁对于新一轮建设规划项目，由技术管理部门牵头，召集建设部门、运营部门、维保部门等集团管理部门、设计单位开展研究。根据问题导向和目标导向，制定各轮建设规划项目的总体建设目标，突出网络统筹的建设理念，着重网络层面的共性功能提升项，如基础通信系统、云平台等的建设要求，落实各专业系统的功能及标准提升项，厘清已有标准、新增标准和需进一步专题研究的标准。

3. 通过科技创新推动标准提升

上海地铁在既有的创新体系下，建立了科技成果转化为标准的完善机制，及时将先进适用科技创新成果融入标准，提升标准水平。上海地铁积极开展标准类科研项目管理，2013—2021年共开展了130项标准类专项科研项目研究，其他各类生产活动产生的标准近千余项，涉及运营管理、车辆制式、设施设备、土建结构、施工设备、通信技术、耐久维护、施工作业、集成标准等全专业领域，涵盖了轨道交通全生命周期。

4. 专项研究促进示范线或特色线标准提升

对于上海地铁具有示范引领作用的线路，如上海14号线示范线工程，或具有特色功能的线路，如市域快线崇明线，开展标准提升、功能提升和新技术应用专题研究。在深入分析线路的功能定位和建设目标的基础上,明确线路的系统功能提升要求,在已有企业标准或者地方标准基础上的标准提升要求,及新技术试点应用要求,通过集团发文的形式或者集团办公会的形式,在新线设计及建设中予以落实。经过专题研究,特定线路可突破既有的设计标准,引领轨道交通建设质量的提升。

5. 定期制修订不断完善标准

上海地铁已经建立了完善的年度标准制修订机制。由集团标准化室征集集团各部门的年度标准编制计划,标委会审批通过后,集团标准化室下发标准年度编制计划,规范各标准立项、编制、征求意见、送审、报批、批准发布、归档、实施、复审等标准制修订流程。企业标准为了满足新的建设和运营需求、技术的更新迭代,可以申报标准的修订,不断提高标准质量。企业标准也可以根据需要申报地方标准、团体标准、行业标准或国家标准,完成企业标准向上位标准的转换。

三、上海地铁技术标准改进提升实践

1. 上海轨道交通工程技术规范的三版修订

上海轨道交通工程技术规范共经历了三轮的修订,分别为企业标准《上海城市轨道交通工程技术标准(暂行)》、企业标准《上海城市轨道交通工程技术标准(试行)》(STB/ZH—000001—2012)、地方标准《城市轨道交通工程技术规范》(DG/TJ 08—2232—2017)。

第一版《上海城市轨道交通工程技术标准(暂行)》于2010年发布,在总结上海地铁建设和运营管理经验的基础上,根据网络建设和发展需求,结合新技术的发展要求,完成了标准的制定工作。此标准的创新性是在范围方面较常规的标准进一步扩大化,如系统制式方面,最高运营速度由80 km/h扩展到120 km/h,行车控制由传统的列车自动控制扩展到无人驾驶控制方式,信号系统由准移动闭塞方式更新为基于通信的列车控制方式CBCT,受流方式由接触网授电扩展到接触轨方式;运营组织方面,考虑了长大郊区线路快慢车组合运营和车辆灵活编组的行车组织方式;运营安全方面,增加了技术防范和公安通信系统等。

第二版《上海城市轨道交通工程技术标准(试行)》于2012年发布,在暂行版基础上,结合设计、运营、建设管理等部门的意见,特别是在机电系统方面进行了修订,进一步提升了标准的质量。

第三版《城市轨道交通工程技术规范》于2017年发布,将第二版试行版上升为地方标准,本规范重点突出了以下理念:综合交通一体化、设施设备人性化、资源共享最大化、节能环保具体化、资产效益增值化、系统接口集成化、设施设备标准化。

体现了上海地域特点,在车站规模、人性化服务、人文艺术创建、台风雷暴等预警设备配置、软土地层施工工法等方面都进行了细化规定。

经过三版上海轨道交通工程技术规范的修编,效益显著,可为标准提升后的上海轨道交通建设工程审批提供依据,适应了网络化运营维护需求,体现了上海地域特点,提高了运营效率,在设施设备的功能、选型、材料等均考虑了维护的需求,减少了维护工作量。

2. 各轮近期建设规划项目标准提升研究

上海轨道交通近期建设规划历经三轮,上海地铁在各轮轨道交通网络的规划建设阶段中,开展新线的建设标准及功能的提升专题研究,充分贯彻建设为运营的理念,对接运营维护的需求,以"安全、人文、绿色、智慧、科技"的建设目标,形成建设的功能和标准提升项,区分已有标准、确定提升标准、需要专题研究的待研标准三类。

2018 年第二轮建设规划项目实施时,运维单位分别从技术标准、既有设施功能提升、新增设施三大需求类型进行系统性梳理,形成运营需求 708 条,并与以往的建设标准进行对比分析,提出了第二轮[5 号线南延伸,10 号线(二期),13 号线(二、三期),14、15、18 号线]轨道交通的共性功能提升及标准提升需求、线路个性的功能及标准提升需求,研究形成《新二轮建设线路功能提升指导意见》,功能及标准提升总体框架如图 12-3 所示。

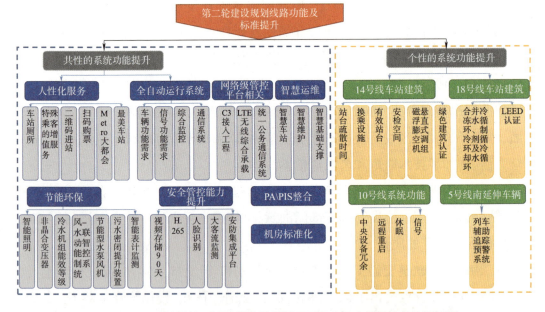

图 12-3　上海地铁第二轮近期建设规划项目标准及功能提升总体框架图

2021年在第三轮建设规划实施时,以建设"安全、人文、绿色、科技、智慧"的轨道交通网络为目标,以上一轮实施总结、运营后评估、已发布标准等为基础,研究了三大板块的提升项:网络层面功能提升项、专业层面功能提升项、标准及规范要求提升项,共计51条,如图12-4所示。

通过各轮轨道交通建设规划的功能提升和标准提升专题研究,可在已有的技术标准的基础上,根据网络化运营的需求、既有线补短板的经验、新技术的发展等需求,形成新的标准提升的要求,对于推动提升各轮的建设规划项目的建设质量具有重要意义。

3. 14号线示范工程标准提升

上海地铁14号线是一条东西向城市轴线上的"大动脉"骨干线路,从嘉定到浦东沿线共跨越5个行政区域,连接着上海城区和东西两翼,也是近期穿越中心城区的最后一条8节编组大运量线路。14号线超过七成站点位于中环线以内,建设过程中面临众多复杂环境条件限制,历时1 369天完成了全线区间盾构贯通,创造了多项上海地铁之最。

2016年,上海地铁开展14号线示范工程建设内容专题研究,围绕"国内领先、国际一流"的总体目标,以"人性化服务、精细化管理、标准化建设"为核心,形成"安全、人文、绿色、科技、智慧"五大方面共计19项标准提升和新技术应用内容,如在安全方面,提高车站通过能力标准,站台、楼扶梯、出入口、闸机的通行能力执行高于国家标准《地铁设计规范》(GB 50157—2013),提高信号系统的冗余性,具有故障时能够无缝切换;人文方面,提高无障碍设施、公共卫生间设计标准;绿色方面,试点车站按《绿色建筑评价标准》设计;科技方面,推广高精度轨道测控新技术、BIM技术等;科技方面,采用综合监控系统等,如图12-5所示。此外,编制了涵盖全自动运行系统的《上海轨道交通全自动运行技术规范》等4项标准,土建施工工艺的《上海市轨道交通基坑工程钢支撑轴力伺服系统应用指导意见》等3项标准,预制轨道一体化《上海轨道交通预制轨道板制造及验收技术条件》等13项标准、智慧装备及运维系统《上海轨道交通LTE-M系统建设指导意见》等2项标准,通过标准促进了14号线示范线的新技术应用,引领了网络建设水平的提升。

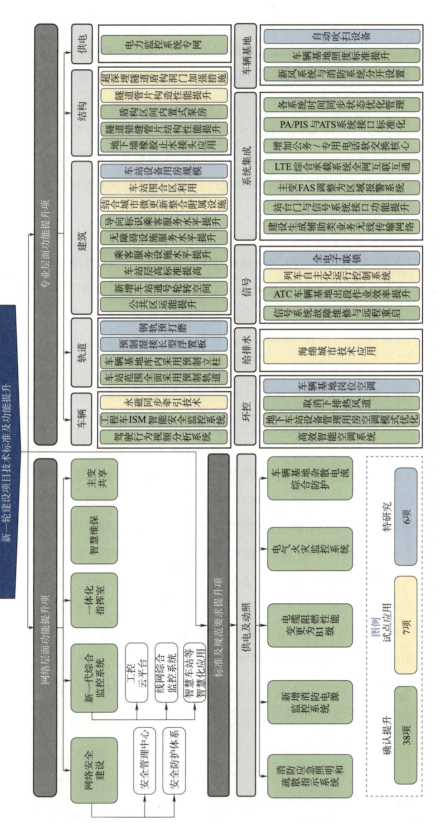

图 12-4 上海地铁第三轮近期建设规划项目标准及功能提升总体框架图

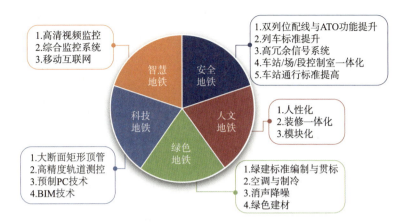

图12-5 14号线示范线标准提升和新技术应用内容

第十三章 标准现场实施的实践

标准的实施是标准化工作的根本任务,只有通过标准实施,才能把标准最终体现到每个岗位、各个环节和每一项具体的作业之中,真正发挥标准的作用。本章汇集了上海地铁各运营、维保单位标准化工作的典型案例,各单位通过制定实施方法、运用有效措施、建立运行机制,把"知标、学标、执标、对标"贯穿到日常工作之中,促进形成良好的行为规范,确保纳入体系的所有标准在服务过程的每个环节均得到有效实施。

第一节 立足标准化建设,谱写调度新篇章

上海轨道交通路网运营调度指挥中心(以下简称"调度指挥中心")是上海申通地铁集团有限公司的直属单位,具体负责上海轨道交通综合运营监控、集中调度、运营协调、应急指挥、对外信息发布、服务沟通、票务清算管理等工作。调度指挥中心现有资质的标准化员 40 人,覆盖调度指挥中心各个部门,综合办公室为标准化管理日常办公室。

调度指挥中心标准化管理始终聚焦"安全高效地铁、智慧人文地铁、品质品牌地铁"目标,全面推进标准体系的完善、标准能效和质量的升级、标准实施的精准高效,助力集团标准化工作迈向示范,以高标准促进高质量发展。在集团转型发展的新形势下,调度指挥中心坚持改革驱动、创新引领,积极探索集中控制的调度管理新模式,持续优化标准化的规范管理,形成了浓郁的标准化工作氛围。目前调度指挥中心共执行 639 项标准,其中集团级标准 196 项、公司级标准 251 项、作业指导书 92 项、工作标准 100 项。

一、科学的标准体系构建调度指挥中心管理新格局

1. 加强体系融合,夯实运营管理基础

围绕上海地铁超大规模网络管理的特点,将标准化体系与运营管理体系筹推进,通过标准化与管理架构、职责分工、工作流程等有机融合,形成专业类别清晰、契合生产管理、指导现场作业的标准化体系。在标准类别上,为确保所有标准有法可循、有据可依,根据调度指挥中心涉及的行业相关内容,建立了涵盖法律法规、上位标准、企业标准及岗位作业指导书的标准化体系,通过标准体系管理促进运营知识体系的管理。在管辖层级上,建立了"网络级、线路级、公司级"的标准分类,各级标准在融合自身特点的基础上逐层细化、补充衔接,有效指导运营生产和管理工作。在专业类别上,根据调度指挥中心管辖业务范围,建立了党纪监察、工团组织、行政办公管理、人事管理、财务管理、调度生产管理、票务管理、质安管理、媒体信息管理等涵盖调度指挥中心全业务、全流程的标准化体系。

2. 动态整合优化标准体系,促进标准精细化管理

为加强集团标准的一体化整合,确保标准内容的一致性,提升岗位作业标准的可执行性,调度指挥中心对岗位作业指导书进行动态优化。针对运营类和设备类的作业指导书,"归并精简"不同线路同一作业场景,"整合精简"相似作业场景,"日趋完善"作业要求;针对票务类的作业指导书,将其与相关管理标准合并。历经2年的努力,精简整合作业指导书近80%,大大提升了标准的精细化管理水平。

3. 搭建标准化信息平台,实现标准云管理

调度指挥中心在内部管理系统X5平台设置标准化管理模块。一是贯通标准制修订流程与发文流程。在X5平台可完成从标准立项、送审、报批到发文的全部流程,实现内部标准化管理信息化的同时加强了过程管理,提高了标准审核发布的效率及质量。二是建立标准实时查询功能。标准化模块根据层级划分建立了标准化体系明细表。通过查询功能,可查询适用的法律法规、上位标准、集团级和公司级标准、岗位作业指导书等。三是实现标准化动态管理。依托X5平台,完成报批后正式发文的公司级标准通过系统自动更新功能,实现标准的新增及替换,确保公司级目录的实时有效。此外,综合办公室牵头各部门定期对标对规,对上位标准有效性和细化情况进一步确认,确保标准化管理落实到位。

二、先进的标准助力智慧运营和技术创新

1. 作业流程标准化,助推智慧调度建设

通过标准化建设和作业指导书的建立,聚焦调度生产和应急指挥关键环节,围

绕调度日常业务、运营监视、应急处置、施工管理等作业场景开展信息化建设。设计纵向贯穿现场层—线路层—路网层、横向覆盖设备运维—现场服务—外部协调联动的贯穿运营指挥全方位、全业务的架构体系,并加强地铁安全生产各类静态采集与动态感知等多维数据之间的融合,以"信息、指挥、联动、保障"四位一体,建设智慧调度平台。一是建设"一网感知、可视管控"的数据可视化调度指挥大屏,通过平台数据互联互通,实现对全局运营状态的实时监控。二是建设应急指挥辅助决策系统,通过应急场景与预案的辅助决策计算,智能研判行车调整方案,提高调度指挥的精准性;建设一键式信息发布平台,通过整合不同的网段,将事件接报信息自动关联填记信息发布页面,实现 TOS、官网、微博、105.7 电台、移动电视、PIS 和短信平台的一键式信息统一发布,提高信息发布效率和准确率。三是探索与外单位的信息联动。积极与市政府部门、单位沟通,创新开发轨道交通"重点区域人流监控系统"与"气象辅助决策系统"。通过与公安、气象局信息共享,实现对重点区域的客流和气象情况的动态监控、实时预警,提升运营组织方案的针对性和有效性。路网运营监视及应急指挥平台如图 13-1 所示。

图 13-1　路网运营监视及应急指挥平台

2. 完善技术标准,推进智慧票务新技术应用

一是率先建立互联网支付技术标准。随着移动互联网的迅猛发展,上海地铁率先在行业内开展互联网支付的研究,创新地采用二维码双脱机回写技术实现 Metro 大都会二维码扫码进站功能,并拓展了互联网票务支付应用,如在线充值、特种票购买、引入第三方支付等。为保障新技术应用的安全可靠,调度指挥中心不断完善

上海地铁云支付应用技术标准,促进该技术在全国市场的推广。目前,已实现与北京、南京、杭州等18座城市轨道交通互联互通,加快推进交通一体化进程。此外,为深入贯彻国务院关于实现交通部二维码跨区域、跨交通行业互联互通的要求,调度指挥中心完成了一码通行应用技术标准的编制,指导二维码改造方案设计、样机测试及试点应用工作。二是研发AFC设备智能运维平台。在3号线全线试运行,达到精细化的成本控制,实现无纸化维护;研究新一代移动通信技术5G在AFC系统架构中的可用性,为今后联机交易完成技术储备,树立行业标杆地位。三是研发票卡烘箱工艺。为配合防疫管控要求,将单程票消毒效率提升了3倍,为疫情防控以及重要节假日期间单程票的储备提供安全保障。

3. 全面探索研究,助力全自动运行新模式

调度指挥中心配合集团相关部门细化完善全自动运行(新三线)相关设备功能、运营场景应对;完成"全自动运行运营场景及功能分配"及"全自动运行线路策划书"等全自动运行相关标准,同时通过不断技术研讨进一步完善信号、综合监控、通信等多方面设备的技术标准。针对全新的新三线调度人员培训任务,调度指挥中心优化了现有带教计划,采用既有线培训模式结合无人驾驶模块实践的方式来完成资格培训任务。此外,调度指挥中心指导相关运营公司细化完善全自动运行(新三线)调度细则。

三、标准的践行持续促进运营高质量发展

1. 参与行业标准编制,发挥行业引领作用

2014年,参与《城市轨道交通运营突发事件应急预案编制规范》、《城市客运术语 第1部分:通用术语》与《城市轨道交通驾驶员、调度员、行车值班员从业规范》等国家级标准的编制工作。2019年,配合交通部运输司轨道处编制了《城市轨道交通行车组织管理办法》,统一行业行车组织的基本规则,明确了行车组织基本要求、正常行车组织规则、非正常行车组织规则与安全防护要求、施工行车组织规则与安全防护要求。通过助力行业标准化工作、严守安全底线、夯实运营安全管理基础,更好地保障城市运行安全。参编了交通运输部牵头编写的国家标准《城市轨道交通运营指标体系》(GB/T 38374—2019),规定了城市轨道交通运营指标体系的构成、内容、指标定义及计算方法,适用于城市轨道交通运营统计分析和对标管理,为提高行业的质量管理水平具有指导意义。此外,参与编制了交通运输部科学研究院牵头编写的国家标准《城市轨道交通线网综合应急指挥系统技术要求》,该标准规定了城市轨道交通线网综合应急指挥系统的总体要求、系统构成、系统功能、系统性能、软

件设计、系统接口、信息安全和显示系统等技术要求,为城市轨道交通线网综合应急指挥系统的运营需求设计、系统建设和运营,以及城市轨道交通线网的应急指挥提供技术依据。

2. 多措并举加强宣贯,提升标准化作业执行力

一是加强新标准解读。以国家标准《城市轨道交通行车组织管理办法》为核心,以《上海城市轨道交通行车组织规程》为重点,梳理新标准与现有上海轨道交通各类规章的差异,结合上海轨道交通的运营需求修订完善企业标准,让新的行规"既符合标准,又能接地气"。同时对行规新版本的作业差异和重点进行梳理并逐一进行解读及作业提示,进而形成"关于 2020 版《行车组织规程》运营调度执行提示",以便于调度员能更准确地掌握变化及重点,能更精准地按新标准实施。二是定制"应知应会"提示卡。为筑牢超大规模网络运营安全底线,聚焦调度指挥岗位基础业务能力和风险管控能力提升,围绕行车作业、电力环控、施工作业、应急管理等核心规章,制作作业类、故障类、应急类和提示类四大类"应知应会"提示卡,帮助调度员加强碎片化学习,提升调度作业能力。三是丰富培训形式。除了组织学习班、讲座等进行授课,还组织制作了《设备调度停电倒闸操作》《非停电人工施工作业流程》等微视频课件放入学习考试系统,通过新颖、简短的培训方式,不断提高调度标准化作业执行力。四是创新调度指挥工作机制。创新建立 C3 大楼应急响应及支援抢险"三联机制",实现 C3 大楼与相关专业单位间应急响应。首创调度指挥中心防汛防台应急指挥图,随时调用、依图指挥。创新制定"行动序列化工作法",确保调度重点项目知晓率 100%,圆满完成进博会、花博会等重大活动和新线开通、道岔整治等专项保障工作。

3. 推广标准化班组建设,推动现场管理迈向卓越

围绕"基层基础基本岗",结合标准化线路(车间)、车站(班组)创建工作,调度指挥中心以点带面推进,通过总结颛桥虹梅控制中心调度业务标准化班组创建试点的经验,全面推广,形成适应调度现场管理和执行的 5 大类 33 小类标准化实施体系。调度员按标作业如图 13-2 所示。

四、标准化建设赋能企业全面发展

1. 标准化建设促进运营管理规范

通过标准化与管理融合统筹,把标准化作为管理集成的综合平台,实现各项管理资源的整合优化,进一步提高管理效率和效能。将标准化建设与企业管理体制、机制、职责、过程有机融合,与制度、流程、方法、指标统一贯通,形成和上位标准相承

图 13-2　调度员按标作业

接、和生产管理相吻合、和现场作业相适应的多维一体标准化体系,促进了调度指挥中心运营管理的规范化、协同化、精细化。

2. 标准化建设保障运营安全高效

历来倡导安全是调度指挥中心的立足之本,随着上海地铁迈入超大规模轨道交通网络新阶段,成为世界上率先建成超 800 公里超大规模地铁网络的城市,调度指挥中心加强质量管理,运营指标安全可控。持续深化实施行业对标,采取"巩固优势、缩小差距、赶超标杆"的策略,坚持人性化服务、精细化管理、标准化建设理念,部分关键指标超过了国内外行业标杆及竞争对手。"十三五"期末,列车运行可靠度等八大核心绩效指标全部进入国际前六。列车正点率(5 分钟)提升至 99.99%,日均客流量(774.51 万乘次)、车辆上线率(87.17%)、车辆可用率(95.32%)均进入国际前三。

3. 标准化建设谱写卓越管理新篇章

在数字化进程加快、运营机构改革的背景下,调度指挥中心追求卓越,践行质量引领和创新管理,通过标准化建设加强新技术应用及推广,助力企业转型发展。经过多年的实践,调度指挥中心在智慧调度、智慧票务、智慧服务、全自动运行等领域不断探索创新,促进了路网运营实时管控水平的全面提高、运营指挥和应急反应能力全面提升、调度指挥模式全面升级、乘客出行智能化水平全面增强,形成的运营管理成果可复制、可推广,在行业内具有重要影响力,发挥行业引领作用。

第二节　标准驱动创新，培树示范品质

上海地铁第一运营有限公司是上海申通地铁集团有限公司的直属单位,运营1号线、5号线、9号线、10号线,线路长度182公里,管辖车站119座,日均客流量285.8万人。其中10号线是全国第一条采用全自动无人驾驶技术的大容量轨道交通线路,也是上海地铁唯一一条运维一体化的线路,核心业务包含调度指挥、行车管理、客运管理,以及车辆、供电、通号、车站机电设备等设备维修管理。

公司坚持标准驱动创新,于2013年起在集团内部率先导入《服务业组织标准化工作指南》(GB/T 24421—2009),突出标准化"强基、创新、提效"重点,以日常监管和总结试点经验为抓手,积极推进轨道交通运营服务标准化建设,全面塑造标准示范品质。近年来,公司以建设标准化示范线路、车站为重点,以点带面,典型引领,创新建立了"公司、线路、车站"的运营服务标准化体系,创新了安全运营的标准化管理机制,建立了覆盖公司各部门、车站、班组执行的标准649项,其中上位标准358项、公司级291项。创建了拥有三级标准化兼职人员215人的标准化队伍,覆盖了公司所有部门和业务条线。建成了9号线上海市首条运营服务标准化试点线路,10号线路100秒运营间隔的示范。公司在积极推进轨道交通运营服务标准化的基础上,坚持示范创新,全面提升安全运营、优质服务的品牌效应。

一、创新轨道交通标准示范建设

公司在标准化建设过程中,率先建立了较为完善的运营服务标准化体系,由服务基础标准、服务保障标准、服务提供保障的3个子体系组成,以标准带动发展,实现安全服务水平突破。为提升标准实施评价成效,公司创新运用PDCA管理工具,建立起"发现需求—响应需求—优化服务—固化举措—修订标准"的服务循环运行模式。建立了标准化示范点激励机制,即将标准化线路(车间)、车站(班组)建设与安全管理、专业管理、综合管理等融合贯通,形成日常运作、考核评价、结果运用机制。为提升标准宣贯及培训成效,公司通过内宣平台、各类宣贯培训等形式,积极加强标准化重点任务、工作成果、突出典型、先进经验和重要标准的宣传力度,营造标准化工作良好氛围和示范环境。同时注重加强人才培养,培育熟悉标准制定规则、掌握专业技术知识、实践经验丰富的标准化专业人才,开展标准化人员资格培训、标准化专业知识培训,加大标准化人员队伍建设。

二、创新安全运营标准化建设

公司充分发挥标准保障安全运营的基础作用,创建安全运营标准体系。以行车作业标准化为着力点,成立行车"两违"督查室,建立视频在线督查、车场专项检查等监管机制,强化基础作业标准化,有效遏制"两违"造成的安全风险隐患,为总体安全形势逐年向好打下基础。创建安全运营管理标准,编制《运营安全风险分级管控和隐患排查治理实施细则》,建立运营安全风险库,从行车组织、客运组织、设施设备、职业健康等方面辨识风险点,动态跟踪管控,全面开展风险辨识工作,保障运营安全风险可控。为夯实安全运营基础,持续推进消防安全标准化车站、反恐安全标准化车站建设工作,徐家汇站作为集团首批消防标准化示范试点车站,梳理提出消防安全"五个一"标准,创建现场如图13-3所示。制定《车站级反恐安全管理指引手册》,开展豫园站反恐安全标准化示范车站的达标建设,为全路网推广实施提供"运一样板"。

图 13-3 徐家汇站消防标准化创建现场

三、创新企业管理标准化建设

为提高员工标准执行率,提升标准化现场创建成效,公司首创标准化、流程化、操作化、责任化、查核化、竞赛化的"六化"管理,将每一项标准层层推进。制作"人员布岗及作息时间表"、张贴"岗位标准作业流程图"、编制"岗位作业指导书"、实行"车站站长责任制"、完善"车站岗位考核管理规定",组织各类岗位专业"劳动竞赛"等方式,将标准落实到岗,做到全覆盖。对于委外人员,建立责任包干到人的委外服务质量监管制度,加强对委外员工标准化作业监管,建立委外人员"一人一档",以月度打分的形式体现,完善服务质量测评,确保作业过程有跟踪、有检查、有闭环。以"第三方检查"为服务改进风向标,深入分析考评指标,狠抓重点作业环节,提升岗位执行力,制定完善车站保洁工作标准、站车卫生管理、垃圾分类标准等系列规定,形成考核机制,车站环境整治工作成效显著。围绕提升现场管理能力和作业规范的要求,建立以"业务管理为主、文件管理为辅"的"8大类24小类"标准化车站文件管理体系,如图13-4所示。同时创新建立知识地图模块,将标准化车站创建要求与文件管理进行有机结合,将各岗位涉及业务、关联文件等信息进行导航,进一步优化文件管理体系,提升现场工作效率。

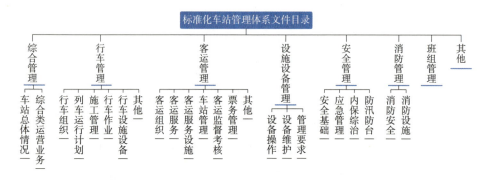

图13-4　标准化车站管理体系文件目录

四、标准化建设助力运营示范品质全面提升

1. 引领示范建设

2015年以94.3的综合评分通过9号线地铁服务标准化试点验收,如图13-5所示,9号线获评上海市首条地铁服务标准化试点线路,充分发挥标准化助力公司发展的支撑性、基础性、引领性作用。

图13-5　9号线通过上海市服务标准化试点验收

2. 夯实安全堡垒

多年来公司所辖线路总体运营平稳有序,运营质量平稳有序,清客、晚点等相关

指标均在年度绩效范围内。自 2016 年以来,公司安全事故发生率逐年下降,2021 年公司所辖线路全年运营可靠度达到 2 475 万车公里/件,至 2021 年连续两年实现运营安全事故零发生。公司依托标准化工作,深入开展安全生产标准化体系建设,自 2015 年取得交通部安全生产标准化一级达标企业后,先后 2 次通过复评。

3. 提高服务质量

公司始终坚持让乘客满意的服务宗旨,把乘客市民对美好生活的向往作为工作的出发点和落脚点,不断拥抱新需求。其中"3D 暖馨服务""小熊为您""4U 服务团队""小煜流星轮"等服务品牌孕育而生,得到了乘客市民和社会的认可,如图 13-6 所示。

图 13-6 "小煜流行轮""小熊为您"服务品牌

公司将标准化工作融入集团"通向都市新生活的地铁质量管理模式",借助众多实用的质量管理工具,持续推进车站服务创新,荣获集团级星级车站 8 座、上海市五星车站 2 座。2021 年 5 月人民广场站通过了全国五星车站的评审,人民广场站的"丰田问题解决法(TBP)提升车站客流通行能力"课题成果,参加了在广东珠海举办的首届全国现场管理改进成果发表交流活动,并被评为全国示范级课题。

4. 提升运营能级

贯彻落实"人民城市人民建,人民城市为人民"的重要理念,按照集团"国内领先、国际一流"战略发展目标,不断对标最高标准、最好水平,持续提升市民乘客出行体验,提升运行效率,提升乘客乘车的安全性、舒适性和准点率。上海地铁 10 号线作为国内首条大客流高运量、复杂运行交路、自动化等级最高的全自动运行地铁线路,将缩短客流高峰时段列车运行间隔作为突破点,成功开创 100 秒小间隔运行,成为全国首条间隔最小的列车运行线路,刷新全国记录,如图 13-7 所示。通过对小间隔运行探索,有效解决了早晚高峰时段列车拥挤、站台滞留、突发大客流时车站限流等问题,缩短了乘客的出行时间,实现运能提升 111.1%,乘客等候时间缩短 55.6%,

满载率下降至 22.09%。

100 秒间隔运营

试跑客运组织及满载率

100 秒试跑期间总体客运工作有序,现场未接到任何乘客反映问题,客流总体平稳。

根据票务半小时客流数据,100秒间隔运营试跑期间总体客流无明显变化,同时运能增长的情况下,满载率明显下降。以周五晚高峰上行满载率最高区间进行对比,宋园路至虹桥路站上行,常态化的满载率为52.46%,100秒间隔运营期间满载率下降至22.09%。

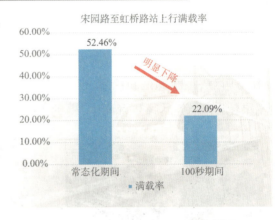

100 秒间隔运营

试跑站台等候人数

100 秒间隔试跑期间对站台等候人数进行记录测算分析,试跑期间站台乘降情况良好,重点车门等候人数与停站时间匹配性良好,运营间隔缩小的同时,站台等候人数明显下降。

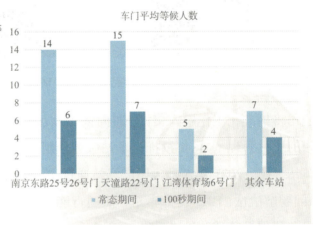

图 13-7　100 秒间隔运营数据

5. 促进科技转化

近年来,公司积极强化标准化服务高质量发展的促进作用,不断总结提炼科技创新实践、先进管理经验、方法技巧成果,加快优势领域核心创新技术向标准成果的转化,提升标准示范引领质量。2018 年公司主编的地方标准《城市轨道交通车站服务中心服务规范》正式发布,填补了国内城市轨道交通行业相关业务标准的空白,参与国家标准《城市轨道交通客运服务认证要求》编制,实现标准服务零距离。10 号线的全自动驾驶模式高度集合了信号、车辆、无线通信和综合监控四大核心体系,为探索、推广轨道交通全自动驾驶模式奠定扎实基础,公司参与编制了《城市轨道交通全自动运行系统验收标准》《上海轨道交通全自动运行线路运营要求》，成为上海全自动运行线路建设和运营经验广泛输出于全国各地的"探路者"，引领了全国城市轨道交通全自动运行的发展进程。

在全国技术能手、上海工匠、集团"首席技师"严如珏的带领下，通过积累检修经验，建立故障分析系统，制定科学有效、切实可行的巡视维修操作人员作业指导书，不断提高设备"管、用、养、修"的整体水平，确保车站机电设备稳定运行。共完成8项科研和技术革新、20项国家实用新型专利、1项国家发明专利，3项技术获得软件著作权，《车站机电设备仿真模型研制》荣获"第三十二届上海市优秀发明选拔赛优秀发明金奖"。

公司将继续深化标准化建设工作，围绕标准实施关键，推进标准改进与提升，始终将促进规范管理、按标作业作为标准化建设的关键与重点，围绕城市轨道交通发展目标、上海提升核心能级和核心竞争力、集团新一轮"三个转型"等要求，坚持标准示范引领和创新，助力上海城市轨道交通高质量发展。

第三节　增强标准策源能力，保障运营安全提质增效

上海地铁第二运营有限公司成立于2009年3月，是上海申通地铁集团有限公司的直属单位。承担着上海地铁2、11、13、17号线共计218公里和95座车站的列车驾驶、客运服务、机电设备维修等运营管理任务。公司坚持"安全第一、质量为上"的方针，切实履行"满足乘客需求"的社会责任。

在集团标准化委员会领导下，公司成立标准化分委员会、设置标准化分室，由总经理挂帅、分管领导主抓标准化工作，逐步构成了标准化分委员会统筹领导、标准化分室归口管理、职能部门指导协调、生产部门监督执行、全员参与的公司标准化管理体系。近年来，公司坚持标准引领，运用标准化管理新方法新技术，推动安全生产标准化建设融合创新发展，实现安全生产管理系统化、科学化、标准化，充分发挥标准保障安全运营、服务质量的基础作用。

一、标准化驱动安全管理体系优化完善

公司充分发挥标准引领作用，积极开展安全生产标准化建设探索实践，构建6个子体系和15个子类组成的服务标准体系，发布实施企业标准300余项。同时，将标准化管理方法应用于安全管理，建立起覆盖目标指标、制度管理、教育培训、现场管理、双重预防机制、应急管理、事故管理和持续改进8大体系要素的安全管理体系，通过运用PDCA管理工具，完善优化各项标准，持续改进安全管理体系，推动公

司安全水平不断提升。2021年,公司顺利通过交通部安全生产标准化一级达标复证考评,在上海市安委办安全生产工作考评中获得好评。

公司充分发挥标准创新驱动作用,"以点带线、以线带面"大力开展标准化创新试点、标杆创建工作,先后承担、参与集团"标准化线路(车间)、车站(班组)"、智慧车站试点、停车场班组安全标准化试点等创建活动,极大激发了全员参与标准化建设的积极性。积极推进6S管理工具、管理看板、目视化管理等管理工具,以及安全标准化管理绩效评价指标体系、班组安全管理体系模型等新方法在现场管理的试点应用,取得了多个标准化标杆车站班组、优胜集体、标准化品牌等丰硕成果,发挥标准化保障运营安全、提升管理能效的重要作用。标准化管理架构如图13-8所示。

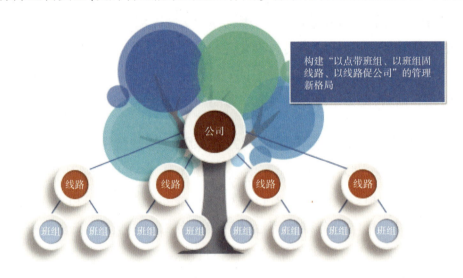

图13-8 公司标准化管理架构

二、标准化推动安全培训体系化

在工作推进中,公司对于培训针对性不强、培训效果不理想、实操实训资源有限等问题,通过运用标准化理念方法,创新实操实训和任职资格考评管理新模式,员工操作技能、按标作业水平都得到了有效提升。

1. 员工实操实训标准化

研发实操实训仿真模块,该模块在城市轨道交通应急操作培训系统开发设计中得到应用,先后研制列车故障仿真实训装备、站台乘降作业实训装备、道岔作业实训装备,并分两期建成了包含列车驾驶员实训室、站台乘降作业实训室、道岔作业实训室、多媒体电化教室、消防环控实训室的实训基地,同时应用于公司列车司机排班系统、地铁司机智能出勤系统、地铁司机排故App项目,员工可以利用碎片化时间随时随地学习,实操业务技能不断提升。

2. 任职资格考评标准化

形成员工岗位任职资格和胜任力评价的标准,明确不同专业岗位的技能目标和具体要求,建立基于胜任力模型的岗位任职资格考评模式,以考评结果对员工胜任力进行分析研判,如图13-9所示,形成一套员工业务日常管理、技能评价、胜任力评价、淘汰机制组成的任职资格考评制度,通过标准化进一步促进培训体系化。

图13-9 乘务司机使用仿真实训装备进行岗位任职资格考评

三、标准化强化安全双重预防机制过程管控

按照安全管理"事前管理、事中管理、事后管理"的管理原则,公司运用标准化管理手段,通过建立双重预防机制,强化安全风险辨识、分级管控。

1. 安全风险辨识标准化

按照风险辨识、风险评价、风险分级管控等步骤,以及隐患分级分发、隐患治理等隐患排查治理环节,编制隐患排查手册、隐患排查计划、隐患排查登记等标准,规范风险辨识、分级管控双重预防标准体系。

2. 安全双重预防标准化

推动双预防机制的五个融合建设,即与日常生产作业、日常安全检查、日常专业管理、日常生产系统及日常监督考评机制相结合,将风险管控和隐患治理贯穿生产管理全过程,把行之有效的做法经验编制成标准,在生产管理的工作实践中持续改进提升,推动双重预防机制有效运行。

3. 安全信息化管理标准化

按照安全风险辨识管控、更新维护评价和隐患排查治理的流程标准化,建设安全双重预防信息化管理系统,实现风险辨识管理和隐患排查治理移动化、安全风险预警实时化、数据分析智能化。

四、标准化试点建设带动安全应急响应处置能力提升

新冠疫情爆发以来,公司面对内防扩散、外防输入的疫情防控风险,积极开展上海市"地铁响应突发公共事件应急处置"服务标准化试点建设,建立了响应突发公共事件的城市轨道交通服务标准体系,提升了突发公共事件应急处置效能,降低运营安全风险。

试点项目通过科学系统地识别风险源、影响范围、形成原因和潜在后果等风险因素,有效配置和使用风险管理资源,准确实施针对性的风险管控措施,避免或降低突发公共事件发生概率;通过高效的应急资源配置、有效的应急响应速度、快速有力的现场处置操作,科学应对各类突发公共事件发生,避免和降低突发公共事件对运营安全产生的不利影响。

地铁2号线作为连接虹桥火车站、两座机场的轨道交通线路,通过试点项目的实施,一是提升了乘客的安全感、舒适感和满意度,轨道交通第三方满意度测评分稳步提升,乘客投诉率明显下降;二是实现了车站标准实施体系精简优化,提高了标准制修订质量,提升了标准可操作性,完善了标准执行记录管理,规范了标准实施检查、整改和评价等闭环管理,进一步增强了安全应急响应处置能力。

五、标准化信息化"两化融合"赋能安全管理能力提升

公司根据智慧地铁、智能运维发展方向,从自身实际出发,坚持问题导向和需求导向,探索业务管理和作业流程的标准化信息化,积极推进"两化融合"数字化转型,助力安全风险管控能力和运营质量效率提升。

近年来,公司聚焦运营安全,将业务管理和作业流程的标准化要求,融入各专业App系统开发与应用。乘务专业的智能出勤系统,实现出退勤计划自动编制、任务派发和作业结果自动采集和差错预警,规避司机走错道、登错车的安全风险;列车排故助手,实现列车故障处置作业的故障识别、操作步骤式指引的辅助支持功能;列车故障处置仿真实训系统,实现对司机列车故障实操仿真培训和精准量化评价。设施设备维护专业的维护管理系统,集成设备报修、工单管理、巡检、设备履历等功能,实现了故障处置自动化派接单闭环管理。开展诸光路站"智慧车站"、徐泾东站"智慧消防""智慧客运"试点项目,开发风险管控和隐患排查治理信息化系统、研究智慧乘务系统。

六、标准化保障运营安全提质增效

1. 安全生产更高水平

列车运行可靠度从 2010 年 7 939 万车公里提升至 2020 年 10 533 万车公里,在运营规模扩张的情况下依然快速提升了近 30%。窗口服务质量、安全生产责任制考评、正点率、兑现率、5 分钟晚点、有责 15 分钟晚点、有责清客等核心运营指标全部位列路网前七名,其中 4 项指标位列路网前列。获得交通部安全生产标准化一级达标企业,全面实现"十三五"发展战略目标。

2. 运营服务更有品质

三年来,公司窗口服务质量考评路网排名第一,服务质量路网年度排名多次第一,乘客有责投诉指标提升明显。管辖运营的轨道线路乘客满意度多次位于路网首位,公司所辖 4 条线路通过"上海品牌"认证。连获全国交通行业文明单位、上海市文明行业、上海市五一劳动奖状等荣誉称号。

3. 综合实力更上台阶

公司持续开展安全、质量、标准化等转化导入,持续改进完善公司管理体系,提升精细化管理、过程管理能力和规范化运作水平。获得全国星级现场 1 个、上海市星级现场 2 个、上海市质量技术一等奖。先后获得上海市级优秀 QC 成果 6 项、软件著作权 3 项、发明专利实质性公示 2 项,以及多项市级创新成果荣誉称号。图 13-10 为公司近年来各专业所获荣誉。

2011—2012 上海市合同重信用企业
2012 全国交通运输行业文明单位
2013 全国妇女创先争优先进集体
2013—2014 上海市文明单位
2016 全国三八红旗集体荣誉称号

2016 静安寺上海市用户满意服务明星班组
2016 南京东路四级星级现场
2014—2015 浦东国际机场年度全国文明示范窗口
2016 徐泾东全国质量信得过班组

凌春霞　上海市劳模、上海市五一劳动奖章、上海优秀党务工作者称号
鲍鹤群　全国劳模称号
孙春霞　全国世博先进工作者、全国用户满意服务值星称号
裘玉萍　全国文明城区立功竞赛先进个人、上海市劳模
陆　伟　上海市五一劳动奖章荣誉称号

图 13-10　公司近年来各专业所获荣誉

第四节　标准化夯实基础管理，提升运营服务质量

上海地铁第三运营有限公司成立于2009年，是上海申通地铁集团有限公司的直属单位，主要从事上海轨道交通3、4、7及15号线的运营管理工作。目前，公司管辖的线路总长148.647公里，车站114座。其中，3号线设29座车站、4号线设20座车站、7号线设33座车站、15号线设32座车站。

公司始终坚持以乘客为中心、以标准化为保障，围绕"一流设施、一流服务、一流技术、一流管理"的方针目标，强化"安全、品牌、服务、技术"运营质量的基础管理，持续助力公司高质量发展。

一、标准化建设促进制度体系完善

1. 构建标准化体系，规范制度管理

公司成立之初，制定了内容涵盖运营生产大部分工作的各类规章，经过执行和反馈，有些进行了更新完善，有些则被归并作废，文控体系初具规模，但由于没有相对规范的编制与实施的要求，给现场管理和执行带来一定的难度。在集团的部署下，2013年公司按照《服务业组织标准化工作指南》（GB/T 24421—2009）要求，开展运营服务标准化体系建设，形成由服务基础标准、服务保障标准、服务提供保障的3个子体系组成的标准体系，全面开展规章向标准的转换，通过标准化规范各类制度的管理工作。一是理清规章之间的关联性和有效性，梳理出已经固化的规章纳入标准编制和管控范围。二是以碎片化不成体系的标准和作业指导书为主，规范同类作业项的作业指导书和标准为重点，开展标准精简整合，将原有1 205个作业指导书（其中行车类550个、客运类289个、票务类264个、设施类102个），以作业内容、作业场景、类似操作进行归类合并，最终精简整合成行车类作业指导书112个、客运类22个、票务类22个、设施类35个，共计191个。三是制定文件存储统一规则，张贴醒目标识和摆放文件清单。四是推进无纸化办公进程，利用内部网络和公司办公平台等形式，实现无纸化浏览与审批。在理清与打通制度制定、流转、管理的通路后，现场工作达到有标可循、按标执行的条件，标准制度体系已成为现场工作的基础保障。

2. 完善标准文档管理，确保标准到岗到位

为确保标准到岗到位，公司在办公平台上开发"车站文档管理系统模块"，如图13-11所示，将发布的标准按照"8大类24小类运营业务分类"标准化规范化管理

体系要求,进行两级分类,使用系统模式归档。经过一段时间的应用,文件的归档更为迅速、有效性更为准确、分类更加统一、效率更加提升,实现公司统筹管理、现场及时查找。

图 13-11　车站文档管理系统模块

3. 制作标准化电子台账,提高现场执行效率

在工作中发现,台账填记过多是员工反映较为集中的问题。为加强台账管理,更好地提升现场标准执行效率,将台账的填记要求进行统一规范,设计制作标准化电子台账模板,方便员工填记。例如,将原先"值班站长日志""值班站长班前会记录簿"2本纸质台账,调整为一张"电子版值班站长日志",并将原先"一班一纸一填记"调整为"一日一纸一填记",使填记内容更加明确、清晰,查找方式更为便捷。目前,公司所辖车站均实行电子台账填写模式。

二、标准化建设促进运营安全提升

1. 依靠标准基础数据,建立标准化应急管理体系

公司以标准为引领,以安全为核心,以数据与信息化为载体,着力打造标准化应急管理体系。借鉴网络指挥中心模式,加快调度指挥室向公司指挥中心的升级转型,促进计划管理、应急指挥、组织协调等职能的统筹管理和体系化运作。一是制定公司指挥中心的筹建方案,完成组织架构、功能定位、人员配置等标准框架和工作内容。二是依托数字化手段,将各类数据资源的采集方式和口径进行标准化处理,与指挥体系有机融合,全面提升公司应急指挥能力。以防汛防台工作为例,通过实时的数据和指标,结合市防汛指挥部启动的防汛防台响应等级,做到防汛防台基础数据"底数清",为指挥对策提供依据。三是通过大数据分析,结合现场处置实效,进一步完善不同响应等级下的安全应急预案,形成可推广、可全覆盖的标准化应急管理体系。

2. 建立常态化运营安全标准体系,提升基础安全管控效果

公司切实发挥标准保障安全的基础支撑作用,创建常态化运营安全标准体系,成立了"行车两违督查室",如图 13-12 所示。一是形成一体化管理模式。以行车作业标准为着力点,加强对电动列车司机站台作业、车场 DCC 值班室等重点部位、重点作业、重点人员的精准定位、实时监控,有效遏制"两违"造成的安全风险隐患。二是制作标准化作业视频。采取员工喜闻乐见的形式,配套制定了车场调车等安全重点人员标准化作业视频。三是形成总结分析制度。两违督查室实行每周汇总、月报分析等工作制度,判别潜在安全风险,归纳违章类别,比对违章数据,总结提炼了一系列精准督查、追踪督查的标准化管理措施。

图 13-12　"行车两违督查室"工作开展情况

三、标准化建设促进基础管理深化

1. 标准化与质量管理融合

公司认真贯彻标准化工作理念,有机结合质量管理手段,深化客运服务基础管理工作。一是制作标准化看板。公司将作业指导书等标准,制作成标准化看板,通过看板管理的可视化手段,提高标准的全员知晓率和可操作性,图 13-13 所示为静安寺站看板管理。二是运用质量工具。通过应用卡诺模型等常用质量工具,分析乘

客需求对乘客满意的影响,为编制客运服务相关标准提供理论依据。

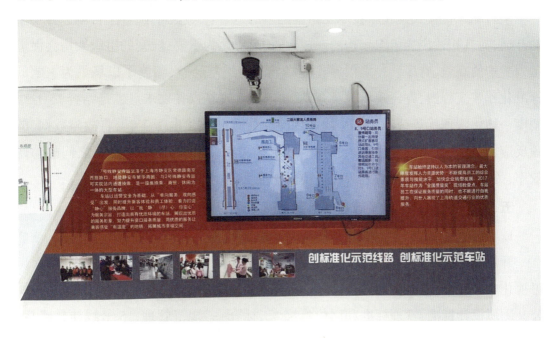

图 13-13　静安寺站看板管理

2. 标准化与服务管理融合

一是与服务计划融合。采用 PDCA 循环理念进行服务计划的管理,主要包括行车计划、客运组织方案、应急预案、票卡计划等客运服务内容,分别细化编制相应标准规范。二是与服务过程融合。分析确定车站服务提供的全过程并着重梳理出核心服务,通过编制标准,规范乘客从进站到出站的服务全过程。三是与网格化管理融合。以"1 巡、2 报、3 处理、4 跟踪"为要点,编制网格化管理员工作标准,明确包干区域工作责任。

四、标准化促进运营新技术新模式推广应用

1. 适应运营新技术,编制技术标准

一是完成智能运维平台标准模块开发。开发 3 号线 AFC 智能运维平台,完成远程集中监控、维修/维护工单、维护信息无纸化、维护人员信息、设备 4 级动态履历等标准模块开发,在中潭路站试点搭建,初步具有使用条件。二是试点应用数据技术标准。加快建设设施设备亚健康检测工装平台,不断完善设备状态数据信息的积累和算法,后续还将根据现有技术标准,持续推进屏蔽门专业和消防专业等 5 个应用单元的开发与应用,致力于打造具有全生命周期的数据模型。

2. 适应运营新模式，拓展标准应用场景

全自动运行模式是在新技术支持下的新的运营管理模式，随着全自动运行线路的开通，与其相适应的组织架构的形成、固化显得尤为重要，配套的组织架构会促进运营生产的高效、有序。一是借鉴作业指导书的编制经验，编制了以场景为主题的标准化作业流程图，方便现场人员直观、快速熟悉现场操作要求。二是结合15号线调度一体化管理优势，开发15号线调度应急处置标准化电子工具，将故障数据、链锁反应、应急处置预案通过电子技术手段形成关联性，提高调度与行车之间的沟通效率，为无人驾驶模式下的行车安全提供标准支持。

五、标准化助力运营基础管理水平全面提升

1. 提升运营服务质量

开展标准化车站创建，统一设计标准，完成既有线导向亮灯整改以及导向标识可视化整改，优化老旧车站站容站貌。试点厕所更新改造，统一硬装技术规格，实现公共厕所设计标准、管理标准和岗位标准"三标合一"规范管理，15号线桂林路站、吴中路站及3号线镇坪路站公共厕所获评集团级"最美厕所"，其中15号线桂林路站公共厕所获评上海市"最美厕所"。积极参加上海市企业现场管理评价工作，4号线塘桥站荣获2020年全国现场管理五星评价，进一步提高乘客满意度。

2. 提升运营管理水平

立足运营企业服务的本质，通过对标准化工作的不断实践和探索，持续完善基础管理体系，不断提高执行效率和执行效益。借鉴标准化体系的模式，建成了从文明单位到文明车站、文明班组的精神文明建设体系，推动企业改革发展的持续动力。公司连续四次获得上海市文明单位称号，连续三年获得上海市平安示范单位，获得上海市五一劳动奖状，并成为全国交通运输行业文明单位。

3. 提升一线行车作业准确率

通过建立标准统一的监督体系，公司重点行车作业人员的行车作业准确率持续上升，其中车场调车作业达标率由2019年的98.14%上升至2021年的100%，正线司机行车作业达标率由2019年的97.1%提升至2021年的99.82%，红线违章率有所降低。

第五节 坚持标准引领，稳固转型发展基础

上海地铁第四运营有限公司成立于2009年2月，是上海申通地铁集团有限公司的直属单位。目前负责上海地铁6号线、8号线、12号线及14号线（2021年承

接)所辖四线总长147.6公里、104座车站的运营管理工作。截至2021年12月底，所辖线路日均客流已超173万人次。公司现有标准化员172人，实现职能部室、车站、车队、班组全覆盖。

随着上海地铁路网规模不断扩大，在超大规模轨道交通网络体系的背景下，公司紧密围绕上海地铁"三个转型"发展要求，始终对标最高标准、最好水平，通过不断完善标准体系、提升标准质量、强化执标水平、创新标准运用，力求安全防控更精细、运营服务更可靠、经营发展更稳固，进一步夯实企业高质量发展的基础。

一、标准引领，推动运营安全高质量转型发展

1. 完善标准体系建设，夯实安全基础

一是用严密的管理标准、技术标准和作业指导书规范员工的安全行为。制修订《安全生产责任制》《安全生产标准化自考评管理细则》，依托安全标准化一级达标企业建设和安全标准化自评工作，有效确立线路、车站安全生产标准化规范，全面消除重大火灾隐患，杜绝发生一般D类及以上事故。二是完善行车岗位作业指导书，深入辨识岗位作业风险。通过采集、分析司机违规行为数据，找准司机违规行为内、外因的根源，提高行车安全管理措施精准度。通过加强行车、乘务业务标准化管理，以"每日一题""每日一圈"等方式，强化现场执标力度。三是完善《运营安全风险分级管控和隐患排查治理实施细则》和车站客运组织管控标准及预案。以逐级审批、分层管理的方式，实现"一线一站一事一策"，达到运营安全和运营效能双保障。四是加强先进管理经验、成果、方法的标准转化。构建完善标准化、合规化的数据结构、应用框架和信息平台体系，实现各类数据在共享、流通、接入和分析等各个环节有序可控，不断提高员工信息安全意识和技能，全面提升网络信息安全防范和处置能力。

2. 创新标准实施手段，形成执标氛围

一是标准发布时同步下发"岗位知晓页"，如图13-14所示。将标准版本更迭主要变化及学习重点以附件形式随标准共同下发，形成标准提纲要领便于员工学习。同时充分借助"运载四季"微信平台、综合信息平台、员工休息室电脑等传播媒介的内宣力和辐射力，逐步融入公司标准的宣贯内容，包括标准的解读、实施、培训动态等，推动标准落地。二是动态更新标准化作业指导书。优化设施设备维护策略，根据设备实际运行中所暴露出的新情况、新问题，适度调整维护方向，突出消防、行车等专业设备维护重点，进一步夯实安全管理基础。三是以"分级管理、专业管理"为原则，优化重点设施设备及特种设备的管理标准。通过修订《车站电梯使用管理规

定》,优化完善电梯设备"管、用、修"及"一梯一长、一梯一档、一梯一策"的标准管理体系。四是创新形式提升工作人员执标能力。持续刊发主题为"一文读懂"的系列文章,制作《6、8号线车站消防联动测试》《12号线车站消防联动测试》等重点岗位安全标准作业培训视频,助力车站工作人员执标能力快速提升。

关于《票款收缴结算管理细则》的学习重点解读

一、主要变化

本标准较上一版相比,主要修订了岗位名称、押款人员登乘列车司机端。

二、岗位学习重点

重点学习"4 票款现金投递管理"条款,特别注意：

1. "4.1 设有银行自助存包机车站的票款现金投递要求"b)及"4.2 未设置银行自助存包机车站的票款现金投递要求"c)条款：公共交通卡充值业务移交商业网点办理的车站,应将商业网点上缴的公共交通卡充值现金进行单独封包,并及时投递于银行自助存包机内,投递时间不得晚于当日 21 时 30 分。

2. "4.2 未设置银行自助存包机车站的票款现金投递要求"b)条款：车站应及时将各班次的现金营收票款封包投递于就近车站的银行自助存包机内,日班现金营收封包投递时间不得晚于当日 21 时 30 分,夜班现金营收封包投递时间不得晚于次日 10 时。如服务中心不受理公共交通卡充值等相关业务的车站,可将日班、夜班现金营收票款合并封包,现金营收封包投递时间不得晚于次日 10 时。

客运服务部

图 13-14　岗位知晓页

二、标准引领,促进运营服务品牌化转型发展

1. 关注需求导向,优化窗口服务

公司以乘客需求为导向,多维度探索现场服务标准执行的落实。一是精简提炼,制作"简约"版票务处理指导书。对票务相关标准化文件进行再次梳理,按票种类进行分类(各类实体车票与电子车票),将成文的标准化文件转换成日常与应急两种场景下的票务处理步骤,便于服务人员应急情况下及时查阅、迅速应对。二是将服务标准、质量工具与运营信息化手段深度融合,以超大型换乘枢纽站汉中路站为试点不断探索标准化、数字化、智能化车站建设。公司《运用数据信息系统实施智慧化客流动态管控的经验》获评"2021 年全国质量标杆"(服务业)。三是深化服务标准落地,在推广窗口服务用语"三心三请"及"说一不二"工作法的基础上,落实车站全员岗前工作服熨烫、创新设计多功能携行用品、服务中心状态标识牌等措施,助力现场窗口服务质量稳步提升。

2. 挖掘工作亮点,提升品牌价值

将标准化作业与车站现场特点有机结合,积极打造富有地铁特色、与车站所在

地域文化相匹配的个性化、人性化服务品牌,为乘客提供高品质生活和高质量出行体验。其中包括 6 号线大爱站、雷锋站、法治宣传站、小茜童乐园,如图 13-15 所示;8 号线虹足站文化主题开发;12 号线顾戴路站儿童医学院、南西中医角、汉中青藤书屋;14 号线豫园、陆家嘴站特色主题创建。通过精心设计,使所辖线路、车站更具与现代化轨道交通相匹配的文化品牌价值。不断增强一线团队标准化建设,通过优化标准化管理指标,提炼形成一个系统完整、可复制、可推广的窗口服务管理模式,推动所辖线路品牌建设进一步提升。

图 13-15　6 号线服务品牌

三、标准引领,深化运营管理精细化转型发展

1. 加强过程管理,提高标准质量

一是加强标准编制的过程精细化管理。结合现有标准实施执行情况,细化标准制修订立项、征求意见稿、制修订完成等时间节点,如图 13-16 所示;标准化分室根据具体时间节点做好督办工作,将计划完成情况纳入月度结果绩效考评,确保制修订计划如期完成。二是提高标准编制意见征询的充分性。在以往标准制修订立项、意见征询等环节的基础上,建立"标准编制联席会议制度"。各部门在起草或修订标准的过程中,组织相关部门、线路管理部参与讨论,共同确认标准条款内容及相关表式和填记要求,确保标准编制的规范性、严肃性和有效性。三是进一步明确标准实施岗位。公司要求标准制修订过程中,应于正文中明确标准适用岗位,便于车站标准体系梳理和精细化管理。四是加强标准实施检查。进一步明确标准主编部门应于标准实施后的一个月内,至该标准涉及相关部门、线路管理部检查标准的执行

情况,以验证标准的适用性和有效性。经过几年来不懈努力,公司级标准由 2018 年 229 项逐经合并、修订、作废等方式整合优化至 2021 年 130 项。目前公司共实施标准 602 项,其中集团级 472 项、公司级 130 项。

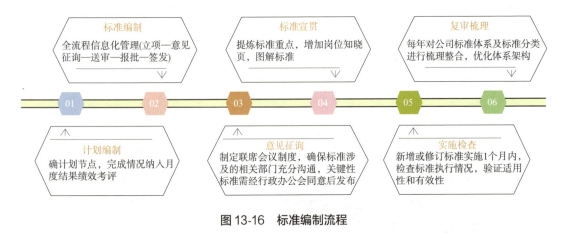

图 13-16　标准编制流程

2. 建设标准班组,促进管理提升

一是将标准化线路、班组建设与安全管理、专业管理、综合管理等融会贯通,提高文明车站、星级现场、班组建设等工作融合性,促进一线管理提升。在车站全面实施"8 大类 24 小类"文件管理体系的基础上,完成港城路标准化车场建设工作。通过编制《车场 DCC 值班长一日工作标准》《DCC 作业流程详解》相关标准与记录清单,形成适用于车场班组现场管理和执行的标准实施体系。二是按照"全时段、全岗位、全流程、全覆盖"的要求,持续深化车站消防安全标准化管理建设,逐步扩大消防安全标准化管理范围,完成公司所辖线路所有车站的消防安全标准化建设任务。

四、标准引领转型发展取得成效

伴随标准体系逐步完善、标准质量稳步提升、执标能力不断加强,在圆满完成各项运营任务的同时,公司先后荣获交通部安全生产一级达标企业、全国模范职工之家、全国交通运输行业文明单位、上海市文明单位、上海市五一劳动奖章、上海市和谐劳动关系达标企业、全国质量标杆、上海市金牌效能领跑者、上海市工人先锋号等荣誉称号。

1. 安全生产形势持续向好

充分发挥标准化工作在安全生产中的重要作用,通过践行安全生产标准体系,牢固树立"安全第一"的理念。近两年来公司未发生一般 E 类及以上运营安全生产事故、火灾事件、影响指标的晚点事件及设施设备一类故障,未发生有责救援、有责清客事件、有责 5 分钟及以上晚点事件,客伤 PPM 值低于集团考核指标。2021 年,开行列车 60.861 7 万列次,安全运行里程 10 545.08 万车公里。

2. 运营服务质量路网领先

公司在持续提升执标能力的基础上,窗口服务举措不断优化,服务水平逐步提升,服务设施设备运维模式更加完善,功能更趋人性化。公司窗口服务年度排名始终保持路网前列,乘客满意度逐年提升,多次获得窗口服务质量评比"优胜单位"。2021 年全年窗口服务平均 901.43 分,三、四季度分获窗口服务评比第一名,各项客运服务工作均达标。所辖线路多次获得窗口服务评比"优胜线路"称号。列车正点率维持在 99.88% 以上,5 分钟晚点事件逐年下降,所辖线路列车最小间隔缩至 3 分钟内。

3. 设施设备运行平稳可靠

按照维修规程要求,将各专业大修项目纳入日常维护计划,进一步促进降本增效。充分发挥检修进大区管理模式的作用,持续提升设备状态把控能力、动态监管水平,形成设备质量稳固可控的技术环境。进一步完善重点设施设备及特种设备的管理标准,所辖车站及区间设施设备运行情况总体平稳,设施设备故障抢修响应时间、联动试验成功率、站台门可靠度、进出站检票闸机可靠度、自动充值售票机可靠度、消防设备完好率、电梯设备完好率等各项设备指标均高于集团运营总体目标值。

第六节 发挥标准化支撑作用,推动企业全面发展

上海磁浮交通发展有限公司(以下简称"磁浮公司")是上海申通地铁集团有限公司的直属单位,设有 11 个职能部门、2 个线路管理部。负责运营磁浮线、16 号线和 18 号线,线路总长度 124.25 公里,管辖车站 38 座,日均客流量约 51 万人。磁浮线是世界第一条也是唯一一条投入商业运营的高速磁浮线路;16 号线是国内首条集普通车、大站车、直达车等多种运输模式为一体的三轨供电线路,是上海轨交网络中运营时速最快也是目前唯一一条服务临港新片区的轨交线路;18 号线是上海首期开通的无驾驶室全自动运行大容量地铁线路。磁浮公司"三线三模式",核心业务包含调度指挥、行车管理、客运管理、设施设备管理以及磁浮线自主维修等。

磁浮公司标准化分室负责标准化归口管理,创建标准化车站 35 个、班组 14 个,共有标准化员 80 名。目前,磁浮公司执行集团级标准 510 项,公司级标准 172 项。磁浮公司坚持"提升管理效力、实现量化管理、岗位有标准、人人用标准"的原则,以标准化为支撑,促进管理效率、安全管控、服务质量持续提升,推动企业全面发展。

一、科学统筹，务求实效，以标准化促进管理效率

1. 标准体系优化，内容精简整合

为加强标准执行统一性、岗位要求精准性，磁浮公司对标准体系内的标准优化"瘦身"。按照"相同业务条线整合，文字精简不重复""PDCA 循环梳理、归纳和整合"的原则，历时 2 年的不懈努力，将标准精简优化 60%，作业指导书精简优化 45%，提升了标准的精细化管理水平。

2. 标准管理信息化，流程实时监控

为提升标准执行效率，搭建磁浮公司标准信息化平台，将标准立项、送审、报批、发布、报备等各个环节在平台上流转，实现了标准编制流程的信息化管理。开启平台提醒功能，实时监控标准流程的进展情况，避免迟发或漏发，确保标准化业务 100% 的完成率。结合标准化线路（车间）、车站（班组）创建工作，按照"8 大类 24 小类运营业务分类"原则，建立标准化车站管理体系文件目录，规范公司各层级标准分类与实施。

3. 在线考试标准化，操作便捷高效

磁浮公司创新标准学习模式，开发应用"在线学习"App，制作近 4 000 道试题，办公电脑、手机皆能实现资源共享，方便员工利用碎片时间进行线上业务知识的学习和测试。相比较原各线路、各班组员工参加的"周周考""月月练"纸质考试，更凸显了 App 线上学习考试的优势。目前，员工考试合格率达到 100%，让每位员工在岗位上做到知识满分，营造"以学代考、以考促学，逢学必问、必考"的学习氛围。

二、运维一体，完善制度，以标准化加强安全管控

1. 完善标准制度，实现运维一体

磁浮线是目前世界上唯一一条载客运营的高速磁浮线路，连接浦东国际机场和龙阳路站。根据高速磁浮高度集成化和智能化的技术特点，磁浮公司建立了高速磁浮运维一体的标准管理制度，覆盖了规章制度文件、应急预案文件以及运行维护作业类维护大纲和维护规程，根据磁浮线运行维护的总体特点，在设备的实际工作状态和日常运行维护经验基础上动态更新，以完善的标准体系确保磁浮线安全运营。

2. 采取预防改进措施，提升标准质量

针对运行维护管理工作实际，通过采取预防改进措施，完善并推广应用预防性维护流程，提升相应技术标准的质量。一是与质量管理融合进行预防改进。利用 QC 质量管理等工具，通过对系统运行中出现的故障数据，以及故障处置过程中信息的收集整理分析，找出改进的重点要素，通过自主修、技措技改等手段，对发现的问

题采取预防性维护措施。二是与数字化融合进行预防改进。用数字化赋能体系,根据历年故障数据,通过运行维护管理系统对运行维护全过程进行跟踪、识别并预控风险。三是与备件管理融合进行预防改进。对维护中重点管控备件的采购、库存和更换使用情况进行跟踪,从可购、可修、可替代、可升级等方面逐条落实对应的管控措施。

3. 落实标准管理,助力全自动驾驶新模式

根据轨道交通18号线全自动运行线路运营情况,完善"全自动驾驶模式行车工作细则和多职能队长、队员(列控)作业指导书",确保行车安全和人员现场管控;完成"全自动运行线路运营调度、设备调度等作业指导书",确保运营场景有效应对;更新"设施设备类作业指导书",确保应急处置、维修维护等各项操作有标准、有依据。

三、卓越前进,创新理念,以标准化提升服务质量

标准精细化,服务暖人心。在新员工培训方面,磁浮公司从三级培训体系、"师徒带教"设备实操、理论和实操鉴定、师傅和领导评价等方面制定了"培训、实践、鉴定、上岗"的新员工四步成才培养流程,确保员工技能满足岗位需求。车站现场从乘客角度出发,建立核心业务服务蓝图,从进站、票务、乘降、出站和换乘这四个方面运用服务蓝图工具,分析各环节中乘客的服务诉求,明确乘客出行全过程的服务供给内容。同时,运用服务接触论确定关键接触点,明确服务管控对象,并制定改进策略。通过识别影响车站服务质量的关键环节,控制高接触服务,对关键点建立质量控制措施。根据识别出的风险结合乘客需求的变化,不断优化现场服务蓝图,有针对性地进行服务质量控制设计。

1. 标准品牌化,创新有特色

"1+X"是磁浮公司在轨道交通16号线周浦东站推行的特色服务理念。以"1"套精细化的服务理念去执行标准,以问题和目标为导向去解决服务中的"X"元素。用质量管理的PDCA循环法,即从输入优质服务和"1+X"精细化管理活动过程,到转化为顾客满意度高的输出活动,从而构成一个完整的PDCA循环。在车站内设置"创新+实训"培训工作室,利用模拟站台、客服中心等仿真布局,让学员在仿真场景下身临其境地开展作业标准化、应急处置、服务技巧等课程实训,且不妨碍车站的正常作业。持续规范优质服务的事项,形成"1"套标准化、制度化机制,解决处理"X"项多元化问题。利用培训室开展一系列培训,包括开展岗位标准化作业、服务技能、应急处置等课程培训,按评分项进行实操主训,编制一套礼仪服务操。"1+X"

服务品牌同时兼顾员工培训+品牌宣传的双重功效,工作室标志如图13-17所示,以标准品牌化的实际行动践行"人民城市人民建、人民城市为人民"重要理念。

2. 标准常态化,贴心零距离

轨道交通18号线龙阳路站,地处上海浦东新区龙阳路、白杨路、龙汇路之间,是上海地铁唯一一座五线换乘枢纽车站。为更好地服务广大乘客、保障地铁安全运行、让乘客舒心出行,车站形成以"乘客零距离""员工零距离"为核心的"零距离工作法",要求员工在日常作业中严格执行客运服务相关标准规范,提升乘客出行满意度,做到让乘客"开心而来,满意而归"。遵循PDCA循环持续改进现场,以乘客需求为导向,依托核心业务内容,建立精细化、标准化、品质化的文化体系,引领车站在服务质量高品位方面的发展。通过技术交流、服务创新、对标互学等多维度形式,提升现场管理力。用"阳光服务"的理念,为乘客营造一个安全、阳光、温暖的出行服务环境;用"1+X"品牌特色,围绕"以服务为导向、标杆为抓手"的主题,将已有的服务特色和亮度深入推进,打造有社会效应、有企业影响

图13-17 "1+X"服务品牌工作室标志

图13-18 龙阳路站爱心接力服务

和有乘客温度的行业内知名品牌。图13-18所示为龙阳路站爱心接力服务。

四、标准化推进公司全面发展

1. 高标准推进高效管理

贯彻落实集团"国内领先、国际一流"发展目标,瞄准安全、便捷、高效、绿色、经济的城市轨道交通发展定位,根据公司多种线路运营模式现状,不断优化组织架构,用标准化体系来规范制度,用精炼化标准流程提高管理能效,企业治理能力、创新能力、综合实力得到全面增强,运维管理引领者地位持续提升。2022年,磁浮公司获得上海市浦东新区政府质量奖。

2. 高标准确保运营安全

在运营风险防控方面,深入开展运营风险排查评估,推进安全风险分级管控和隐患排查治理双重预防机制建设,坚持"对规对标",将安全基础夯实。3条线路严控列车D类、E类运营安全责任事故,运行状况平稳有序,安全自律规范。认真贯彻"安全

第一、预防为主、综合治理"的安全生产工作方针,磁浮线累计安全运营7 000多天,安全载客6 392万人次,正点率99.88%、兑现率99.94%;16号线连续4年实现5分钟有责晚点"零"指标,居于路网领先水平;18号线一直保持安全稳定运行。

3. 高标准提升服务质量

作为唯一服务临港新片区的郊远线路起始站,16号线龙阳路站以"创最阳光服务窗口,做全国第一阳光站"为目标,获得全国五星车站称号。磁浮线与16号线均已通过"上海品牌"认证,服务品牌"小方站长听您说"获首届上海交通十大服务品牌。

第七节 构筑标准化运维体系,提升设施设备保驾护航能力

上海地铁维护保障有限公司(以下简称"维保公司")成立于2008年4月,是上海申通地铁集团有限公司的直属单位,下设车辆、供电、通号、工务、物资和后勤五家专业分公司,主要承担系统性设施设备维护保障工作,为上海轨道交通网络化运营发展提供完善的后勤保障服务。面对日益发展的超大规模轨道交通网络的运维管理需求,公司肩负为上海轨道交通"安全、高效、便捷"保驾护航的历史使命,牢固确立"精检细修,安全可靠"的质量理念。

近年来,标准化建设持续赋能维护保障向"专业化、精细化、智能化、集约化、标准化"的方向创新发展。构建了以RAMS为核心的设施设备管理体系,建立了与网络化、专业化运维相适应的管理制度和作业标准。组建了一支专业资深、经验丰富的管理团队和技术过硬、保障有力的技术团队。创新了智能化科技保障能力,优化了设施设备检修模式,推动上海轨道交通网络运维管理向智慧运维高质量转型。同时多年来的探索与实践,上海地铁创新"边运营,边改造"的无感施工模式,通过开展设备大修改造项目标准化建设,实现设备大修改造从粗放式到制度化、规范化、精益化、标准化的方式转变,确保设施设备高质量运行。

维保公司积极主动履行社会责任,保障城市安全出行,并得到社会各界认可,连续10年蝉联上海市精神文明单位称号;连续多年建成上海市花园单位和全国绿化模范单位;荣获第十一届全国设备管理优秀单位公司;创建3个五星级全国精益现场、7个四星级全国精益现场;取得全国交通企业管理现代化创新成果一等奖1个、二等奖3个、三等奖2个;获颁上海市科技进步奖22项、国家发明专利和实用新型专利137项。

一、创新基础管理体系,提升助力发展能力

网络化运营管理要求考验着基础管理的夯实度、团队文化的凝聚力,标准化建

设契合时代对轨道交通行业发展的需求。维保公司通过建设标准化管理体系、技术管理体系、质量安全管理体系、人力资源管理体系、精益现场管理体系、信息化管理体系以及项目管理标准化体系,卓有成效地建立起对生产体系进行支撑的高效机制,全面提升企业发展能力。

1. 构建标准化管理体系,夯实维护保障制度基础

遵照《服务业组织标准化工作指南》(GB/T 24421)系列国家标准要求,建立了涵盖"通用基础标准、运营服务提供标准、运营服务保障标准"3个子体系和21个子类的运营维护保障标准体系,贯穿城市轨道交通各运维专业,形成业务完整、专业齐全、作业和岗位全方位的标准体系。以标准制定为先导,发布实施企业标准2 000余项,为维修保障夯实了坚实的制度基础,满足安全生产、维护保障的需要。以标准实施为根本,标准管理机制为驱动,形成全员全业务全岗位全过程的网格化标准化组织体系,如图13-19所示。组建由维保本部及各专业分公司组成的标准化分室,配备各级标准化工作专兼职人员900余人,全面覆盖上海地铁各设施设备专业维修。建立标准化工作管理制度和标准化工作平台,使标准制修订、标准实施、标准监督检查、标准培训宣贯工作有序开展,各方面生产活动有序推进。

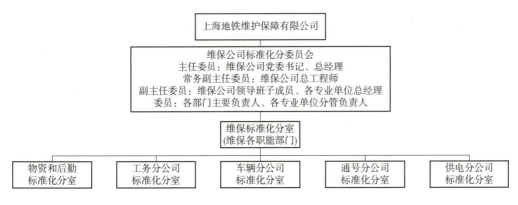

图13-19 维保公司标准化组织体系图

以标准为引领,基于技术及其管理方法的进步梳理完善设施设备的配置标准、作业标准及管理标准,形成架构科学、权责清晰、运行高效的设施设备管理标准体系;通过行之有效的措施推进标准化管理,确保各项标准有效、正确落实,并可持续推广。

生产现场持续推进标准化生产模式,形成标准化车间、班组全覆盖;通过标准化车间、班组的全面推进,建立了以"业务管理为主、文件管理为辅"的"6大类23小类"标准化车间、班组文件管理体系,使标准能够无偏差贯彻与执行,不断提高设施

设备检修质量和工作效率。获得集团优秀车间 1 项、标杆班组 1 项、优秀班组 8 项。

2. 创新技术管理体系,提升核心竞争能力

在标准化的基础上,基于集团技术管理体系,结合维保公司特点,从技术评估、技术研究、技术审查、技术应用 4 个方面开展技术管理工作,配以辅助与支撑系统如技术政策、技术情报、技术标准、知识库、信息平台 5 项内容,形成技术管理体系标准,,如图 13-20 所示。融入实际业务工作如节能管理、设施设备管理、档案管理、科研管理、项目管理等,并固化工作模式和流程,形成《技术体系管理规定》为主导,细化各项工作管理规范。通过技术管理和技术创新的互补,以创新促管理、以管理保创新,形成了技术管理的良性发展机制。取得全国交通企业管理现代化创新成果一等奖 1 个、二等奖 3 个、三等奖 2 个。

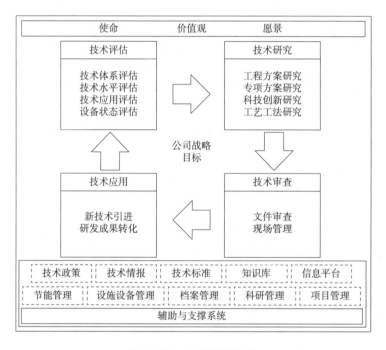

图 13-20 技术管理体系

3. 打造安全管理体系,筑牢维护保障防线

公司领导班子深度参与到质量安全管理体系的建立与运行过程中,从战略部署开始便加强了体系管理中人员效能、技术升级、管理创新等过程实施,从而实现各管理体系的融合统管,在质量管理体系运行基础上不断完善安全、职业健康、环境、计量、设备、信息化等管理体系建设。在测量监测过程中规范、系统地进行管理评审,有效评价综合性管理体系的适宜性、充分性和有效性,以评促改。在满足基本符合性要求的基础上,致力于改进管理体系及其成熟度的建设,对标《质量管理体系成熟度》标准,建立了维保公司质量成熟度评价机制和相关标准25项,如《安全生产委员会工作细则》《安全生产检查管理规定》等,明确现场质量管理的短板及改进方向。

4. 建立人力资源管理体系,增强维护保障活力

综合新技术、新设备的投入使用,以及维修策略、生产组织模式调整等因素对人才需求的要求,研究建立人力资源管理体系,编制各级岗位标准700余项,覆盖管理和生产各个岗位。通过构建人力资源管理长效机制,编制《应届大学生职业发展培养工作管理规定》《青年人才工作实施规定》,形成人才队伍建设模式:即以人为本的理念体系,创建多层级职业发展管理体系、多举措的员工职业发展平台、多组合的特色育人体系、多形式的职工技能培训体系、多通道的员工权益共享体系,为建设满足维修保障需要的人才队伍打好基础。

5. 强化精益现场管理体系,提高维护保障质量

维保公司高度重视精益现场创建工作(图13-21),制定"精益星级现场管理体系建设工作方案",配套形成相应推进组织机构及工作机制,编制《现场管理实施指南》,并将其纳入"十四五"战略规划,提升公司整体现场管理成熟度水平。结合城市轨道交通维保行业特点,参与中质协团体标准《城市轨道交通设备设施维护保障企业现场管理实施指南》的编制申报,填补行业内现场管理指导性标准的空白。近年来,创建了4个五星级全国精益现场、7个四星级全国精益现场。

图13-21　精益现场图示

6. 搭建信息化管理体系,加速智慧维护保障步伐

维保公司标准信息化系统(图13-22)以基础硬件为依托,覆盖现场作业、职能管理、业务展示三层体系架构,共15个系统,形成《信息系统运行维护管理规定》《员工信息安全管理规定》等信息化管理标准,同时以智能运维系统信息流为牵引,有效整合设施设备管理的EAM系统、项目合同系统、施工管理系统、应急抢险系统、

移动点巡检系统、指标综合看板等,实现"统一管理、数据精准、多维度分析"的功能,夯实精准运维的基础。

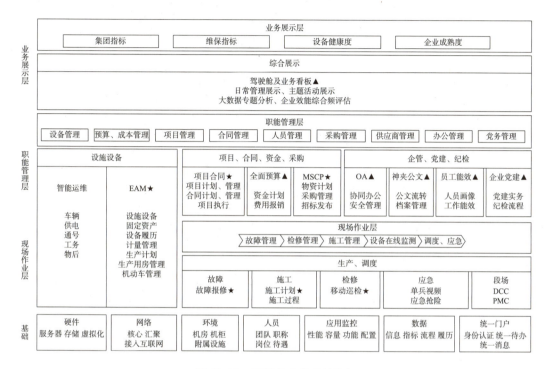

图 13-22　标准信息化系统构架

7. 构建项目管理标准化体系,探索实践设备大修新模式

针对"十四五"期间上海地铁车辆、通号、供电、工务、运营等多专业设施设备陆续进入集中大修更新期的新情况,维保公司坚持以标准为引领,以提升项目大修模块化管理为重点,大力推进设备大修改造项目标准化建设,全面提升设施设备改造质量。

(1)探索模块化管理模式。从企业战略发展角度强化项目标准化建设,将标准化项目建设纳入维保公司"十四五"战略规划,配套市交通委的大修新机制和集团对维保公司的大修项目管理要求,建立了"1套管理办法+6个实施阶段+8个管理维度+1个信息化平台"的标准化管理体系。按照"先规划、后申报"的工作原则,重点开展了需求管理、进度管理、设备与运能匹配等专项研究。依据国家标准、行业规范等建立大修更新改造标准化管理流程,对全路网的关键线路、关键设备、关键环节形成有效管控,总结形成可复制、可推广的管理经验和创新做法。明确项目分类、总体原则、阶段管理、维度管理等应作为各专业分公司基础共性标准;"项目管理平台"、网络信息模型等应作为关键技术标准;通过标准符合性评测能力建设,以及各专业行业标准应用水平的评估评价工作,开展项目大修标准化应用工作重点布局。

(2) 建立项目管理标准化体系。着眼于增强设施设备大修标准化建设的系统性、科学性和实效性,维保公司建立了系统的项目管理组织架构、人员结构等,针对600余种设施设备的维修技术标准进行修程修制,完成《上海地铁维护保障有限公司大修更新改造、补短板项目管理指南(1.0版)》的编制,图13-23所示为大修更新改造项目标准化体系。

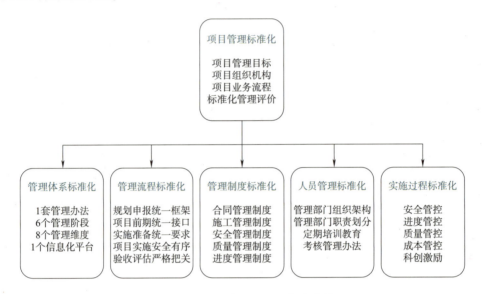

图13-23 大修更新改造项目标准化体系

形成标准化示范品牌。坚持抓点示范与整体推进相统筹,选树推广"2号线CBTC信号系统改造""3/4号线提质增效工程""枢纽站跨线综合改造"等上海地铁一批设施设备重点项目和特色品牌项目,形成《标准化大修改造项目典型做法汇编》。

二、标准化管理助力维护保障取得成效

以设施设备管理为基础,通过构建全员全业务全岗位全过程的网格化标准化管理体系,创新运营维护技术、智能运维模式,助力城市轨道交通设施设备维护保障取得显著成效。

1. 标准化助力提升运营安全指标

至2021年底所辖设施设备的规模性指标(运营里程、配属车辆数)稳步提升,领先于北京、广州、香港等城市。设施设备稳定性指标(运行可靠度、15分钟有责晚点、一类故障、列车可用率等)稳步向好。运营安全性指标、乘客满意度指标等也处于行业内较高水平,设备可靠性增幅达30%以上,列车可用率提升5%,通号车载设备平均无故障运行公里数由300万车公里增加至1047万车公里。在提高设施设备

可靠性的同时也提升了作业效率,车辆维护作业效率提升50%,用工数降低20%;供电故障响应时间减少80%,巡检效率提高约24倍。

2. 标准化助力智能运维示范引领

开展上海市"地铁列车维修标准化试点"项目,建立地铁列车智能运维标准体系,运营列车数提升27%,车辆有责下线数下降38%,列车可靠性提升32%,乘客投诉数下降67%,第三方满意度由62%上升至95%。车辆、供电、信号等关键设备的智能运维体系,构建综合性、智能化的管控平台,提高设施设备可靠性,实现运营表现健康安全、服务功能实用便捷、智慧维保降本高效、运维手段标准智慧的目标。

3. 标准化助力创新驱动提升品质

维保公司始终将标准化作为高质量发展的驱动,实现由要素投入驱动向技术创新驱动的跨越。充分发挥集约化优势,形成以我为主的标准化创新体制,建立了上海轨道交通维护保障技术研究中心。以智能运维技术作为关键技术突破口,将传统质量改进与之进行融合,并落实到设施设备全寿命标准化管理过程中,持续推进智能运维的探索与实践。截至2021年,获得省部级及市级以上科技类奖项151项,行业级科技类奖项57项,获得知识产权145项,软件著作30项,参编国家行业标准20余项。

4. 标准化助力运营能级提升

2021年维保公司率先完成了上海市"十四五"重点项目"3/4号线提质增效工程"的前期工作。2号线CBTC改造完成了多专业接口的标准化优化、项目整体筹划、平衡施工资源、透明进度管控。1号线供电系统增能补短板改造和2号线工务长钢轨更换使运营能级提升,列车的运行间隔缩短。大施工量、长周期的大修改造施工对运营影响为零,紧凑、协同的"无感施工"确保市民更有"温度"地乘坐体验。在紧张的施工资源下,统筹管理春节停运期间的"铁战虹松""牛运双高""江杨通胜"等复杂施工,为后续项目的开展提供了宝贵的经验,也为后续大修改造线路提供可参考、可复制的模板。

第八节 提升标准化管理能级,再创车辆智能维护新成效

上海地铁维护保障有限公司车辆分公司维修七部承担上海地铁11、13、16号线(委外)的维护保养工作,下设5个基地,分别为:川杨河基地、上赛场基地、嘉北基地、北翟路基地、治北基地。承担7种车型共1 086节列车的维护保养工作。共执行448项标准,其中国家标准1项、集团级标准76项、维保级标准57项、分公司级标准314项。

2018年集团进行维护体制改革,维修七部管理模式从线路车间级升级为维修部层级,单线路管理转变为多线路区域化管理,管理架构更趋于扁平,管理流程更显集约化,对管理的精度细度准度有了更高的要求。维修七部从标准化体系、标准化管理流程、标准化管理机制、标准化实施改进等方面切入,结合改革后的运维实际,形成了"纵向深入,横向联协"的标准化管理模式,进一步提升标准化管理能级,促进体制变革中车辆维保质量的再提升,确保标准落实到位、生产任务全面完成、总体指标安全可控。

一、"纵向深入,横向联协"的标准化管理模式

1. 纵向深入,优化标准体系质量

一是以业务为导向,持续优化标准体系。维护体制改革后,维修七部围绕"生产、技术、质量、安全"四大业务板块,从体系完整性、规范性、协调性、有效性四个角度优化标准化体系。通过建立车间级、班组级的标准与记录"双层级双台账"标准化管理模式,形成层级清晰、业务范畴明确、管理流程合理的维护部标准体系。二是设立跨功能小组,提升标准编制质量。设立CFT小组(跨功能小组Cross Functional Team),一方面广泛收集听取对现有标准持续改进的修改建议,对现场实施效果进行预评估,进一步查缺补漏;另一方面现场操作和拍摄检修流程,完善量化标准的内容和细节,提升标准编制质量。CFT小组自成立后,已参与36项技术标准的编制工作,优化了177个工艺流程,确保了标准精准实用,符合现场操作实际。

2. 横向联协,提升标准实施质量

一是突出标准化强基作用,夯实安全管理基础。维修七部将风险分级管控、隐患排查治理双重预防性工作和标准化工作有机融合,通过全面建立安全风险分级管控和隐患排查治理标准体系,持续深化安全标准化管理模式,夯实了安全管理基础。开展"双预防"工作以来,每月定期梳理生产班组上传的隐患排查登记表,并更新隐患排查推进表、汇总表。维修部维护体制改革后,共计梳理隐患排查问题338个,一般隐患(C类)338个,并已全部落实相应整改工作。二是引入"钉钉"系统,创新多线路区域化标准宣贯培训手段。维护体制改革后维修部对管理人员组织体系进行了优化,标准化工作也同样面临着多线路区域化管理的挑战。如何做好各站场的标准化宣贯工作,如何使标准真正落地,成为维修部迫在眉睫的问题。维修七部在分公司内部创新使用钉钉办公软件,使多线路区域化的宣贯培训方式由分散变集中。同时针对体系内既有标准组织滚动学习,每年年初由维修部制定并下发车间、班组年度培训计划,员工根据计划登录软件平台进行查阅并完成相关学习,提升了宣贯

培训效果。三是检查与改进相结合,促进标准贯彻实施。维修七部在原有的标准化"三检"(自检、互检、专检)工作机制下,导入了内部督查检查(飞行检查),由经理室牵头,横向各职能小组联协合作,每月对站场进行监督检查,强化按标作业流程,发现标准实施中的不足。同时部门通过设立持续改进工程师,由专人负责对员工提出的各项提议进行有效评估,至今维修七部共收集到持续改进建议 234 条,采纳 234 条,主要建议内容包括标准的合规性、现场工器具与作业指导书的匹配性、作业流程的合理性等。通过这套检查与持续改进并存的标准化管控机制,使标准化工作能直接听到现场的需求,在保证对标上位标准的基础上,更加贴合现场使用,真正做到标准落地。四是探索研究"阵线重编",推进维护体制改革。随着上海超大规模地铁网络的建立,列车运维的要求逐步提升。上海地铁 16 号线在率先应用"地铁 + 互联网"服务标准的基础上,试点"3 + 3"正线连挂解编,如图 13-24 所示,推进正线运营能力提升。维修七部通过优化既有规程及作业指导书,指导委外人员完成"阵线重编"列车的日常维护工作。同时制定培训计划并采用管理人员多维能力培养,以及生产人员岗位效能培养方式,完成"阵线重编"相关标准的培训工作。通过充分发挥阵线重编的优势,维修部可以增加列车日间回库数量,从而降低夜间停运后的检修运维压力。

图 13-24　16 号线"3 +3"连挂解编

二、标准化管理推进维护体制改革取得成效

1. 标准质量稳步提升,运营指标安全可控

随着标准体系逐渐优化完善、标准质量稳步提升,维修七部总体运营指标都做到了安全可控。2021 年维修七部维护保养车辆运营里程 16.32 百万车公里,同比增加 10.42%;有责清客 8 起,同比减少 27.2%;全年有责 5 分钟晚点 1 起,5 分钟晚点 MDBF 指标同比提高 13%,全年未发生有责 15 分钟晚点、有责救援事件,运营指标安全可控。

2. 形成智能运维标准清单,发挥示范引领功效

为全面实施标准化战略,维修七部在维护体制改革过程中始终强调标准化工作基础性、引领性作用。通过梳理形成城市轨道交通车辆智能运维标准清单,打造车辆智能运维 RISE 系统。自智能运维系统投入使用后,维修七部在运营列车数提升18.8%的同时,车辆有责下线数下降了12%,列车可靠性提升了15%。检修质量的提升使乘客投诉数下降了35%,第三方满意度从原先的60%上升至92%。

3. 优化精益标准管理流程,打造维保"五星"精益现场

以标准助力精益化各项活动,通过对维修部标准管理流程的监控,识别分析风险,提出改善策略,持续改进维修部现场管理工作,达到全面持续提升维修部管理水平,切实做到"精准维护,精益管理,铸造一流车辆运维现场"的精益化目标。在2021年度维保精益化现场评选活动中,维修七部11号线取得"五星"精益现场的荣誉。维护体制改革后,维修七部始终把标准化工作作为管理集成的综合平台,通过构建安全、质量、生产、技术等标准管理体系,将标准化工作与维修部管理体制、机制、职责、过程有机融合。围绕"努力形成具有上海特征的超大规模地铁网络管理模式",突出标准化"强基、创新、提效"重点,发挥标准化助力车辆分公司"三个转变"的功效。通过纵向深入,横向联协优化了标准体系质量,提升了标准实施质量,形成了一套可复制、可推广的维护体制改革后的标准化管理模式。

第九节　创新"五化"标准化管理模式,赋能工务智能运维

上海地铁维护保障有限公司工务分公司主要承担上海地铁全路网轨道、桥隧结构及附属设施设备的检测、养护、维修和改造工作,以及安全保护区外业巡视和项目监护工作,为通号、供电、车辆专业提供设备承载基础,为乘客提供舒适、安全的列车乘坐服务。

为适应上海城市轨道交通超大规模网络化的发展趋势,在"人民城市人民建,人民城市为人民"的理念引领下,工务分公司积极推动企业标准化管理体系建设,执行标准460项,涵盖"通用基础标准、运营服务提供标准、运营服务保障标准"3个子体系和14个子类。组建覆盖从分公司到部门再到班组的三级组织人员构架,由分公司总工领导,部门主要负责人分管标准化工作,配备各级兼职标准化员155名。

工务分公司用标准引领生产,形成适应数字化转型发展要求的管理模式,随着大型检测类装备的引进和应用,探索形成"1 + W + X 集成计划管理体系、基于可靠性的设备管理体系、基于风险的质量管理体系、3P人才培训体系、信息化平台管理

体系"的工务智能运维 CAL(标准化)五化管理模式,实现安全、舒适、高质量的数字化转型发展愿景。图 13-25 所示为轨检、探伤车编组示意图。

图 13-25　轨检、探伤车编组示意图

一、工务智能运维 CAL(标准化)五化管理模式

1. 计划管理标准化

通过分析人员情况、设备状态、线路状态、天气因素等,利用 4M1E 模型测算出全路网各线路检测频次,作为排定年度计划的基准频次比例依据,建立一套 1 + W + X 集成计划管理体系,即年度计划 + 星期滚动 + 临时计划调整相结合的动态计划管理。《申通地铁集团检修施工管理规定》《施工计划管控细则》等相关标准是 1 + W + X 集成计划管理体系模型的基础,达到优化各线路检测频次、提高线路检测效率的目的。通过柔性化计划管理,实行大、小型检测类装备联合作业的工作模式,采用轨检、探伤车 + 轨检仪、人工探伤检测等方式穿插,发挥互相优势,补充各自短板,有效节约人工成本,大大提高检测效率。不断优化的检测网络和转线模式,可以减少 70% 的转线时间、节约 92.3% 的作业等待时间,充分利用有限的线路资源。

2. 设备管理标准化

建立从设备驻场监造到验收管理的设备标准化流程体系,从源头把控设备可靠性。设备使用之初编写设备大修、作业和维护规程、操作和维护作业指导书,规范设备的使用。使用过程中,根据规程建立设备台账、设备维修履历,并根据设备说明书、用户手册制作 FTA 故障树。结合已经发生过的故障、说明书和用户手册中的故障、行业内同类型设备发生过的故障,编制设备的 MFMEA(设备潜在失效模式及影响分析),用于降低设备运行过程中发生故障的概率。将通过验证的改进成果,更新固化入作业指导书中,形成规程文件的闭环管理。建立自主维修和委外维修应急响应二级维修机制,快速排除设备故障。通过设备管理体系,降低设备 MTTR(故障平均维修时间)值,提升设备 MTBF(平均无故障运行时间)值,增加设备可靠性。疑难技术问题,利用 A3 报告、QC 小组活动等多种方式,寻找问题原因,探讨解决办法,制定设备更新改造策略。将改进点汇总为新设备采购技术要求,反哺新设备设计制造,推动上游生产厂家技术,进一步提升设备可靠性,做到技术设计闭环,如图 13-26 所示。

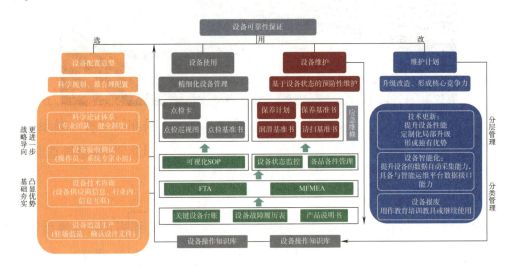

图 13-26　基于可靠性的设备管理体系

3. 质量管理标准化

建立风险管控机制、设备检测测量分析、接口管理、防错设计、信息化管理、敏捷的病害处置机制、改进创新机制 7 个管控环节的质量控制体系,如图 13-27 所示。日常生产中,利用作业指导书中的作业流程图,帮助生产人员识别作业流程中的关键控制点,提高作业质量;日常管理中,对设施设备检测数据及时分析,依据数据交接标准化流程,做到"三有"原则进行控制,即:有标准必须参照,有流程必须贯彻,有单据必须双方确认。通过基于风险的质量管理体系,做到在保证设备可靠、计划柔性的前提下,杜绝检测中存

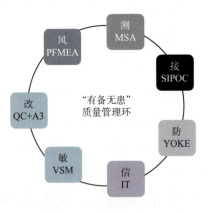

图 13-27　质量管控体系

在的风险。

4. 人员管理标准化

根据岗位需求,搭建了管理、技术、技能三个职业发展通道,编制《教育培训管理规定》《员工岗位能力体系建设及评估管理规定》等标准,为不同阶梯和晋升通道的员工,配备不同的培训内容和模式,使员工能够阶梯式的学习技能,员工技能成阶梯模式良性发展,保持员工学习动力,为分公司不断输送人才。应用员工能力素质模型,对员工能力进行评估,结合年度培训计划形成公司、部门、班组现场持续推进的培训工作计划,对管理人员、操作人员进行分层、分类的培训,鼓励员工撰写 OPL 单点课,并在班前会进一步普及知识,便于现场业务操作,提升员工技能。

5. 信息管理标准化

围绕现状分析的结果,从现场一线员工的实际需求出发,分析必要性和可行性,基于"基准—采集—管理"三层式的业务架构,从而构建基于数字化转型为基础的设计架构。对全专业的设备、病害在统一坐标系下进行精准定位,并且通过设备树、故障树、工艺树三棵树状关卡的梳理,对业务流程中产生的数据进行碎片化分类,为后续采—管—决三类关键业务提供关键数据支撑。以信息化平台为依托,通过数据积累持续提升综合分析能力,智能运维平台能够实现对不同来源数据的统筹、汇总,并进行专业数据分析,对大量数据在大数据库的基础上进行分类、分级的管理,形成条线分析报告和健康度报告,形成一套智能化标准化的运维系统。

二、标准化管理赋能工务智能运维取得成效

1. 安全质量持续提升

随着企业标准体系逐渐完善,标准质量稳步提升,工务分公司总体指标都做到了安全可控。2021 年未发生有责 5 分钟晚点事件,未发生一般 E 类及以上事故。2018 年之前影响 15 分钟以上晚点的正线设备故障,如道岔故障、区间积水等偶有发生,开展智能化管理后基本杜绝,影响 15 分钟以上晚点的设备故障率降低 100%。

2. 大型装备可靠性的提升

建立基于可靠性的设备管理体系后,大型装备 MTTR(平均故障修复时间)从 48 小时降至 24 小时,MTBF(平均无故障运行时间)从 200 小时提升至 500 小时。优化了备品备件库存管理,做到低库存与零库存,降低企业成本。通过可靠性的设备管理,年度完成集中修改造 15 项、专项改造 3 项、新车采购设计方案 30 项。同时,轨道智能巡检、隧道线阵相机、隧道限界智能检测设备实现搭载投用后,占用动车资源较常规巡检节约 2/3。

3. 数据分析时效的提升

智能运维平台对数据分析效率的提升有着显著的效果,传统模式下检测数据分析时间平均值为 1.57 天,建立智能运维平台体系后,检测数据分析时间平均值为 0.3 天,效率提升 81%。检测线路里程达到 970 公里时,可实现节约 1 723 个检测人工/月,设备异常检测成功率达到 95% 以上,关键设备漏报率控制在 0.1% 以下。

第十节　创建智能运维标准体系,攀升供电运维质量新高峰

上海地铁维护保障有限公司供电分公司承担着上海轨道交通全网络 1 103 座变电站和 2 449.32 公里接触网线(轨)的供电设备运维、检修和管理工作。现有标准化员 135 人,覆盖各部门、班组,目前执行标准 619 项。

供电分公司致力于标准引领,通过开展标准化建设,形成知标执标全覆盖、全业务流程标准全覆盖、标准实施管理全覆盖,逐步形成了"智能运维标准化体系,智能运维技术体系、智能运维现场管理和作业体系,智能运维人才队伍培养体系,智能运维信息化体系",以标准化力赋能传统的供电运维技术模式向智能运维技术模式转型,切实提升了全网络供电运维质量。

一、创建智能运维标准化体系,稳固规范管理的制度基础

1. 适应新形势,贯彻落实标准

认真贯彻《强制性国家标准管理办法》和交通运输部"城市轨道交通运营管理系列制度",对标国家标准和行业标准的相关内容,结合集团和维保公司风险管控、安全评估、隐患排查、应急演练等安全管理具体要求,细化集团、维保公司相关标准规定,建立供电分公司智能运维标准体系,确保落实到位。

2. 落实新任务,有效管控标准

加强标准制修订,结合轨道交通供电维护智能化、区域化、标准化等重点任务,制定智能运维新领域标准规范,强化标准体系质量全管控,确保标准体系适用。加强标准流程管理,利用标准信息化平台,规范标准立项、送审、报批等流程管理,提高标准编制效率,确保标准实用实效。加强标准复审,按照集团和维保公司标准集中复审工作方案,每年对已执行三年的标准进行复审,确保标准复审 100%。

3. 根据新变化,动态完善标准

始终坚持把标准作为管理依据,把标准落实到安全生产计划编制、执行和过程管控等各个环节,形成了"有标准可依、执标准必严"的标准化管理工作态势,有效杜绝了各类安全生产事故的发生。以解决现场问题为导向,以作业指导书和规程规

范为抓手,通过组织标准现场编制、标准分级管理实施、标准现场操作反馈的闭环流程,整合修订技术、管理和工作标准,从生产计划制定到执行,形成生产作业流程图,固化成为员工的操作习惯和检修行为,做到化繁为简、量身定制、通俗易懂、便于操作,使制定的每项标准可操作、能执行、有效果。

4. 抓住新关键,促进实施标准

按照《标准化线路(车间)、车站(班组)创建标准》,制定供电分公司标准现场推进实施方案,以精益管理理念推动管理业务流程、管理体系的优化,将教育培训与人才规划相结合,将智能运维与生产作业相结合,将风险事件被动处置转化为提前主动预防风险,以"6大类23小类维保业务分类"为基础,以"电子文件为主、纸质文档为辅"的方式,规范班组现场作业流程,建立班组现场台账管理体系,全面推进标准班组管理体系规范化、精细化、常态化。加强标准化工作专业人员培训,建立标准专业知识培训机制,培育熟悉标准制定规则、掌握标准实践的标准化专业人才,提升部门线路班组标准化人员素质。

二、创全智能运维技术体系,提升智能数字核心竞争力

1. 运用数字化运维手段

深化接触网检测技术、智能运维技术的现场应用,借助大数据聚类分析工具,建立设备状态评估模型,形成了全路网变压器、开关柜、电力电缆、接触网(轨)等关键设备和部件的健康度管理,提高数字化运维手段对设备状态监控与评估的实际运用效果。

2. 优化运维技术标准

以数字化运维为重点,规范现场运维技术标准,提升对设施设备维护试验、功能验证的作业质量,确保现场技术动作规范性。以接触网系统整体状态恢复为评估标准,对相关方零部件进行检查和确认,建立接触网联合检查机制,落实对接触网施工后动态复查。结合一杆一档数据的交互,形成设备履历可视化管理,推动接触网运维模式的数字化转型。

3. 规范技术成果转化

制定《技术创新项目管理规定》,建立前期预审、中期资源投放、后期评估的工作机制,积极培育技术创新项目转化为标准规范。《移动式多功能电缆检修平台的研发》和《线岔智能检测装置》获评优秀项目。通过技术创新项目《铅酸蓄电池运行方案优化研究》,对铅酸蓄电池的运行参数进行了全面细化,同步修订《直流应急电源设备预防性试验及检修规程》,确保现场技术操作规范高效。

三、创强智能运维现场管理体系,提高设施设备运维质量

1. 重塑设备维修模式

构建智能运维数字化系统,围绕设施设备管理核心任务,面向智能化感知、诊断、预警、协同和决策全流程,构建了"设备—决策—设备"的逆向拉动型质量保证系统,优化设备维修流程。建立13大类供电设备276项分类设备贯穿四大体系的业务管控专家模型,有机融入修程修制内容,确保设备安全运行。

2. 优化生产组织架构

编制《变电运修巡检制模式管理规定》,细化线路值守原则、巡检频次、交接班制度、突发事件处置等要求,建立"1+1+N"日常生产管理模式,在变电专业采用了变电站无人值守+巡检制模式;在接触网专业采用了线路制日常管理+区域化应急抢修响应模式。同时,为适应高效的应急响应机制,在全路网设置92个常规值守点,212个加强值守点,兼职抢修队31个,专职抢修队4个,能够满足有人值守站点5分钟响应、无人值守站点30分钟响应。

3. 完善运维管理模式

一是委外垂直监管管理模式。将委外单位统一纳入供电分公司生产管理体系,实现同标准、同奖罚的管理要求。借助设备维护、维修数据及运行状态等多维数据的关联与融合,制定《运营设施设备委外工作实施细则》,形成一套可复制、能推广的差异化维护策略,填补了供电设备管理的盲区。二是接触网集中修运维模式。根据接触网检查情况及设备状态,开发数字移动点巡检系统,修订设备检修周期、集中修作业报表,整合检修作业项目,完善接触网集中修的相关检修规程。

四、创优人才队伍培养体系,搭建智能运维人才高地

1. 差异化培训体系建设

结合岗位胜任模型和重点核心作业,建立供电专业标准课程体系,对不同岗位进行层次级别定义和划分,并根据作业标准、工艺工法规范、安全规程要求等,明确不同岗位、不同级别的技能人员必须掌握的知识、技能模块,夯实培训基础。建立专兼职内训师队伍,统筹岗位培训、教材开发,提升专业技能培训质量。加强项目经理人才梯队建设,优化班组长专项培训,提升供电专业人才综合能力。

2. 人才平台和品牌建设

制定《管理干部、重要关键岗位人员轮岗管理规定》,通过横向轮岗使管理人才充分掌握公司工作流程的运转模式。编制《生产人员岗位能力评价管理规定》,使技术人才熟悉供电分公司各个生产与技术流程的衔接要点,提高技术人才管理意

识。形成《供电分公司鸿颜育才计划管理办法》，促进分公司人才梯队建设，为供电高质量发展提供人才孵化标准体系。

3. 标准化培训体系教材教学

根据培训模块细分子模块及对应培训内容，定义不同岗位所需掌握的理论及实操内容，制定标准化课件教材，明确培训模块的细目表、课件、授课计划表、题库、考试方案、师资库等标准化培训体系。全面实施线上线下相融合的职业技能培训，钉钉 App 云课堂开设标准化课件模块，采用网课学习＋钉钉推送考试的形式，方便员工有效利用碎片化时间进行学习。

五、创新智能运维信息化体系，驱动运维提质高效

1. 着力供电专业智能运维系统建设

编制《供电设备智能运维平台建设指导意见》，利用大数据分析手段，挖掘数据价值信息，构建供电专业设备管理数字化运维体系，首创接触网数字综合检测分析应用，为轨道交通关键设备运维的安全控制，提供了有力的技术支撑。

2. 夯实专业数字底座

借助数字化基础应用，开展供电设备底层数据的采集并形成数据标准，规范供电运维业务流程管控，推动供电分公司生产组织架构的转型，实现数字化驱动业务的整体升级，体现管理效率提升、安全管控有效、维护深度拓展。

3. 赋能业务管理流程

重新整理优化供电分公司现有的业务管理流程，形成 12 大主流程、40 项子流程，并将 30 项台账纳入智能运维平台进行管理，为无纸化办公及标准化管理奠定基础。

六、标准化推进供电智能运维取得成效

1. 提升检修效能

供电智能运维的技术应用，进一步推动上海地铁维保供电的设备运维模式、生产组织架构、业务管理流程进入了数字治理的新时代，智能运维在故障诊断、缺陷甄别、应急抢修响应效率等方面较传统运维效率大幅提升。创新突破多项供电系统核心设备的智能感知技术，提高设备状态检测效率和准确度。应用国内领先的接触网悬挂状态综合检测技术，实现了同一线路、同一零部件每次抓拍误差 1 cm 左右，提高了故障鉴别的准确性，有效预防接触网部件故障对运营的影响。供电分公司多次荣获"上海市工人先锋号""上海市青年突击队"等荣誉称号。

2. 保障检修安全

截至 2021 年底,供电智能运维平台监测设备异常 149 起、提出设备预防维护预警 280 起、系统自动巡检 83 942 次、系统分析报表 632 项、计划性维护工单 780 项、安全隐患预警提示 60 起、维护标准作业模板 103 项、故障知识库 1 309 项案例,保障地铁供电安全可靠。智能维保供电平台如图 13-28 所示。

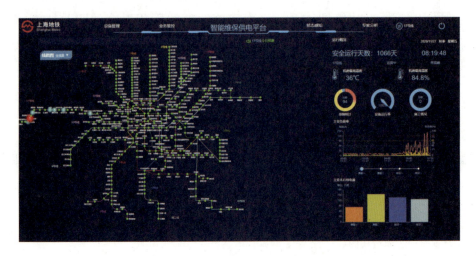

图 13-28　智能维保供电平台

3. 提升企业发展水平

在标准化管理的驱动下,探索建立了供电专业智能运维技术体系,激发数字运维驱动发展引擎;建立了"1 + 1 + N"日常智能生产管理模式;完善智能运维委外垂直监管管理模式,公司创新的《轨道交通接触网集中修作业模式的探索及应用》荣获"第十八届全国交通企业管理现代化创新成果三等奖";《轨道交通供电智能运维平台研发及应用》荣获上海市科技进步二等奖;《复杂地铁供电系统智能运维关键技术研究及应用》荣获上海市交通工程学会科学技术奖特等奖。目前上海轨道交通供电智能运维系统已推广应用到国内多个城市轨道交通运营企业,且形成了一定的规模效应。

第十一节　致力标准化管理,驱动通号智能运维转型升级

上海地铁维护保障有限公司通号分公司主要负责上海轨道交通通信、信号、信息、综合监控等系统的维护、维修、保障、建设、改造和管理等工作。

通号分公司针对上海轨道交通网络"规模体量大、覆盖范围广、结构枢纽型、功能层次化"的新特征,把标准化作为向新型设备管理体系及运维模式加速转型的助

推器,推动通号智能运维,助力企业高质量发展,连续四届被评为"上海市文明单位"。

一、建立完善通号运维标准体系

通号分公司领导高度重视标准化工作,把标准化工作作为企业提高设施设备维护质量、降低维护成本的途径,作为保障安全运营、增加经济效益、实现科学管理的有效措施。

1. 开展规章向标准的转换,建立标准体系

标准化工作推进之初,通号分公司根据集团统一部署,全面梳理综合管理、生产计划、质量安全、设备技术、人力资源、项目管理、党建工会等各类规章制度,按照规范的格式要求和业务管理要求,开展规章向标准的全覆盖转换,构建通号分公司标准体系。

2. 开展标准动态优化,完善标准体系

根据现场生产管理需要,不断补充完善与通号分公司标准体系相配套的技术、管理、工作标准,积极开展标准文件编制意见征集、研究讨论辨识工作,制定了标准化季度、年度工作例会制度并按期召开会议,制定了年度标准复审工作方案并宣贯执行,使通号分公司标准体系在动态管理中不断得到完善,保持其适用性和先进性。

3. 开展标准精简整合,提升标准体系

针对标准内容重复交叉等问题,根据日常维护、抢修作业、年检年鉴等现场维护实际,通过提炼作业步骤,规范作业项点,循序渐进地开展着标准的精简整合工作,2018—2020年,标准(作业指导书)的总数量从583项精简整合至147项,精简整合率达75%,进一步提升了标准的可操作性,增强了标准体系的实用性,为确保设施设备维护质量奠定了制度基础。

二、构建智能运维业务标准化体系

《通号分公司"十四五"(2021—2025)战略规划纲要》中明确了基于数据的平台化管理体系是应对上海地铁超大规模网络化运维的发展方向。据此,通号分公司建设了智能运维平台,实现了通号核心业务流程的标准化(图13-29)与通号核心业务功能的标准化,为数字业务的标准化管理提供了平台。为实现业务流程标准化,通号分公司对轨道交通设备设施运维流程进行了提升与重构,主要包括在线监测闭环、维保业务闭环、维保体系(即时+计划)业务闭环三种流程闭环。在业务功能标准化方面,对功能细化定义,最终形成技术管理、项目管理、质量安全环境、设备管理、计划管理、施工管理、委外管理、新线接管等16点业务功能和具体流程。随着分公司数字化转型的深入引导,现场积极探索基于智能运维平台的数字化维护手段,掌握智能运维体系的运转方式,将设备维护模式从"故障修"向"预防修"转变。

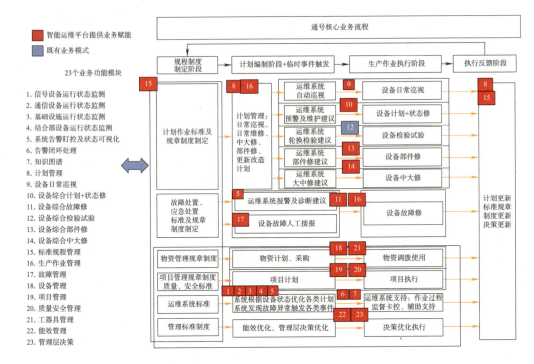

图 13-29 通号核心业务流程标准化

三、打造标准精益化生产标杆

通号分公司按照"以点带面,全面铺开"的工作思路,以维护二部为基础打造标准精益化生产标杆。维护二部主要负责 11 号线、13 号线的通信信号设备的检修维护和故障处置工作,设备维护覆盖共计正线线路 121.2 公里。

1. **区域联动组织模式标准化**

11 号线及 13 号线全面开展了区域管理工作,信号专业(通号)、变电运修(供电)、线路专业(工务)实施三专业联合值守,如图 13-30 所示,形成 11 号线嘉定新城、隆德路、迪士尼 3 个区域值守点,13 号线长寿路、华夏中路 2 个区域值守点。其中隆德路区域作为主管理点,总结出了以隆德区域为总牵头,现场四个区域响应联动,最后由隆德区域有效把控及统筹作业资源的一种中央与现场的联动关系,并根据《道岔联检联修管理规定》完成工作内容。经过数年的沉淀与积累,通号分公司对道岔转辙设备的管控能力持续加强。

2. **生产管理、作业模式标准化**

为适应轨道交通高速发展下对设备维护工作的要求以及集团三个转型发展,实现运营现场多专业值守区域的综合协调,根据《综合工区联合值守点管理规定》,维保公司在 11 号线、13 号线以通号分公司维护二部为主体管辖,成立了一支多职能工

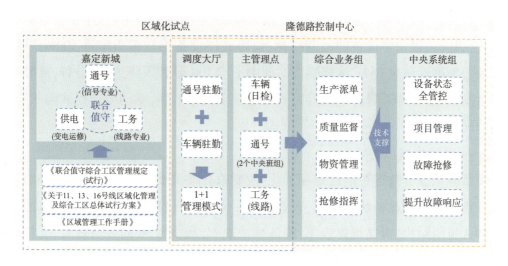

图 13-30 通号区域联动组织模式配置

作队,通过通信、信号两专业的互补,进行联合值守作业,弥补和完善各专业分公司在值守点应急、跨专业检修协调等管理工作中的短板和不足,提升应急管理和生产体系网络化、扁平化管理水平。11 号线迪士尼检修组的岗位复合试点形成一套标准化通用化的生产管理模式,为 14 号线、15 号线、18 号线正线的运维模式提供了可行性依据,中央班组岗位复合的成功经验也开创了多线路中心多专业集约化维护模式的先河,已成功运用于3C多线路控制中心。作为首个试用生产管理 IOM 平台的部门,通号分公司维护二部对设备感知、风险推送、数据分析、工单生成、任务派发、检修施工等模块,实现生产管理、应急处置流程简约化、作业标准统一化的全过程控制。

3. 数据分析工具标准化

通号分公司维护二部以大数据赋能精益化管理为起点,对于老旧的、缺少采集设备的、还未到整改年限的关键系统而言,现场建立设备履历表,形成独立数据库,并对设备底层日志进行整合、优化、剔除干扰项等工作,制作出一套适用于现场设备的数据分析工具,对计轴设备、车地通信等设备的繁琐日志数据形成准确化、可视化、标准化的工具及图表,这对现场维护把控起到关键性作用。目前,该标准化的解析方法已在 11 号线进行试点,并推广至 7 号线、9 号线等线路中应用,全面支撑企业生产模式向状态修、预防修转变,实现了设备的健康度管理,在降低故障率的同时,也提升了服务质量。

四、智能运维标准化实践成效

1. 提升设备维修效率

通号、工务、供电专业形成联合管理模式,依托数字化运维指挥室智能运维平台，运用智能运维数据工具，形成数据分析板块统一的标准规范，基本实现数据管理标准化，提升关键信号设备的运营指标，线路底层设备感知覆盖率近 100%，系统诊断和预警准确性超过 95%，维修响应时间由平均 100 分钟下降为 30 分钟，故障平均修复时间由 30 分钟下降为 10 分钟，列车延误率大幅下降，驱动生产模式向状态修、预防修转型。

2. 实现降本减员增效

设备健康度管理等智能运维标准化，改变原有维护维修模式，通过 24 小时不间断地分析跟踪关键设备状态数据，有效避免了人工盲目检修，合理安排维修计划，优化维护人员的结构，提高维修效率，降低维护成本，减少 20% 的人员配置，支持轨道交通的可持续性发展。

3. 支撑安全高效运营

为缓解运力与运量的矛盾，上海地铁多条线路数次缩短运营间隔提高运力，市区核心线路最小运营间隔已缩小至 110 秒。面对空前的运营压力，通号区域联动组织标准化模式，联动线路班组加强对隐患设备进行"预防性"整改，一步步解决了诸多隐患问题，有效降低了故障事件对运营的影响。"十四五"以来，由于重大故障造成的年度 5 分钟晚点事件平均数相比"十三五"下降约 38%，清客事件平均数下降约 23%，15 分钟及以上晚点事件平均数下降约 29%，有力保障了上海地铁高密度高强度的超大规模网络化运营，向着运营无感的智慧化运维稳步迈进。

第十二节 筑牢标准化制度基础，助力维保 DCC 一体化改革

上海地铁维护保障有限公司车辆分公司综合运转部主要负责上海地铁全路网 16 个一体化车场的 DCC 日常管理、13 个非一体化车场 DCC 设备值班员业务、全路网施工配合工程车驾驶及车辆分公司行车业务管理、监督检查、培训等业务。现有标准化员 31 人，覆盖部门办公室及下属全部班组，现执行 248 项标准，其中集团级 86 项、维保级 43 项、分公司级 119 项。

综合运转部始终秉承"车场服务正线"的核心理念，构建了以"安全责任、业务管理、基础管理、现场管理、人员培养"五方面的 DCC 一体化管理新模式，形成了一系列 DCC 一体化作业标准，涵盖了车场值班员、车场值班长、车场司机等各个岗位，通过全面建立健全标准化工作，构建了完善的标准体系、标准化组织体系、标准化实施体系，助力 DCC 一体化改革筑牢坚实的制度基础，确保各项生产任务完成，总体指标安全可控。

一、DCC 车场"五位一体"标准化管理模式

1. 安全责任标准化

综合运转部根据工作岗位的性质、特点和内容,明确各岗位的责任人员、责任范围、责任清单,制定从部门主要负责人到一线生产人员的安全生产职责,纳入工作标准进行管理,做到全生产责任全员全岗位全覆盖、安全生产责任全过程追溯。强化员工安全生产意识,严格按照计划组织生产任务,生产组织合理、管理有序,现场安全可控、按标作业。同时熟悉各类应急预案,将各项机制落实到位,定期对生产作业情况进行分析改进,实现安全生产目标。

2. 业务管理标准化

一是车场管理标准化。综合运转部在维保公司调度指挥室的指导下,以蒲汇塘车场为试点,完成了行车管理体系、日常管理体系、应急管理体系和岗位作业体系的四大体系的建设,编制完成 1 份车场控制中心(DCC)管理细则、6 份车场行车管理细则、6 份车场 DCC 现场处置方案和 15 份岗位作业指导书,明确日常管理、业务流程、作业标准、应急处置等方面的相关要求,从制度上优化规范了一体化车场管理,确保现场作业有标可循,有效提升日常生产效率,把控作业安全。二是风险管理精细化。针对传统车场、UTO 车场、三轨车场的固有特性,综合运转部贯彻落实安全生产双重预防机制,识别潜在的风险与隐患,采取有效的管控措施,防止日常风险和事故隐患发生。风险管理覆盖车场各岗位作业标准,对车场施工管理、行车风险管控、行车组织、作业联控等全过程中的风险辨识,以生产作业流程图、生产作业流程描述、生产作业风险管控矩阵为核心,形成适应每个车场的风险管控标准体系。同时将梳理出的各类风险隐患进行分类并制定分级管控措施责任到人,定期更新风险源和隐患问题数据库,确保从"风险辨识、风险评价、风险管控"的全过程管理,有效提升风险隐患防控方面的标准化管理能力。

3. 基础管理标准化

作为 DCC 一体化试点车场,蒲汇塘车场率先建立了标准化车场管理体系,并结合信息化建设,将 DCC 调度业务与生产作业流程紧密结合,建立 DCC 综合管理系统,专门设计文件管理模块,如图 13-31 所示,按照综合管理、行车管理、设施设备、安全管理、消防管理、班组管理等 7 大类、24 小类的标准化车场文件管理体系,统一文件分类、流转、归档。

4. 岗位培训标准化

综合运转部坚持工作需求导向原则,对 DCC 各岗位职责进行了梳理、细分和整

图 13-31　DCC 综合管理系统文件管理

合,探索开展车场值班员和车场司机的岗位复合培训,明确车场值班员具有"运转和信号楼值班员""设备值班员""消防设施操作员"三个岗位的上岗资质,车场司机具有"电客列车驾驶员""内燃机车司机"上岗资质,并形成相应岗位工作标准。根据工作标准、作业指导书优化车场值班员等岗位的培训课程,进一步整合培训内容,实现一岗多能、岗位互补,为开展技能等级评定提供规范依据。

5. 现场管理标准化

为提高现场管理水平,根据 DCC 一体化运作模式和作业特点,综合运转部对标五星现场标准,完成蒲汇塘 DCC 精益化现场建设,实现现场人员管理标准化、现场标准文件、生产记录等摆放标准化,便于精益现场的统一管理,如图 13-32 所示。

图 13-32　DCC 现场人员管理标准化

二、标准化推进 DCC 管理模式取得成效

1. 运营指标安全可控

通过实施 DCC 一体化车场"五位一体"标准化管理模式,切实提高车场各项作业的安全性和可靠性,杜绝责任一般 D 类以上运营责任事故和严重违反"两纪一化"、严重违章的责任事件,确保发车准点率和施工放点率达到 100%,不发生有责晚点事件。加强日常监督检查,形成常态机制,严控施工登记、注销流程,杜绝违规施工,促进车场管控水平全面提高,确保完成全年各项任务指标,助力企业转型发展。

2. 智慧系统示范引领

车场 DCC 综合管理系统是标准化车场建设的重要组成部分,它以"控好安全、用好资源"为目标,以智慧赋能车场管理,实现各类资源的整合优化,从五个方面提升了车场管理能力。一是提升车场可视化管理水平。集中、实时监控和展示车场状态,实现对车场透明化调度指挥和可视化追溯。二是提升安全调度指挥水平。施工作业下达传递准确率 100%,提高调度指挥效率、保证调度命令可靠。三是提升作业安全管控水平。强化行车、检修等作业环节的安全管控,达到效率与安全的双提升。四是提升文件管理效率。文件管控、流转等更规范,查阅更便捷。五是提升企业标杆效应。DCC 综合管理系统在蒲汇塘车场先期应用实施,打造行业标杆示范工程,在此基础上总结经验并标准化模式,逐步推进覆盖其他车场,不仅提升集团内各车场 DCC 综合管理水平,而且将进一步提升集团的行业和社会影响力。

3. 人才队伍结构优化

通过两年多来 DCC 一体化车场标准化管理模式的实践,具备岗位复合能力的车场值班员 202 人,占比岗位总人数的 55.5%,其中岗位复合率最高的车场已达 95.8%。具备岗位复合能力的车场司机 26 人,占比岗位总人数的 40%,其中岗位复合率最高的车场已达 100%。通过人才队伍的不断优化,部门获得区级青年突击队荣誉 1 项、集团级集体及个人荣誉 4 项、维保级集体及个人荣誉 10 余项等。

第十三节　创新标准化改进方式,提升车间管理水平

上海地铁维护保障有限公司物资和后勤分公司(简称分公司)负责上海轨道交通区域基地、控制中心物业、仓储、膳食和物资采购的业务管理。分公司坚持全员参与,把标准化理念贯穿于日常管理的各个环节,形成共同的行为规范和统一的办事流程。于 2020 年起在膳食管理业务板块,探索实行"一个目标、二项整合、三级培训"的"三步走"标准改善模式试点,针对新形势下委外人员业务管理、班组作业制

式化管理的难点,以标准化管理为主抓手,创新标准化车间管理模式。

一、"三步走"标准改善模式

分公司膳食一部直接负责13个自有食堂、7个委外食堂以及170名自有员工、102名委外员工的日常管理。针对现场各专业检查、第三方满意度测评中存在的公司级标准适用性、作业表单操作性、新进人员培训时效性等较为集中的问题,结合全国精益4星级现场创建经验,试行了"三步走"标准改善模式,即"一个目标,二项整合,三级培训"。

一个目标。明确改善的目标方向:以精益标准优化流程,强化委外岗前培训。膳食板块正逐步实现由"生产型"向"经营型"的转变。"经营型"契合着"人、机、环、管"4大环节。"三步走"标准改善模式致力于"人"和"管"的优化改良:系统化的人员培训、制式化的操作设备、精益化的流程把控、标准化的作业模式。

二项整合。一是管理标准整合。以"减负"不减质量为抓手,将公司级管理标准进行整合提炼,同时从生产管理、安全管理、质量管理、培训管理、人员管理、设施设备管理等维度进行细化,形成了分公司管理标准《膳食部生产管理规定》和《食堂安全管理规定》,以整合提炼标准内容的形式,确保现场班组执行的标准实用实效。二是作业指导书、表单整合。重点结合膳食班组作业场地固定、作业面较集中的特点,梳理作业流程和划分作业区域,以设施设备和生产作业作为两大主体,将原先的6本作业指导书提炼整合形成了《食堂设施设备作业指导书》《食堂生产作业指导书》,同时将15张记录表单(含设备巡检、食品制作、消毒卫生、安全检查等多项内容)整合成1张《食堂作业日报表》。同时采用以班组长(值班长)总负责(核验)、若干包干区区域负责(校验)的多级保险机制。在表单设计上避免过多使用文字性描述,以勾选、填写数字的方式作为主要填写方式。经过提炼整合简化记录方式后,表单记录所需时间从40分钟下降至15分钟左右,节约了约63%工时。

三级培训。开展三级业务培训:车间级3D模型动态式集中培训、班组级师徒带教式指导培训、岗位级可视化看板式复核培训。一是车间级3D模型动态式集中培训。根据食堂功能布局统一性、模块性的特点,以梅陇基地食堂为基准样板,建立1:1的3D场景模型,实现验收区、初加工区、烹饪区、蒸煮区等15个区域细节展示,以岗位为分类细致讲解本岗位的作业范围、作业流程、注意事项、错误示范等。针对不同作业的具体要求,设计"生进熟出"食品卫生管控、烹饪区物料分类分层存放、初加工区分池清洗等不同类型的动态模型。新进员工(包含新进委外员工)在车间统一开展3D模型动态式集中培训以及车间级安全教育,以3D模型为培训主要载体,结合提炼整合的管理标准以及作业指导书展开针对性的培训讲解,培训的质量和效率显著提升。3D 模型不仅适用于岗前培训,还适用于各类专项培训。二是班组级师徒带教式指导培训。结合 OJT(在职培训)培训模式,签订师徒带教协议,"以老带新"的形式指导生产作业流程实践。实现在培训作业时,一边示范讲解、一边实践训练,随问随答,互相讨论,发现不足,共同改善,使新员工快速融入,迅速上手工作,将理论培训落实到实际工作中,形成教学互动。三是岗位级可视化看板式复核培训。重点结合作业指导书以及作业现场实际情况,制作并张贴涵盖作业流程及作业要点的可视化看板,如图 13-33 所示。班组员工到岗实操作业时可参照看板自查自纠、校验自己的作业过程是否合标,另一方面在作业过程中反向校对作业指导书是否实际贴合班组现场作业、作业流程是否规范合理。

图 13-33　可视化看板

二、"三步走"标准改善模式实践成效及推广

分公司在膳食一部开展的"三步走"标准改善法,以精益标准优化流程,强化委外岗前培训为目标,以制度优化整合为基础、人员培训模式拓展优化为抓手,旨在降

低"人的不安全行为"导致问题发生的频率,提升教育培训效率和现场作业质量。

1. 标准化实现文本减负

将原本涉及膳食一部的34项标准6本作业指导书优化提炼整合成《膳食部生产管理规定》《食堂安全管理规定》两项管理标准和《食堂设施设备作业指导书》《食堂生产作业指导书》两本作业指导书,解决了现场员工标准执行的零散化、标准学习的低效化;15张表单的整合汇总成《食堂作业日报表》,一方面大大降低了员工台账填写的工作强度,另一方面大幅提升了台账填写的质量。

2. 标准化创新三级培训模式

立足于"二项整合"的推动,建立了6名车间级培训老师、20名班组级培训老师队伍,以岗位实操为重点,以可视化培训方式,加大对员工的标准化流程培训。三级业务培训较传统培训模式,培训质量、培训效率都有不断改进,试点食堂的违标率、投诉率有所下降,员工实际操作能力、现场作业质量均有大幅提升。

3. 标准化支撑模式推广

经过"三步走"标准改善模式的试点实施,膳食一部管辖内的申通食堂、蒲汇塘食堂(委外食堂),于2021年先后被上海市餐饮协会评为5A级6T实务食堂。蒲汇塘食堂(委外食堂)满意度测评得分达87.6,较之前提高了8.9%,被维保公司评为精益现场4星级现场。适用于作业区间相对固定场所的"三步走"标准改善模式,推广至其他业务板块,如储运、物业等作业区域;适用于大部分岗前培训的3级培训法,推广至全公司以及另外4家专业公司。

第十四章 标准服务行业的实践

上海地铁先后承担了城市轨道交通团体标准体系(中国城市轨道交通协会委托)、城市轨道交通产品标准体系(中国城市规划设计研究院邀请,国家市场监督管理总局委托)及城市轨道交通装备标准体系(中国城市轨道交通协会邀请,工业和信息化部委托)的研究工作,组建行业内第一个省市级标准化技术委员会,承担国家、行业等外部标准的编制,积极探索标准国际化工作路径,为行业标准化工作不断贡献上海地铁智慧。

第一节 城市轨道交通团体标准体系

2017年,上海地铁顺应国家标准化改革趋势,受中国城市轨道交通协会邀请,牵头开展行业首个团体标准体系研究,研究成果于2019年初正式对外发布。团体标准体系的建立为行业团体标准化工作发展提供指导,进一步推进行业技术发展及自主创新。

一、项目背景

我国标准管理体制形成于20世纪80年代,根据1988年发布的《标准化法》,将用以规范人们经济活动和社会生活的标准归纳为国家标准、行业标准、地方标准、企业标准四个层级。其突出特点是国家标准、行业标准、地方标准均由政府部门组织制定、批准发布,而作为市场主体之一的企业所制定的企业标准仅仅是为在企业内部使用而制定的标准。

随着经济全球化和科学技术的快速发展,我国各行业的技术研发能力持续进步、质量管理水平不断提升,企业的市场竞争日益加剧。特别是加入世界贸易组织

（WTO）后，对外贸易不断增加，科技创新力度不断增强，广大企业既面临着国内、国际两个市场的竞争压力，同时也迎来了前所未有的完全市场化的发展机遇。一方面，政府主导制定的标准制定周期长，而作为企业核心竞争力的技术标准通常也是由政府部门或者标准化组织制定，随着技术进步的加速和创新周期的缩短，这种标准制定方式不能针对快速变化的市场需求做出反应，难以适应市场竞争的需要，技术标准开始向市场主导的方向发展，企业日渐成为标准制定的主体；另一方面，随着技术专利在标准领域的不断渗透，主导或参与技术标准的制定，不但能够为企业带来直接的经济利益，而且有助于企业在技术上获得领先地位，在市场竞争中赢得主动权。但新兴技术的发展使得作为市场主体的单个企业，无法仅凭其自身的技术和资源优势，快速完成新兴技术从技术研发、标准制定到产业化推广应用的整个过程。于是，在围绕技术标准的企业竞争、国家竞争中，由行业领先企业结成标准联盟共同创立标准的"联盟标准"应运而生。此外，一些行业协会开始探索制定协会标准，以促进和规范行业的发展。

《国务院关于印发深化标准化工作改革方案的通知》提出："培育发展团体标准。在标准制定主体上，鼓励具备相应能力的学会、协会、商会、联合会等社会组织和产业技术联盟协调相关市场主体共同制定满足市场和创新需要的标准，供市场自愿选用，增加标准的有效供给。"据此，从标准的制定主体角度，联盟标准和协会标准都属于团体标准的范畴。作为国家标准、行业标准的补充，团体标准具有制订速度快、对市场需求响应及时、标准推广高效等优点，正成为标准化领域的一种重要发展趋势。团体标准虽然体量小，但是产业影响大、标准制定灵活、内部协调相对容易、与自主核心技术结合紧密。更重要的是，团体标准有与市场接轨、向国家标准和国际标准转化的诸多便利和优势，可以通过市场资源的配置形成事实标准，从而快速凝聚技术优势、产业优势和市场优势。

2016年2月，国家质检总局、国家标准委联合发布《关于培育和发展团体标准的指导意见》（国质检标联〔2016〕109号），提出培育和发展团体标准的指导思想、基本原则、主要目标，明确了团体标准的制定主体、制定范围，提出鼓励充分竞争、促进创新技术转化应用的要求，提出了团体标准统一编号规则。此后，国家标准委建立全国团体标准信息平台，对各团体标准组织的团体标准化活动进行了规范化管理。

2017年11月，新修订的《标准化法》正式发布，并于2018年1月1日开始实施。新《标准化法》第十八条明确提出"国家鼓励学会、协会、商会、联合会、产业技术联盟等社会团体协调相关市场主体，共同制定满足市场和创新需要的团体标准，由本团体成员约定采用或者按照本团体的规定供社会自愿采用",赋予了团体标准以法律地位,并指出了团体标准的定位是"满足市场和创新需要",从制度上为我国标准化体制与国际接轨提供了保障。

2017 年 12 月,国家质检总局、国家标准委联合发布《团体标准管理规定(试行)》国质检标联[2017]536 号,全面代替《关于培育和发展团体标准的指导意见》,从团体标准的制定、实施和监督等方面,提出了对新《标准化法》有关规定的细化落实措施,为规范、引导和监督我国团体标准化工作提供有力支撑。

二、项目需求

城市轨道交通作为综合性产业,产业链涉及面广,价值链条长,主要包括设计咨询、建设施工、装备制造、运营及增值服务 5 大环节、30 多个专业领域。产业组成包括上游的规划设计咨询、中游的建设施工和装备制造、下游的运营及增值服务等,每个产业又有更细化的产品构成。可以看出,城轨交通产业链结构复杂、维度多。

现阶段,我国城市轨道交通产业链基本集中于传统产业,上下游产业仍有较大的发展空间。在设计咨询方面积极拓展国际市场,重点发展以规划设计咨询、投资建设咨询、运营管理咨询、线网管理咨询一体化总承包的相关服务;施工建设方面加大核心技术和装备的应用,促进施工工艺的提升;装备制造方面突破核心技术难关,实现核心技术的完全自主知识产权;运营和增值方面积极延伸产业链,发展知识密集型产业,提升产业附加值。这些发展及突破都离不开标准的助力,而国家、行业标准的编制流程繁琐、发布审批时间长、协调各方利益导致的技术要求偏低等现状,都使得企业或者企业联盟不得不寻求更快速有效的途径来固化新技术、新知识从而形成新标准。这类新标准既要有其技术先进性,又要具备可推广性,不能仅仅是企业内部的标准。因此,只能采用"市场自主制定,快速反映需求"的团体标准来创新突破,引领产业链发展。

中国城市轨道交通协会是我国城市轨道交通领域的国家一级协会,由国家发展和改革委员会作为业务主管单位,同时接受住房和城乡建设部、交通运输部及工业和信息化部的行业指导,是具有独立法人资格的全国性、行业性、非营利性社会组织。目前,协会采用会长轮值制和会长负责制相结合的领导体制。协会现有会员单位超过 900 家,涵盖了中国城市轨道交通行业中的发展规划、设计咨询、投资融资、工程建设、运营管理、装备制造、科研院校等各种类型的企事业单位。

三、研究过程

中国城市轨道交通协会顺应国家标准化改革发展的新形势,积极开展团体标准编制工作,组织制定了《团体标准管理办法(试行)》,组建了城市轨道交通标准化技术委员会,并启动了一批团体标准的编制工作。为科学开展协会标准化工作,协会组织力量开展了城市轨道交通团体标准体系研究,并邀请上海地铁作为主编单位。

在2019年3月30日召开的中国城市轨道交通协会二届四次理事会暨第三次常务理事会上,《城市轨道交通团体标准体系研究》一书正式发布。这是我国城市轨道交通行业首个团体标准体系的顶层规划设计和开创性研究,确立了城市轨道交通团体标准体系的框架,提出了发展规划思路,对于城市轨道交通标准化工作和团体标准发展壮大具有重要意义,这也是上海地铁主导编制的首个协会标准体系。

自2017年7月课题研究正式启动以来,在中国城市轨道交通协会的牵头与指导下,上海地铁专门成立课题组,联合北京地铁、广州地铁、深圳地铁等兄弟单位,及上海市质量和标准化研究院等专业机构,通过查阅资料、现场调研、总结分析、系统研究、持续完善等方法,形成了课题研究报告、标准体系表、协会标准化工作发展规划等课题研究成果,为《城市轨道交通团体标准体系研究》正式出版发挥了关键作用。

四、研究内容

城市轨道交通团体标准体系的体系框架结构,根据城市轨道交通行业特征分析中的业务板块,及各业务板块下的核心流程和业务的梳理结论来构建,按选定的属性或特征将体系框架分为若干层级,各层级互不重复、交叉。

城市轨道交通团体标准体系采用二维结构,其中主维度以城市轨道交通基础、建设、运营、装备、开发板块为划分主线;辅维度按照城市轨道制式划分。需要注意的是,辅维度仅在装备板块中按需设置,其他板块暂不设置。

体系在主维度上采用树状图结构,从根体系开始逐级划分,直到最终的叶体系,任何一个父体系中的标准数量应为其所有子体系下的标准数量的总和。体系分为三级:一级子体系按照城市轨道交通的行业特点划分为基础、建设、运营、装备和开发。二级子体系按照各一级子体系的特点进行划分,其中"基础"按照标准化工作原理划分、"建设"按照核心流程划分、"运营"按照核心业务划分、"装备"按照专业系统划分、"开发"按照核心业务划分,如图14-1所示。三级子体系在二级子体系的基础上,根据各子体系的特点进一步细分形成。

图14-1 城市轨道交通团体标准体系示意图

在形成体系框架结构的基础上,同步梳理形成了标准明细表及参考标准明细表。城市轨道交通团体标准体系标准明细表,包含我国城市轨道交通行业专用的国家、行业标准,中国城市轨道交通协会已发布及计划发布的团体标准,及依据行业发展趋势在下阶段拟组织编制的待编团体标准。标准明细表不包含城轨交通行业需参考使用的跨行业通用标准,但为了便于使用,将相关跨行业通用标准整理形成《城市轨道交通团体标准体系参考标准明细表》,体系标准明细表不包含国际、国外标准。

团体标准体系研究还聚焦"十三五"期间的中国城市轨道交通协会标准化发展规划,提出了"到2023年,优化形成符合多制式、网络化发展需求的完整团体标准体系,标准数量、结构、层级更加完善合理,各领域标准、各级标准良好衔接。协会团体标准先进性、有效性和适用性显著增强,标准的制定适应市场的需要。检验检测、认证认可能力显著提高。标准化工作机制更加完善,标准实施效果进一步提升,标准化人才队伍素质明显提高。国际标准化活动参与度与影响力明显提升,标准化对城市轨道交通行业发展的支撑与保障作用充分发挥"的发展目标。发展规划中提出了"完善协会标准化管理机制"等5项具体任务,形成了"运营管理""车辆"等专业10个标准研制重点领域。

五、体系实施

团体标准在中国标准化发展史上是一种创新,它在新型标准化体系中属于市场自主制定标准,是社会团体共同利益的体现,体现产品在市场中的竞争优势,更是行业标杆。从宏观政策来看,根据新《标准化法》,团体标准的定位是国家、行业、地方标准和企业标准之间的桥梁,其存在主要是为了满足市场和创新需要。从城市轨道交通行业来看,团体标准是引领行业高水平、多制式、网络化发展及"走出去"的基础。从协会来看,团体标准是协会科学开展标准化工作的保障,更是管理、推动行业技术发展的重要抓手。

团体标准体系发布以来,在协会团体标准申报中,加入体系归类的要素,进一步规范了标准申报。同时,由不同的专委会、分会分别负责体系中不同业务板块的标准制修订工作,大大提升了团体标准管理的规范性,提升了标准编制的效率及质量。协会组织各专委会及分会依据体系,形成了团体标准编制的三年规划,在标准立项审核时也起到了重要作用。截至目前,体系内新增了数量可观的团体标准,国家及行业标准也在不断更新。行业新技术不断涌现,智慧地铁、绿色地铁等专项新领域不断壮大,标准编制需求急增。同时,协会也在组织编制一些专项领域的标准体系,例如信息安全、智慧地铁等。在行业技术的快速发展以及协会标准化工作的快速发展下,目前的体系结构及标准明细表已现短板,需进一步优化完善架构,梳理更新明细表,方能持续有效地指导团体标准管理工作。协会标准化技术委员会继续委托上海地铁牵头开展团体标准体系的优化研究工作,优化研究课题启动会于2021年12月17日正式召开,明确了项目课题组、定位、技术路线、工作内容、分工及计划安排等工作大纲内容。

第二节 城市轨道交通产品标准体系

2019年,上海地铁接受中国城市规划设计研究院邀请,主编国家市场监督管理总局(国家标准化管理委员会)委托项目《城市轨道交通产品标准体系》中体系框架研究板块,体系于2021年构建完成。

一、项目背景

为适应我国城市轨道交通建设发展需要,促进技术进步,住房和城乡建设部于2010年7月正式发布了《城市轨道交通产品标准体系》,有效指导了城市轨道交通产品标准的制定和管理,并为城市轨道交通产品的生产、制造、检测和使用提供了依据,在支撑和引导行业发展中发挥了重要作用。21世纪以来,城市轨道交通建设进入快速发展期,2000年至2016年每年建设运营里程基本以400~500公里递增,2017年至2021年每年建设运营里程基本以700~1 000公里递增,其中2020年新增1 242公里。截至2021年底,我国内地累计有51个城市开通运营线路269条,运营线路总里程8 708公里。"十三五"期间,由国家发展改革委批复的新增规划线路里程4 001.74公里,新增计划投资近3万亿元,遥遥领先于世界。我国城市轨道交通经过多年来的建设发展,产品制造业已经进入了高速发展时期,形成了自主研发、配套完整、设备先进、规模经营的集研发、设计、制造、试验和服务于一体的轨道交通产品制造体系。我国轨道交通产品制造业是创新驱动、智能转型、强化基础、绿色发展的典型代表,是我国高端产品制造领域自主创新程度最高、国际创新竞争力最强、产业带动效应最明显的行业之一,已成为我国高端产品制造领域在全球轨道交通产品市场中的核心竞争优势,是推动我国新兴产业快速发展的重要原动力。随着我国城市轨道交通的快速发展,尤其在全球新一轮技术革命中,"互联网+"正在深刻改变着经济社会的发展形态,"互联网+城市轨道交通"也正在衍生出崭新的自动化、智能化的新技术、新业态、新模式。城市轨道交通庞大的发展规模和日新月异的发展模式,为标准的编制工作提出了更高要求。开展城市轨道交通产品标准体系建设支撑工作研究,建立健全与行业发展相适应的、满足社会需求的城市轨道交通产品标准体系,可促进我国城市轨道交通行业健康稳健发展,配合国家"走出去"战略,推动实现国家制造强国和标准强国的宏观愿景。

二、项目需求

根据国家标准化工作改革精神,围绕"一带一路"倡议、生态文明建设等,按照《国务院关于印发深化标准化工作改革方案的通知》国发〔2015〕13号要求,对城市轨道交通行业在生产、检验、维修和检测中使用的产品标准进行全面梳理和研究,借鉴国内外产品标准体系建设成果,由需求引领,以问题为向导,建立一个分类科学、结构合理、数量适中、覆盖全面、拓展可行的城市轨道交通产品标准体系框架,以适应我国城市轨道交通发展、促进技术进步、推动产品标准国际化等需要。标准体系应围绕标准化工作的全要素、全过程及其内在联系构建,为今后一段时期内城市轨道交通产品标准的制定、修订立项以及标准的科学管理提供基本依据,可有效杜绝标准制订时的交叉、重复、矛盾现象,促使标准制订平稳、有序进行;促进政府主导制订的标准与市场自主制订的标准协同发展、协调配套,促使强制性标准守底线、推荐性标准保基本、团体标准促进步、企业标准强质量的作用充分发挥。

三、研究内容

体系采用"基础—通用—专用"的三层框架结构,层次表示标准间的主从关系,上层标准的内容是下层标准内容的共性提升,上层标准制约下层标准,并指导下层标准,如图14-2所示。

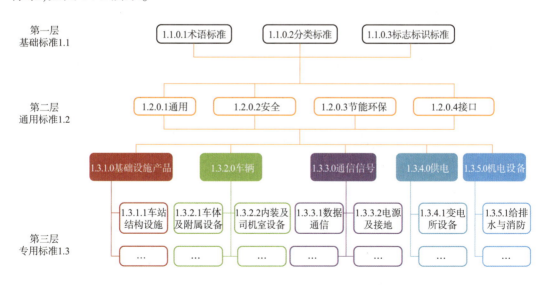

图14-2 城市轨道交通产品标准体系示意图

基础标准是指城市轨道交通行业内具有广泛指导意义的共性标准,如术语、分类、标志等。本体系中,对城市轨道交通行业范围内具有共性的基础标准和各门类基础性标准,进行综合后统一归入了基础标准一层。基础标准是各门类基础标准的综合整合,根据其性质,分为术语标准、分类标准、标志标准等类型。

通用标准是针对城市轨道交通行业或某一门类标准化对象制定的共性标准,包括通用的安全、节能、环保、保障公共利益要求,通用的制造要求,通用的检测、试验验收要求以及通用的管理要求等。通用标准层包括行业通用标准和门类通用标准。行业通用标准为各门类的共性标准,门类通用标准是某个门类中的共性标准。行业通用标准是城市轨道交通行业中各门类共性标准的综合。基于行业发展需要和发展趋势,除保留2010年体系中的产品安全、节能、振动噪声、产品质量检验等类型标准,并补充完善相应类型的标准外,结合国家适老化发展要求,新增无障碍设施类标准,大数据、云平台等智慧城市轨道交通类标准,电磁辐射类等保障人身健康的标准,接口类标准,以及车辆运行性能类标准。

专用标准是指在某一门类下对某一具体标准化对象制定的个性标准,指门类中具体的产品、过程、服务及管理标准等。在专用标准的门类划分中,将城市轨道交通产品标准划分为6个门类。同时,为与2010年版体系衔接、保持体系稳定、适合行业习惯,保持车辆、供电门类号不变,分别为1、2;通信、信号原门类编码是3,拆分后通信门类号为3;信号门类、机电设备门类分别顺延为4、5;基础设施门类号使用原轨道门类号6。

本体系标准总数量是426项,比2010年版本的267项多159项;基础标准11项,相比2010年版本的5项多6项;行业通用标准28项,相比2010年版本的15项多13项;门类通用标准111项,相比2010年版本的93项多18项;门类专用标准276项,相比2010年版本的154项多122项。

第三节　城市轨道交通装备标准体系

2018年,上海地铁受中国城市轨道交通协会邀请,承担工业和信息化部《城市轨道交通装备标准体系》的研究工作,体系于2019年发布。

一、项目背景

装备制造业是经济社会发展的支柱性、基础性产业,是提升我国综合国力的基石。标准是产业发展和质量技术基础的核心要素,是装备制造业行业管理的重要手段。标准是装备设计、制造、采购、检测、使用和维护的依据,标准的先进性、协调性和系统性决定了装备质量的整体水平和竞争力。坚持标准引领,用先进标准倒逼装备制造业转型和质量升级,建设制造强国、质量强国,是结构性改革的重要内容,有利于改善供给、扩大需求,促进产品产业迈向中高端。

要大力发展装备制造业,缩短与国内外先进企业之间的差距,提升本国产品的国际影响力和竞争力,制造品牌效应,社会各级层面都对标准和标准化体系建设提出了不同层面的需求。

从行业层面来看,想要促进自身良性发展,需要充分发挥标准的"门槛"和"耦合器"作用。一方面,通过标准,规定技术"底线",保障产品符合要求,为质量监督、市场准入提供技术依据,加快淘汰落后产能,规范市场秩序。另一方面,通过标准有效协调供给与需求关系,促进科技创新和专业化生产,降低风险和成本,提高全要素生产率。

从企业层面来看,激烈的市场竞争和运营单位的多样化需求,对企业的经营和管理提出了越来越高的要求。在这种情况下,企业如何能在众多的竞争者中脱颖而出,提供满意的产品和服务,才是企业发展的根本。标准的实质是制定竞争规则。企业之间的竞争实质是企业内部规则与外部规则之间的较量,标准对企业发展起着重要的决定性作用。同时,标准还是企业产品进入市场的名片。科技是第一生产力,市场竞争主要是技术之争,而技术之争又往往表现为标准之争。标准作为企业市场竞争的"核武器",掌握了标准就掌握了行业的制高点,体现了企业的先进技术,有助于企业获得知名品牌,是企业树立品牌和形象的重要手段。

对运营单位而言,为使自身的服务质量得到保障,需要标准对自身需求进行界定。在标准化组织中,企业和运营单位都是制定标准的主体,运营单位的主要任务就是提出需求。在客体方面,需求本身就是标准的一种类型。标准往往以市场需求为目标,成熟的标准反映了市场需求。由市场选择标准是标准形成的重要方式,而市场需求是市场环境中运营单位对产品的期望和要求。经过市场的淘汰机制,留下符合运营单位需求的新技术,标准也跟着变化。同时,产品只有符合法规要求或采用标准才允许进入市场,而标准承担了法规所无法承担的对商品的质量和有关性能作具体规定的任务。标准为市场提供了规范性的保证,规范的市场则有利于运营单位确立有效需求。运营单位从专业角度的挑剔行为能够推动产业的发展,使得产品水平不断提高。

健全城市轨道交通装备标准体系能使城市轨道交通装备市场规范有标可循、公共利益有标可保、创新驱动有标引领、转型升级有标支撑,有利于促进和保证行业的持续稳进良性发展。

二、项目需求

构建城市轨道交通装备标准体系,促进城市轨道交通各专业、各制式标准协调衔接和融合发展,对于推动城市轨道交通行业转型升级、提质增效具有重要意义。

城市轨道交通装备标准体系立足于能够响应《中国制造 2025》和国家智能制造标准体系对轨道交通制造业的要求。以绿色智能技术为主线,以多样性产品为载体,以全球市场为目标,实现技术引领、产业辐射。促进城市轨道交通装备在国际上具有领先水平,国内标准能够升级为国际标准,实现城市轨道交通装备"走出去"的战略。

城市轨道交通装备标准体系能够服务于城市轨道交通装备认证。目前行业装备认证工作仍处于起步阶段,大量的城市轨道交通装备尚未形成认证规则。装备标准体系的建立能为认证提供技术支撑,能够提供认证规则所需要的技术标准。认证的实质是为了提高城市轨道交通装备产品的质量,装备标准体系能具有带动城市轨道交通装备产品质量发展的作用。

城市轨道交通装备标准体系能带动新技术、新材料、新制式的发展。随着新技术、新材料的不断涌现,城市轨道交通装备的发展也日新月异。装备标准体系不仅应该涵盖现有的城市轨道交通制式和技术,还应该确保装备标准体系的可扩展性能够将未来可能会普遍使用的新技术、新材料、新制式纳入。

三、研究内容

城市轨道交通装备标准体系是城市轨道交通装备相关的专用标准按其内在联系形成的科学的有机整体,由城市轨道交通装备标准体系表来描述城市轨道交通装备标准体系的目标、边界、范围、环境、结构关系并反映标准化发展规划。

从涵盖的标准范围方面而言,城市轨道交通装备标准体系包含目前国内常用的城市轨道交通装备国际标准、国外标准、国家标准、行业标准及团体标准;地方标准及企业标准须转化为团体标准后方可纳入体系;与其他行业共用的通用类装备标准作为本体系的参考名录。

从涵盖的城市轨道交通制式方面而言,城市轨道交通装备标准体系包含地铁、轻轨、跨座式单轨、中低速磁浮、有轨电车、市域快轨、自动导向轨道系统七种城轨制式的标准,同时对于今后可能出现的新型制式留有可拓展的空间。

从装备的生命周期而言,城市轨道交通装备标准体系涵盖城轨从设计到生产、制造、加工、检测、验收、维护及报废等全寿命周期中所需使用的装备技术标准,而涵盖两个及以上子体系的装备标准则包含在基础与综合子体系中。

本标准体系采用层次结构,分为基础及综合性标准、系统级标准、子系统级标准和关键部件级标准四个层次,层次表示标准间的主从关系,上层标准的内容是下层标准内容的共性提升,如图14-3所示。

图14-3　城市轨道交通装备标准体系示意图

城市轨道交通装备基础性标准指的是城市轨道交通装备领域内具有广泛指导意义的共性标准,如术语、分类、标志标识等;综合性标准指的是城市轨道交通装备下两个以上系统的共性标准或各系统之间的接口性标准。

城市轨道交通装备系统级标准指的是城市轨道交通装备下该系统内两个以上子系统的共性标准或各系统之间的接口性标准。

城市轨道交通装备子系统级标准指的是城市轨道交通装备下该子系统级的标准、子系统内两个以上关键部件的共性标准或各关键部件之间的接口性标准。

城市轨道交通装备关键部件级标准指的是对某一具体关键部件制订的个性标准,涵盖产品的设计、生产、制造、工艺及检验测试等标准。

专用类标准指的是各装备在城市轨道交通使用环境下制定的标准,包含城市轨道交通使用的所有国家标准、铁路行业标准、工程建设行业标准、团体标准及国际/国外标准。

通用标准通常指的是装备在各自领域的基础性标准,具有行业通用性,与使用环境无关。

第四节　上海市轨道交通标准化技术委员会

2019年1月,经上海市市场监督管理局批准,正式组建"上海市轨道交通标准化技术委员会"。"上海市轨道交通标准化技术委员会"(简称地标委)由上海市市场监督管理局负责行政主管、上海市交通委员会负责行业主管,主要从事上海市轨道交通运营服务领域标准化工作的技术组织,秘书处设在上海申通地铁集团有限公司。委员28人,分别来自科研院校、标准化权威机构、轨道交通领域有关部门及企业。

一、探索构建推动高质量发展的运营服务标准体系

根据长三角一体化发展战略以及《交通强国建设纲要》中提出的四网融合要求,在国家标准和行业标准等标准体系框架下,研究建立适用于上海超大规模轨道

交通网络、长三角轨道交通一体化发展的城市轨道交通运营标准体系。通过开展调研,明确体系构建需求,理顺业务分类,梳理形成"基础、综合、运输组织、服务质量、维护更新、安全应急"六大体系分类及若干细分小类的体系框架结构;梳理标准现状,研究增加一体化、智慧化领域的相关标准,初步形成待编标准清单,并策划"十四五"期间编制计划,促进标准体系与时俱进、持续完善;探索评价改进机制,持续优化体系,确保标准体系结构与上位标准体系形成良好对接、体现上海轨道交通运营管理特色、突出行业技术发展趋势,融入实用、创新及可持续的应用理念。

二、做好地方标准技术归口管理

根据上海市轨道交通运营管理地方标准现状,对照新发布的国家标准、交通运输部新颁布的政策文件,在城市轨道交通新技术、新业态、新模式等领域,提出制修订地方标准的意见建议与拟申报项目,做好相关技术标准归口管理工作,推动上海市轨道交通行业急需地方标准的研制和实施,适应上海超大规模轨道交通网络、长三角轨道交通一体化发展新形势。目前归口管理上海市轨道交通运营领域地方标准,包括《城市轨道交通列车运行图编制规范》《城市轨道交通运营评价指标体系》等10项,截至2022年5月发布8项、在编2项。

三、加强标准技术审查

按照《上海市地方标准管理办法》关于标准技术审查的要求,制定标准编制的技术审查办法:在立项阶段,组织全体委员开展立项审查投票,明确年度立项计划;在送审及报批阶段,选取标准所在领域内相关委员或专家,对提报的地方标准编制草案中的技术内容开展技术审查,出具技术审查意见;全过程做好地方标准草案修改的监督指导工作,组织相关委员或专家,做好在编标准验收会及审定会前技术把关及发布前文本审核,形成地方标准送审及报批的相关材料,报送市标准化行政主管部门;组织开展复审标准实施情况逐项评估,形成标准复审建议并报有关部门,确保标准复审率100%。

四、开展标准宣贯培训

一是明确宣贯任务,充分发挥地标委作用,确定标准宣贯与实施的目标、任务、措施和重点领域,建立标准化宣传网络,逐步形成权威高效的标准宣贯体系。创新宣传方式,探索标准化宣传新方法、新模式,开展"上海市标准化工作要点"等标准化形势任务、指导思想、主要目标和重点任务的宣传,形成学标准、讲标准、用标准的良好氛围。加大宣贯力度,组织新颁布的交通运输部"城市轨道交通运营管理系列制度",以及新编标准、政策法规、标准化知识等的深入解读,开展世界标准日等专题宣传,扩大标准化影响力。二是组织标准培训,以标准化理论基础等为重点,采取集中学习、辅导讲座、研讨交流等形式,开展法律法规、标准化理论、标准编制与实施等内容的培训,提升地标委全体委员标准化理论水平,并通过开展标准化管理和轨道交通相关业务知识培训,提升地标委秘书处工作人员标准化实作能力。以培育标准化高端人才为重点,通过送外培训、对外交流、项目合作等途径,培养懂标准、懂技术、懂外语、懂规则的高层次标准化人才,积极参加国标委主办的 2020 年中国 IEC 青年专家暨国际标准化青年英才选培活动,以及国内外城市轨道交通标准化领域活动,加快提高地标委的竞争力。

五、培育标准化服务品牌

聚焦优势领域,推动上海地铁企业标准《上海轨道交通全自动运行线路运营要求》上升为"上海标准",作为品牌、管理和服务输出的有效载体,以标准走出去带动上海轨道交通走出去。在长三角各地方政府标准化行政主管、行业主管部门的指导支持下,依托地标委平台,围绕长三角区域多层次轨道交通一体化,聚焦标准引领轨道交通安全智慧、绿色发展主题,牵头开展《长三角区域轨道交通标准一体化研究》,主办"长三角轨道交通标准化论坛暨长三角轨道交通标准一体化发展倡议活动",探索建立长三角轨道交通标准化"合作、创新"区域发展新模式。以"贯彻标准化纲要,助力数字化地铁"等为主题,每年组织举办标准化论坛,创新地标委优势品牌。

六、发挥技术支撑作用

一是提升标准应用质量。适应轨道交通新一轮转型发展、超大规模网络运营、全自动驾驶、智慧车站、智能维修等运营管理新模式、新技术、新规范,在贯彻国家行业标准的基础上,组织对现有的地方标准进行全面梳理和评估,使实施的轨道交通运营服务类地方标准先进完备、科学适用。二是提升成果转化力度。围绕标准的制定、实施、应用全过程,以及轨道交通运营服务需求,加强标准研制与科技创新的互动与融合,将轨道交通运营服务领域的先进技术、科技创新成果列入标准计划支持范围,为上海市科创中心建设、智慧地铁运营管理提供技术支撑。三是提升标准研发能力。支持开展标准化理论方法、创新实践、成果转化研究,形成标准化科研项目,提升轨道交通运营服务领域标准化科研水平。及时跟踪国际国内轨道交通技术标准发展动态,开展标准比对、标准评估和对标管理,在轨道交通关键技术方面形成具有自主创新特点的技术标准。四是提升标准引领作用。按照国标委、上海市市场监督管理局关于国家级标准化试点项目、市级标准化试点工作的管理要求,指导上海轨道交通企业进行项目申报与建设,目前上海地铁维保公司车辆分公司"维保地铁列车维修"试点项目通过验收,上海地铁第二运营公司"应急响应地铁运营服务"正在试点建设中,充分发挥了地标委的技术支撑作用。五是提升对外服务能力。发挥上海轨道交通标准引领作用,协助上海轨道交通企业参与主编并正式出版中国城市轨道交通协会《城市轨道交通团体标准体系研究》。推进参与交通运输部科学研究院"城市轨道交通运营标准体系的研究"等课题。指导和组织上海轨道交通企业开展行业内标准体系咨询项目,立足走向国际,积极参与国际、国内标准化活动,提高地标委在国内外标准化工作中的影响力。

第五节 主编、参编外部标准

上海地铁总结经验与成效,凝练技术创新成果,不断编制形成城市轨道交通行业各层级、各类型标准。十年来,上海地铁主编、参编国外标准、国家标准、行业标准、地方标准及团体标准200余项,始终处在行业标准编制的领先位置,为行业标准化工作贡献上海智慧。主编外部标准明细见表14-1。

表14-1 主编外部标准明细表

序号	标准编号	标准名称	标准级别	发布日期	实施日期
1		LEED V4 BD + C transit 轨道交通 leed 评价标准	国外标准	2018/11	2018/11
2	GB/T 51211—2016	城市轨道交通无线局域网宽带工程技术规范	国家标准	2016/12/2	2017/7/1
3	GB/T 36953.3—2018	城市公共交通乘客满意度评价方法 第3部分:城市轨道交通	国家标准	2018/12/28	2019/7/1
4	GB/T 38374—2019	城市轨道交通运营指标体系	国家标准	2019/12/31	2020/7/1
5	GB/T 38707—2020	城市轨道交通运营技术规范	国家标准	2020/3/31	2020/10/1
6	RB/T 310—2017	城市轨道交通客运服务认证要求	行业标准	2017/11/27	2018/6/1
7	DG/TJ 08—2005—2006	城市轨道交通机电设备安装工程质量验收规范	地方标准	2006/12/21	2007/2/1
8	DG/TJ 08—2064—2009	地下铁道建筑结构抗震设计规范	地方标准	2009/10/26	2010/1/1
9	DB31/T 596—2012	地铁合理通风技术管理要求	地方标准	2012/6/25	2012/10/1
10	DG/TJ 08—2130—2013	城市轨道交通基于通信的列车控制系统(CBTC)列车自动监控(ATS)技术规范	地方标准	2013/8/2	2013/10/1
11	DG/TJ 08—104—2014	城市轨道交通专用无线通信系统技术规范	地方标准	2014/9/11	2015/1/1
12	DG/TJ 08—111—2014	城市轨道交通信息传输系统技术规范	地方标准	2014/10/15	2015/2/1
13	DG/TJ 08—901—2014	城市轨道交通站台屏蔽门技术规程	地方标准	2014/12/8	2015/4/1
14	DG/TJ 08—2169—2015	轨道交通地下车站与周边地下空间的连通工程设计规程	地方标准	2015/5/13	2015/11/1

续上表

序号	标准编号	标准名称	标准级别	发布日期	实施日期
15	DGJ 08—106—2015	城市轨道交通工程车辆选型技术规范	地方标准	2015/7/24	2015/12/1
16	DG/TJ 08—902—2016	旁通道冻结法技术规程	地方标准	2016/2/29	2016/8/1
17	DB31/T 1013—2016	城市轨道交通地下车站环境质量要求	地方标准	2016/11/2	2017/1/1
18	DG/TJ 08—2037—2016	城市轨道交通自动售检票系统(AFC)检测规程	地方标准	2016/6/3	2016/11/1
19	DG/TJ 08—2232—2017	城市轨道交通工程技术规范	地方标准	2017/3/31	2017/8/1
20	DB31/T 1105—2018	城市轨道交通车站服务中心服务规范	地方标准	2018/9/18	2018/12/1
21	DB31/T 1104—2018	城市轨道交通导向标识系统设计规范	地方标准	2018/9/19	2018/12/2
22	DB31/T 1122—2018	城市轨道交通运营评价指标体系	地方标准	2018/12/25	2019/4/1
23	DB31/T 1174—2019	城市轨道交通列车运行图编制规范	地方标准	2019/8/15	2019/11/1
24	DG/TJ 08—2289—2019	全方位高压喷射注浆技术标准	地方标准	2019/4/2	2019/8/1
25	DG/TJ 08—2303—2019	轨道交通声屏障结构技术标准	地方标准	2019/8/26	2020/1/1
26	DG/TJ 08—2306—2019	城市轨道交通接触轨系统施工验收标准	地方标准	2019/12/5	2020/5/1
27	DG/TJ 08—2313—2020	城市轨道交通乘客信息系统技术标准	地方标准	2020/1/17	2020/7/1
28	DG/TJ 08—2333—2020	轨道交通轨道精测网技术标准	地方标准	2021/1/4	2021/6/1
29	DB31/T 676—2021	城市轨道交通能源消耗指标和计算方法	地方标准	2021/6/1	2021/9/1
30	DG/TJ 08—2399—2021	城市轨道交通智慧车站技术规范	地方标准	2021/12/24	2022/6/1
31	DG/TJ 08—2041—2021	地铁隧道工程盾构施工技术规范	地方标准	2021/1/7	2021/7/1
32	DG/TJ 08—2369—2021	城市轨道交通基于通信的列车控制系统技术标准	地方标准	2021/8/10	2021/12/1
33	T/CAMET 04015—2019	城市轨道交通列车运行速度限制与匹配技术规范	团体标准	2019/3/4	2019/6/15
34	T/CAMET 04022.1—2021	城市轨道交通 自动售检票系统过程管理要求 第1部分:过程架构	团体标准	2021/4/12	2021/6/1
35	T/CAMET 04022.2—2021	城市轨道交通 自动售检票系统过程管理要求 第2部分:建设过程	团体标准	2021/4/12	2021/6/1
36	T/CAMET 04022.3—2021	城市轨道交通 自动售检票系统过程管理要求 第3部分:运营过程	团体标准	2021/4/12	2021/6/1
37	T/CAQ 10116—2021	城市轨道交通设备设施维护保障企业现场管理实施指南	团体标准	2021/12/31	2021/12/30
38	在编	城市轨道交通车载能耗计量装置技术要求	国家标准		
39	在编	长三角区域一体化市域快速轨道工程技术标准	长三角区域地方标准		
40	在编	地下铁道建筑结构抗震设计规范(修订)	地方标准		
41	在编	城市轨道交通钢弹簧浮置板轨道施工质量验收标准	地方标准		
42	在编	城市轨道交通自动售检票系统通用技术规范(修订)	地方标准		

续上表

序号	标准编号	标准名称	标准级别	发布日期	实施日期
43	在编	城市轨道交通专用无线通信系统技术规范（修订）	地方标准		
44	在编	城市公共用水定额及其计算方法 第10部分：轨道交通	地方标准		
45	在编	城市轨道交通结构安全保护技术标准	地方标准		
46	在编	城市轨道交通车辆寿命评估标准	地方标准		
47	在编	轨道交通通信信号数字化运维系统指南	地方标准		
48	在编	城市轨道交通网络安全通用技术规范	地方标准		
49	在编	城市轨道交通设施设备维护与更新改造规程导则	地方标准		
50	在编	旁通道冻结法施工技术规程（修订）	地方标准		
51	在编	城市轨道交通信息模型技术标准（修订）	地方标准		
52	在编	城市轨道交通信息模型交付标准（修订）	地方标准		
53	在编	城市轨道交通智慧车站技术标准（外文版）	团体标准		
54	在编	城市轨道交通工程信息模型 分类及编码	团体标准		
55	在编	城市轨道交通工程信息模型 深度规范	团体标准		
56	在编	城市轨道交通工程信息模型 表达规范	团体标准		
57	在编	城市轨道交通工程信息模型 交付规范	团体标准		
58	在编	城市轨道交通工程信息模型 构件	团体标准		
59	在编	城市轨道交通 地下车站 环境质量要求	团体标准		
60	在编	城市轨道交通 智慧车站 技术规范	团体标准		
61	在编	城市轨道交通 盾构法隧道结构整治技术规范	团体标准		
62	在编	城市轨道交通 保护区 技术管理规范	团体标准		
63	在编	城市轨道交通 顶层管理架构体系设计指南	团体标准		
64	在编	城市轨道交通 控制中心人因工程 设计规范	团体标准		
65	在编	城市轨道交通车辆车载智能信息以太网技术要求	团体标准		
66	在编	城市轨道交通初期运营前弓网关系动态测试与评估规范	团体标准		
67	在编	城市轨道交通初期运营前轮轨关系动态测试与评估规范	团体标准		
68	在编	城市轨道交通 综合监控系统 技术规范	团体标准		
69	在编	有轨电车运营指标体系及计算方法	团体标准		

第六节　城市轨道交通标准走向国际的探索与实践

一、标准国际化需求

标准是经济和社会发展的技术基础,为经济建设和社会治理提供最佳规则秩序和重要科学依据。国际标准作为全球治理、经贸规则的重要组成部分,在助力高质量发展、推动国家治理体系和治理能力现代化等方面,发挥着重要作用。

1. 从国家层面看

国际标准作为国际贸易的"通用语言",在提升国际贸易效率、降低合作成本、应对全球性紧急事件等方面,都发挥着重要作用。中国正进入高质量发展的新阶段,中国标准改革发展的根本方向是有效地跟国际接轨,推动中国技术优势向国际竞争优势的转化,带动我国产品、技术、工程融入"一带一路"建设和全球产业链,促进我国企业形成以技术、品牌、质量、服务为核心的国际贸易竞争新优势。

2. 从行业层面看

随着国内城市轨道交通行业的迅猛发展,在建及运营里程快速增长,设施系统的性能要求不断提升,装备产品的类目繁多,新技术新领域涌现。行业标准数量也逐年攀升,质量不断提高,但与国际先进水平标准仍存差距,是产业创新及"走出去"的瓶颈之一,亟需加强标准支撑和引领作用,不断在标准国际化上尝试突破,将行业先进的产品、技术、理念通过标准"走出去",提升轨道交通行业国际影响力。

3. 从上海地铁看

上海地铁 2007 年加入国际地铁协会(COMET),加强与国际地铁对标对表,学习借鉴标杆企业的先进经验,参与标准国际化活动,积极引入先进的标准化理念、标准化技术、标准化知识和体系,催化和提升标准创新引领的能效。近年来,上海地铁不断总结企业标准化实践经验,积极探索标准国际化路径,从参与各类标准国际化活动,对接国际标准化相关机构,到成为 IEEE 企业会员及实质性参与到国外标准的编制中,迅速完成了企业标准国际化的零突破。未来,上海地铁将培养及输送一批标准国际化的优秀技术专家,探索承担国际标准化组织相关机构的可能性,以期更多地参与乃至主导国际标准的编制,输出中国城轨的智慧与理念,提升城市轨道交通行业标准国际化工作水平,实现更高质量发展。

二、标准国际化探索与实践

1. 参与国际电工委员会(IEC)活动

(1) IEC 简介

国际电工委员会(International Electrotechnical Commission,以下简称"IEC")成立于 1906 年,是世界上成立最早的国际性电工标准化机构,负责有关电气工程和电子工程领域中的国际标准化工作。IEC 有技术委员会(TC)100 个、分技术委员会(SC)107 个,截至 2018 年制定发布 10 771 个国际标准。我国 1957 年加入参加 IEC,以中国国家标准化管理委员会的名义参加 IEC 的工作,是 IEC 的 99% 以上的技术委员会、分委员会的 P 成员。IEC 常任理事国为中国、法国、德国、日本、英国、美国。

(2) 活动及实践

一是国标委领导指导调研。2019 年 8 月,国家市场监管总局标准创新司 IEC 处领导来上海地铁调研指导,详细听取上海地铁标准化工作以及申请国际标准化组织 IEC TC9 工作组、提交国际标准提案、申请 TC9 注册专家等情况汇报,希望上海地铁加快与 IEC TC9 国内对口单位的沟通联络,进一步完善有关提案。同时,利用 IEC 大会对标国际最高标准、最好水平的良好时机,近距离了解和参与国际标准化活动,从而在更高水平、更高层次中参与国际竞争,为未来更多参与 IEC 标准化工作奠定基础。二是与 IEC 国内对口单位交流。2019 年 8 月,赴全国牵引电气设备与系统标准化技术委员会(SAC/TC278)秘书处及 IEC TC9 国内技术对口单位,交流参与 IEC 相关活动、申请 IEC TC9 注册专家、形成标准提案等相关事宜,为进一步推进标准国际化工作做好准备。三是积极参与 IEC 全球大会。2019 年 10 月,第 83 届国际电工委员会(IEC)全球大会在上海召开,来自世界各国标准化组织的领导与专家集聚上海,互鉴共享 IEC 国际标准化成果。上海地铁参加大会开幕式,认真聆听领导讲话,学习领会大会精神。会议期间还参加了欧洲标准化委员会(CEN)和欧洲电工标准化委员会(CENELEC)举办的交流讨论会,现场了解欧洲标准体系的相关知识,加强与国内标准化同仁交流,拓宽标准国际化工作视野。四是法国国家标准机构来访。2019 年 11 月,法国国家标准机构(AFNOR)标准部及 ISO 技术管理局成员,在国家市场监督管理总局标准创新管理司副司长、上海市市场监督管理局副局长陪同下,来上海地铁调研交流标准国际化工作。来访人员详细听取上海地铁标准国际化工作情况介绍,对上海地铁的快速发展以及在标准国际化工作方面做出的努力非常赞赏,建议将智慧车站、无人驾驶等优势领域的经验做法形成标准与案例,深入参与 ISO、IEC 等标准国际化活动,并表示法国国家标准机构(AFNOR)愿为上海地铁等中国优秀企业,进一步搭建标准国际化交流平台、寻求标准国际化合作契机。

2. 成为电气电子工程师学会(IEEE)标准协会正式会员

(1) IEEE 简介

电气电子工程师学会(IEEE)的英文全称是 the Institute of Electrical and Electronics Engineers,其前身是成立于 1884 年的美国电气工程师协会(AIEE)和成立于 1912 年的无线电工程师协会(IRE)。IEEE 在全球 160 多个国家拥有 420 000 + 会员,其中包括 120 000 + 学生会员;共设立了 10 个地理大区,342 个分会,3 449 个学生分会;每年在全球 103 个国家举办超过 1 900 个会议。出版顶级技术期刊超 200 种,IEEE Xplore 数字图书馆文献超过 500 万篇,已经制定了 1 300 多项现行工业标准,另有 600 多项标准正在制定中。

(2) 活动与实践

2021 年 5 月,上海地铁正式成为 IEEE 标准协会(Standards Association)的高级公司会员(IEEE Standards Association Corporate Program),享有成为 IEEE 实体标准项目的发起人、成为实体标准制定工作组的主席或者承担工作组职位、成为实体标准制定工作组投票成员的权力。同时能够在标准公布之前熟知其内容,从而便于尽早贯彻执行;通过开放、透明的流程培育基于市场的公平标准;通过多国家跨行业的广泛参与来更准确地把握市场;扩大品牌的知名度等。加入会员以来,上海地铁实质性参与两项 IEEE 标准的编制,多次参与 IEEE 标准协会关于标准制修订流程与政策的相关培训。2021 年以来,与 IEEE 标准协会开展多次交流,分享上海地铁关于城市轨道交通标准化建设的理念与成效,提出未来城市轨道交通行业标准乃至国内标准走上国际舞台的建议与设想。IEEE 标准协会表示很惊喜能够看到国内交通企业对于标准化工作的认可与努力,希望上海地铁在标准国际化上有更多突破。

3. 加入上海工程建设标准国际化促进中心

(1) 中心简介

上海工程建设标准国际化促进中心(以下简称"中心")于 2021 年 3 月成立,是从事工程建设标准国际化相关标准制定、翻译、合作共享、技术交流等非营利性社会服务活动的地方行业性社会组织,主管部门为上海市住房和城乡建设委员会。上海地铁是第一批 15 家理事单位之一。中心成立以来开展了外文版标准、标准国际化案例征集汇编、标准国际化合作交流培训等一系列标准国际化的推进工作。已立项外文版标准 9 项,内容涵盖自动化码头、轨道交通、超高层建筑三大优势领域及其他前沿方向。

(2)活动与实践

上海地铁积极响应国家"一带一路"倡议,以及上海市委十一届四次全会"积极参与国际标准制定,推动更多行业标准、管理标准成为国际标准"的精神,受上海市住房和城乡建设委员会的邀请作为理事单位,加入"上海工程建设标准国际化促进中心"。由上海地铁主编的《城市轨道交通智慧车站技术规范》作为上海市优势领域先进技术标准,入选中心第一批转化为外文版的工程建设标准,明确智慧车站的基本特征、建设目标、系统构成与功能,用于指导相关工程建设与运营维护,填补了目前该领域国际标准的空白。

三、标准国际化初步成效及启示

2021年,上海地铁受IEEE(电气电子工程师协会)/VTS(车辆技术学会)/HSTMSC(高速列车与磁浮标准委员会)邀请,参与到两项IEEE标准的编制中,分别是《Test method for Surface transfer impedance of the shielded Power Cables and Connectors for rail vehicles》(《轨道交通 列车屏蔽电力线缆及连接器表面传输阻抗测试方法》)及《Railway Applications-Electromagnetic Compatibility Train and Complete Vehicle Immunity Test》(《轨道交通 列车电磁兼容及整车抗扰度试验》)。

高速列车和磁浮交通系统标准委员会(HSTMSC)隶属于国际电气电子工程师协会(IEEE)车辆技术学会(VT),涵盖运行速度大于等于200 km/h轮轨式高速列车和各种速度等级的磁浮交通系统,主要制定高速列车和磁浮电气系统、安全性、可靠性和运营维护有关的标准,涉及高速列车和磁浮交通系统车载电气设备、信号和控制系统以及地面设备。HSTMSC由来自8个国家的60位成员组成,中车株洲电力机车研究所有限公司承担秘书处工作。目前标委会正在开展P2950、P2956、P2965、P3143等4项国际标准的制定工作。

《轨道交通 列车屏蔽电力线缆及连接器表面传输阻抗测试方法》是在国际轨道交通领域里,为评估轨道交通列车9 kHz~30 MHz屏蔽电力线缆及连接器的屏蔽性能,建立一套基于表面转移阻抗测量的统一的测试方法,包括三同轴法、管中管法。

《轨道交通 列车电磁兼容及整车抗扰度试验》为评估列车整车EMC抗扰性能,该标准规定了列车抗扰性能测试试验内容,包括静电放电抗扰度、射频磁场抗扰度、电快速瞬变群脉冲抗扰度、射频场感应的传导骚扰抗扰度等,用于在车辆部件安装完成后、正式投运前,验证车辆部件在整车环境下的抗扰性能。

第四篇 展望篇

第十五章　城市轨道交通行业发展展望

城市轨道交通是大城市公共交通的骨干交通方式与核心基础设施，是事关居民生活与城市健康发展的重大民生工程，同时城市轨道交通行业也是国民经济的重要构成部分。城市轨道交通行业要贯彻落实国家"十四五"规划和《交通强国建设纲要》工作部署，确保高效率运行、高品质服务、高效能治理，实现"十四五"高质量发展。

一、城市轨道交通线网规划

党的十九大做出建设交通强国、新型城镇化发展的重大战略决策，统筹推进区域一体化和新国土空间规划，要求构建多层次的城市轨道交通，实现国土空间、产业、轨道交通三者协同发展。根据已批规划测算，"十四五"期间城市轨道交通建设将进入高位平稳发展阶段，五年内将新建线路3 000公里左右，其后逐步回落，建设强度趋缓趋稳，有利于从高速度发展向高质量发展转变。"十四五"期间城轨交通已由重建设转变为建设、运营并重阶段，城市群、都市圈轨道交通将快速发展，城市群、都市圈规划中所批复的一批市域快轨逐步建成开通。2021年国家发改委批复了《长江三角洲地区多层次轨道交通规划》《成渝地区双城经济圈多层次轨道交通规划》，未来随着城市群、都市圈轨道交通规划的推进，市域快轨将有一个较大的潜在发展空间。

1. 在实施获批建设规划近7 000公里[①]

截至2021年底，共有67个城市的城轨交通线网规划获批（含地方政府批复的

[①] 《城市轨道交通2021年度统计分析报告》.

23个城市)。其中,呼和浩特、南宁、芜湖、洛阳、淮安、珠海、三亚、株洲、宜宾、天水10市截至2021年底已获批所有建设规划项目全部完成建设并投运,渭南市项目调整,2021年有城轨交通线网建设规划并在实施的城市为56个。在实施的建设规划线路总长达6 988.3公里(不含统计期末已开通运营线路)。

从线路规模来看,扣除统计期末已开通运营的线路,33个城市有3条及以上的线路建设规划在实施;26个城市建设规划在实施规模超100公里,如图15-1所示。其中,重庆市实施规划项目超500公里,深圳市实施规划项目超400公里,广州市在实施规划项目超300公里;北京、成都、上海、宁波、天津、青岛、南京、佛山8市实施规划项目均超200公里。济南、郑州、杭州、合肥、武汉、福州、沈阳、西安8市在实施规划项目均超150公里;苏州、南通、厦门、东莞、长春、长沙、贵阳7市在实施规划项目均超100公里。

从规划车站来看,据不完全统计,车站总计3 828座(按线路累计计算),其中,换乘站1 167座(按线路累计计算),占比约为30.49%。

2. 地铁制式为主,市域快轨占比明显增长[①]

从系统制式来看,6 988.3公里的在实施规划线路包含地铁、轻轨、市域快轨、有轨电车4种制式。其中,地铁4 937.3公里,占比70.64%,同比下降5.94个百分点;轻轨5.4公里,占比0.08%;市域快轨1 371.5公里,占比19.63%,同比上升8.39个百分点;有轨电车674.1公里,占比9.65%,同比下降0.68个百分点,如图15-2所示。

二、城市轨道交通发展战略目标[②]

根据规划,到2035年我国要基本建成便捷顺畅、经济高效、绿色集约、智能先进、安全可靠的现代化高质量国家综合立体交通网,实现国际国内互联互通、全国主要城市立体畅达、县级节点有效覆盖,有力支撑包括都市区1小时通勤的"全国123出行交通圈"。交通基础设施质量、智能化与绿色化水平居世界前列,交通运输全面适应人民日益增长的美好生活需要,有力保障国家安全。

城市轨道交通发展总体战略目标:统筹推进,构建安全、便捷、高效、绿色、经济的新一代智慧型城市轨道交通,有力支撑交通强国、新型城镇化、都市圈发展等国家战略,由城轨大国迈向城轨强国,为人民群众提供高质量的轨道交通服务,提升人民群众的获得感和幸福感。

---

① 《城市轨道交通2021年度统计分析报告》.
② 《城市轨道交通发展战略与"十四五"发展思路研究报告》.

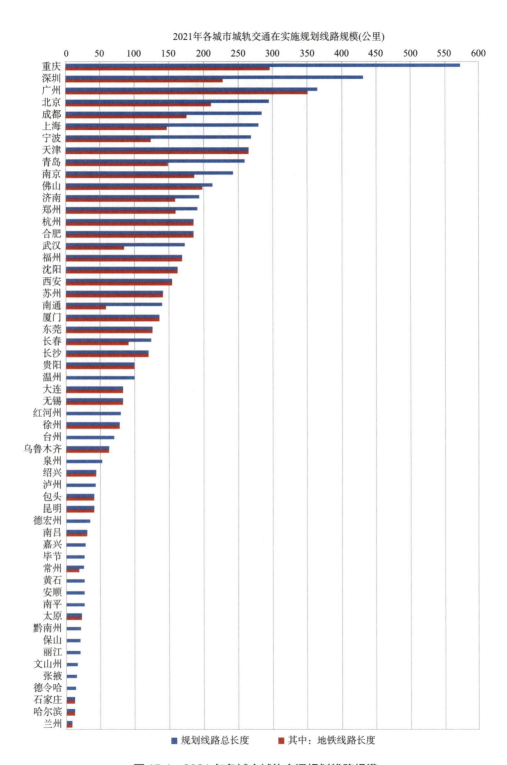

图 15-1　2021 年各城市城轨交通规划线路规模

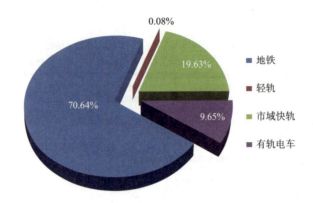

图 15-2　2021 年城轨交通已获批在实施规划的线路制式结构图

1. 第一阶段(至 2025 年),初步建成新一代智慧型城市轨道交通,迈入城市轨道交通强国

网络发展方面,城市轨道交通规模科学有序发展,多制式协调推进,继续推动交通服务网络建设;一体融合方面,各类交通方式一体发展、与新型基础设施融合发展取得突破性进展,网络结构功能更加完备,服务特大、超大城市能级明显提升,有力推进城市现代化进程;技术装备方面,关键核心技术实现自主安全可控突破,产业链现代化水平不断提升;运营管理方面,探索完善网络化管理模式,促进技术与管理有效适配、双轮驱动,网络整体运行效率与客流效益、运输能力、应急处置能力明显提高;持续发展方面,促进"站城一体"综合开发,优化经营水平,增强运营资金平衡,财务可持续、环境可持续、资源可持续形成新路径;智慧赋能方面,完善智慧应用场景顶层设计,构建智慧城轨标准体系,核心业务智慧化水平不断提升。

2. 第二阶段(至 2035 年),全面建成新一代智慧型城市轨道交通,进入城市轨道交通强国前列并引领发展潮流

网络发展方面,发展方式实现根本性转变,系统化、协同化、智能化、绿色化水平显著提升,发展格局实现差异化协同,不同类型网络因地制宜良性发展;一体融合方面,与各类交通方式、新型基础设施实现功能上的深度融合,网络韧性与通达性大幅提升,服务大城市能级明显提升,推进大城市率先实现现代化进程;技术装备方面,关键核心技术装备产业实现完全自主可控和产业链现代化,支撑"一带一路"倡议有效实施;运营管理方面,从侧重提高运输能力过渡到侧重改善服务质量和效率,运输方式从简单过渡到灵活,多方式运输协同效能、多样化综合服务品质、精准化复杂场景管控能力明显提升;持续发展方面,财务可持续、环境可持续、资源可持续探索形成良性发展新模式;智慧赋能方面,数字化、智能化城市轨道交通建设覆盖核心业务和基础设施,智慧调度、智慧维保、智慧应急等得到广泛应用,综合效能显著提升。

"十四五"期间,城市轨道交通将基于规模、强度、结构、布局确定指导性策略或指标。规模方面,需求上科学合理、能力上支持有力;强度方面,严格控制建设速度,从增量转向提质;结构方面,城市轨道交通分类分层合理规划,与其他交通类别有效融合、相互协调,行业管理实行分层指导,重点聚焦中高运量制式协同;布局方面,重点聚焦已开通运营轨道交通线路的城市,以超大、特大和大城市城市轨道交通的科学发展为示范,引领全国城市轨道交通行业发展。图 15-3 所示为智慧维保车辆基地。

图 15-3　智慧维保车辆基地

三、城市轨道交通标准化发展方向

1. 城市轨道交通标准化工作

在交通运输部会同国家标准化管理委员会、国家铁路局、中国民用航空局和国家邮政局联合印发的《交通运输标准化"十四五"发展规划》(以下简称《规划》)明确提出,到2025年,基本建立交通运输高质量标准体系。轨道交通是交通运输系统的一个重要组成部分,在《规划》中,对轨道交通的标准化工作做了以下明确要求。

(1) 提升服务质量,优化服务品质

以提升综合交通运输服务品质效率为着力点,加快服务质量等方面标准制修订,提升乘客出行服务品质,构建运输服务标准推进工程,制定实施城市轨道交通等运营服务规范,加强高质量服务标准有效供给。

(2) 智慧运营,提升效能

以促进新型基础设施建设、新一代信息通信技术应用,构建智慧交通创新体系为着力点,提升交通运输信息化水平,建立智慧交通标准推进工程,推动城市轨道交通智慧运营需求导则等标准制定实施,以智慧化运营进一步提升轨道交通运营管理效能。

(3) 安全运营,应急保障

以提升交通运输安全应急保障能力、建设平安交通为着力点,加强安全运营及应急处置和救援能力,建立安全应急保障标准推进工程,推进城市轨道交通运营险性事件安全警示、城市轨道交通运营应急资源网络化布局规则和应急救援规范等方面的标准化工作开展,保障轨道交通安全运营,并具有良好的应急救援能力。

(4) 绿色运营,节能减排

以推进绿色集约循环发展、建设绿色交通、落实"碳达峰"目标任务为着力点,促进资源节约集约利用,强化节能减排、污染防治和生态环境保护修复,建立绿色交通标准推进工程,建立健全城市轨道交通绿色运营技术要求、城市轨道交通能源消耗量限值及测量方法、城市轨道交通污染物减排贡献测算规范等技术标准,推动轨道交通绿色发展。

2. 城市轨道交通标准体系[①]

实施标准先行策略,依托城市轨道交通创新网络平台,建立健全轨道交通建设、运行维护、装备设备技术标准体系与产品准入认证体系,修订完善相关具体技术标准,以标准引领技术和产业发展。加强技术创新,建立城市轨道交通产业和技术发展的自主知识产权体系。逐步建设形成行业统一标准,并通过积极参与国际标准制定,推动中国城市轨道交通标准走出去,开启国际化进程。

制定我国自主知识产权的智慧城轨技术标准体系。着力研究编制一批关键核心技术标准,针对共享关键领域,形成从顶层管理、监督评估、运行应用、平台建设、数据融合到底层感知的系列化标准;主动对接国家主管部门和国际化标准组织,参与国际性标准制定;构建科学、合理、全面的城市轨道交通智慧化等级划分与评价指标体系,制定智慧城轨的评估模型与方法,不断迭代与推进智慧城轨的可持续发展。

根据标准体系规划,自上而下布局、完善中国城市轨道交通行业技术标准体系。结合国家以国内大循环为主体,推动国际国内市场双循环的政策,推动自主创新重大成果及时形成标准,并引导国际市场接纳和使用中国标准。

---

① 《城市轨道交通发展战略与"十四五"发展思路研究报告》.

第十六章　上海地铁发展展望

"十四五"时期,是上海地铁线网运营里程突破 800 公里、进入超大规模轨道交通网络的新发展阶段,上海地铁将深入践行"人民城市人民建、人民城市为人民"的重要理念,对标最高标准、最好水平,加快构建卓越的全球城市轨道交通企业。

一、上海市城市轨道交通网络规划

1. 上海市城市轨道交通网络规划(2017—2035)

形成"一主、两轴、四翼;多廊、多核、多圈"市域总体空间结构,网络规划(2017—2035)示意如图 16-1 所示。轨道交通在原有规划的基础上,进一步提升和完善网络功能层次,在利用铁路系统服务城市公共交通的基础上,按照"一张网、多模式、广覆盖、高集约"的规划理念,形成市域线、市区线、局域线三个功能层次。市域线主要服务于新城和主城区、新城之间,上海与近沪城镇之间快速、中长距离联系,同时兼顾主要新市镇,线路总长 1 157 公里。市区线主要服务城市化密集的主城区区域,提供大运量、高频率和高可靠性的公交服务,线路总长 1 043 公里。局域线作为大容量快速轨道交通的补充和接驳,线路总长约 1 000 公里。

2. 上海市城市轨道交通第三期建设规划(2018—2023)

上海轨道交通近期建设规划(2018—2023),共 9 个项目,线路全长 286.1 公里,车站 124 座,其中采用铁路制式的项目有 2 个,线路全长 110.2 公里,车站 24 座;采用地铁制式的项目有 7 个,线路全长 175.9 公里,车站 100 座。项目概况见表 16-1,建设规划示意如图 16-2 所示。

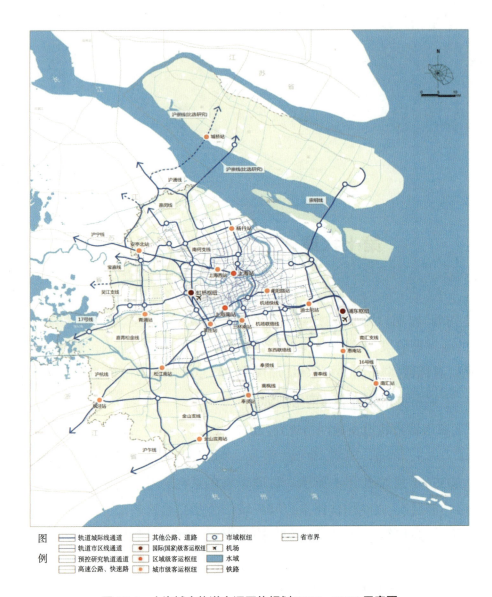

图 16-1　上海城市轨道交通网络规划（2017—2035）示意图

表 16-1　上海市城市轨道交通第三期建设规划（2018—2023）项目概况

	项目名称	起讫点	线路规模（km）	车站数
市域线	机场联络线	虹桥机场—浦东机场	68.6	9
	嘉闵线	丰翔路—吴泾	41.6	15
	崇明线	浦东金桥—崇明体育公园	44.6	8
市区线	19 号线	闵行梅陇—吴淞	44.5	32
	20 号线一期	桃浦—共青森林公园	19.8	16
	21 号线一期	迪斯尼—东靖路	28	16
	23 号线一期	东川路—上海体育场	28	22

续上表

项目名称		起讫点	线路规模（km）	车站数
市区线延伸	13号线西延伸	国家会展中心—金运路	9.8	5
	1号线西延伸	莘庄—沪闵公路	1.2	1
合计			286.1	124

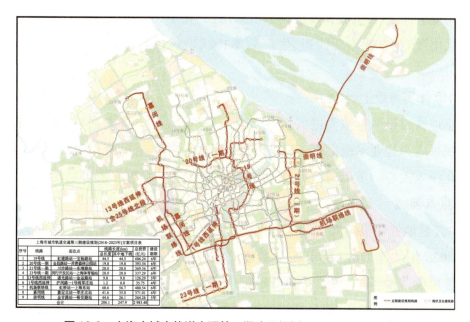

图 16-2　上海市城市轨道交通第三期建设规划（2018—2023）示意图

二、上海地铁发展战略目标

1. 总体目标

到 2025 年，新一轮"三个转型"发展取得重大进展，通达融合、人本生态、智慧高效的超大规模城市轨道交通网络率先基本建成，运营绩效"国内领先、国际一流"的地位更加巩固，品质品牌的综合服务人民更加满意，轨道交通可持续发展模式基本形成，企业经营效益和综合实力显著增强，行业引领地位稳固提升。

（1）运营建设更高质量

安全发展理念更加牢固，安全防控体系得到完善，不发生较大及以上安全生产事故。87 公里轨道交通新线高质量建成，运营线路达到 850 公里以上，网络功能进一步优化，超大规模网络运营管理模式基本成熟定型，出行服务供给质量进一步提高，乘客满意度水平保持前茅。

（2）生活服务更有品质

为市民出行提供更多数字化服务新体验，地铁公共文化广泛高端浓厚，以地铁站（场）为核心的出行、居住、工作、消费和娱乐于一体的都市地铁新生态形成群体效应，Metro大都会线上服务功能丰富扩充，地铁生活服务供给水平更高，成为市民人人共享、个个称赞的城市第二空间。

(3) 经营发展更可持续

票务收入稳中有升，广通商经营效益稳步提升，创新型、流量型、开放型等新兴经济发展比重上升，造血机能和发展动力有效增强，竞争类业务收益明显增长。资源配置得到优化，作业方式不断改进，生产效率持续增长，运营成本控制在准许成本总额内。

(4) 综合实力更上台阶

数字地铁建设取得重大进展，数字化水平行业领先。自主创新能力增强，首创性创新成果成为行业示范标杆。高素质人才队伍充沛，全员劳动生产率稳步提升，企业文化深入人心。员工与企业共建共享、共进同行的良好出彩环境形成。

2. 重点领域

(1) 智慧地铁建设

到2025年（"十四五"期末），基本建成先进的地铁信息基础设施体系、融合创新的智慧建设体系、集约高效的智慧运维体系和普惠共享的智慧服务体系，智慧地铁整体水平达到国内领先，部分领域达到国际先进水平，引领国内城市轨道交通行业智慧化发展方向，成为上海建设卓越全球城市的强大支撑和重要基础。到2035年，全面建成一流设施、一流技术、一流管理、一流服务的超大规模网络上海智慧地铁，达到安全、服务、效率和效益的智慧统一，融合创新的智慧建设体系、集约高效的智慧运维体系和普惠共享的智慧服务体系的新模式，智慧地铁的各项评价指标达到国际先进水平，引领世界城市轨道交通行业智慧化发展方向，支撑上海建成卓越的全球城市。

(2) 数字化转型

到2023年底，构建完成"全面感知、互联互通、安全健壮"的数字底座，企业核心应用全部上云。初步建成智慧维保平台，智慧监测覆盖90%以上核心设施设备。打造面向乘客的智慧服务体系，实现乘客出行智慧便捷，为都市美好新生活打造样板。研究建立数据标准体系和数据治理机制，形成数据资产。到2025年底，集团数字化转型取得显著成效，率先实现智慧维保和智慧运营服务，数字化顶层架构基本建成，数字化应用场景不断丰富，一屏观全域、一网管全程的数字化管理模式初见成效。到2035年，集团全面实现数字化转型，建成"智慧地铁"，引领城轨行业智慧化水平。实现规模化的行业数字经济发展，形成产业链生态价值共创，助力上海打造具有全球影响力的国际数字之都。

(3) 企业品牌发展

围绕建设卓越的全球城市轨道交通企业的公司愿景,对标国际最高标准、最好水平,打造通达融合、人本生态、智慧高效的超大规模城市轨道交通网络。强化各层级、各领域打响"上海地铁"的品牌建设意识。着力以顾客满意体现服务质量,以同行认可体现专业实力,以促进城市发展体现社会责任,将上海地铁锻造成为响亮恒久的金字招牌和驰名中外的城市名片。运营服务要坚持质量第一的价值导向,推进服务品牌提质升级,与市域铁路运营有效衔接,提供安全高效、智慧人文、品质品牌的轨道交通服务。地铁建设要坚持"地铁工程、百年大计"理念,不断打造"自己满意、大众好评、多些亮点、少些遗憾"的精品工程。市场经营板块要聚焦提质增效,挖掘、培育一批具有行业竞争力、良好社会形象的品牌企业,强化"上海地铁"品牌的溢出效应。图16-3所示为上海地铁第7 000辆列车投入运行。

图16-3　上海地铁第7 000辆列车投入运行

三、上海地铁标准化发展展望

上海地铁标准化建设在"从建设运营的高速增长向高质量发展转型、从单一的交通运输功能向综合服务的城市地铁网络转型、从运营地铁向经营地铁转型"的新发展阶段,立足贯彻新发展理念,服务新发展格局,坚持安全、便捷、高效、绿色、经济的城市轨道交通发展定位,以服务企业战略目标为导向,以创新为根本动力,在建设超大规模城市轨道交通网络管理体系、深化改革创新、打造数字地铁、推进轨道交通四网融合发展、构建"智慧服务、智慧运维、智慧建设为一体的智慧地铁模式"、实现高水平安全运营管理、提供高质量出行供给、创造高品质生活服务中,创新加快新一轮以数字化、智慧化为标志的标准化建设转型,推进标准化由"规范化、精细化"向

"智能化、品牌化"提升,更好地发挥标准化建设示范辐射作用,以高标准赋能企业高质量发展。

1. 坚持愿景导向,瞄准构建卓越的全球城市轨道交通企业发展目标,推进标准化建设再创新

围绕运营建设更高质量、经营发展更可持续、综合实力更上台阶的战略重点,突出新线建设、运营服务、经营发展、制度基础等标准化建设关键,把创新作为标准化建设发展的根本驱动力,加快满足全自动运行、市域铁路运营、数字化转型等新技术、新模式的需求,满足长三角一体化发展和交通强国建设纲要中提出的"四网融合"的新领域标准供给需求,在完善运营服务、工程建设标准体系的深化上再创新,在健全基层、基础、基本岗的标准实施深耕上再创新,在攀升国内先进的标准化示范拓展上再创新,在迈向国际一流标准质量延展上再创新。实现通过以数字技术为主的技术创新和管理、服务等协同创新,动态融合运营建设新体系,形成适应城市轨道交通发展的科学实用、简洁高效、融合统筹的企业标准新体系,实现在国家标准和行业标准等上位标准体系框架下,确保企业标准体系与国家、行业标准体系的良好对接,标准的协同配套互联互通,全方位赋能企业运行各环节,为实现高质量发展提供坚实的制度保证。

2. 坚持标准引领,聚焦国内先进、国际一流的标准化建设定位规划,推进标准化建设再发力

站位行业标准化建设高地,塑造行业高标准集群,建立新兴领域标准,提升现有标准质量。针对新型工艺工法、智慧车站、智能运维及先进装备的引进,推动制定建设指导意见、招标技术文件、运行使用规程、大修维护规程等,确保四新技术运用的规范、有效和安全。以高质量标准为牵引,优化安全运营维护标准,结合集团标准精简要求,以运维标准优化提升为抓手,以提升劳动生产率为目标,推动管理标准和作业标准的优化,进一步推动运维工作向高效、高质量发展。以标准互联互通能力提升为重点,强化网络统型标准,从统一接口、统一界面、统一尺寸、统一功能等角度出发,推动网络设施设备统型,提升运营生产效率,降低运营维护成本,提升运营维护质量。通过标准编制、优化和创新,逐步集聚起一批比肩国际先进水平、具有引领示范作用的标准群,推动上海地铁标准化建设水平稳居一流。

3. 坚持示范辐射,铆住打造标准化优势品牌的定位,推进标准化建设再奋进

按照上海地铁标准化建设引领期的规划目标,全面推进标准化建设品牌的塑造,在以下三个方面再踔厉、再奋进。一是树立标准化示范品牌。全面总结集团标准化十年来工作,在标准体系方法研究、标准体系方法实施、标准体系方法应用等方面,归纳提炼"安全运营导向创新集成型"的标准化建设品牌模式,形成标准化建设学术理论、实践做法、经验成果、应用案例,为打造具有上海地铁特色的运营服务标准体系"全国样板"、开展国家级标准化示范项目建设打好基础。二是塑造标准实施示范品牌。深度推进标准化线路(车间)、车站(班组)建设,在体系设计、创建内容、对标方向等方面深化拓展,做到适新应变、精准发力,形成全面覆盖、上下贯通、各有侧重、因地制宜的创建体系,把标准化线路(车间)、车站(班组)打造成标准实施的示范品牌,促进精细管理、规范作业。三是形成标准创新示范品牌。探索标准品牌培育机制,加大科研项目对重点标准研制的支持力度,鼓励成熟适用创新成果及时转化为标准;梳理具备申报国家级、行业级、市级等相关评优项目资格的标准及标准化项目,形成申报梯次规划。开展重点培育和评选,以"中国标准""上海标准"品牌为目标,围绕技术先进性、行业引领性、理念前瞻性等要求,积极培育集团主编的国家、行业、地方、团体标准或企业标准,参与申报、评选。发挥"上海标准"示范引领作用,推进获评的《上海轨道交通全自动运行线路运营要求》实施应用及后评估工作,提高"上海标准"影响力,引导行业领域积极制定和实施高水平标准。

迈入 800 公里以上超大规模地铁网络运营管理的新阶段,上海地铁将继续以标准为引领,围绕建设卓越的全球城市轨道交通企业的目标,踔厉奋发、逐梦前行,为轨道交通事业高质量发展、上海城市有序运行、市民高效安全出行作出贡献。图 16-4 所示为上海地铁最美车站——15 号线吴中路站。

图 16-4　上海地铁最美车站——15 号线吴中路站

附录　上海地铁标准化建设大事记

2011 年

在 7 月 22 日召开的年中党政负责干部大会上,集团主要领导要求开展标准体系建设,形成具有上海地铁特色的轨道交通网络管理标准体系,标志着上海地铁标准化建设正式进入现代企业制度建设的新阶段。同年,发布《上海城市轨道交通网络标准体系规划研究》,提出上海地铁"一体两翼"标准化体系架构模式,同步启动标准转换优化工作。

2012 年

5 月集团标准化委员会和标准化室正式成立,7 月上海地铁第四运营有限公司成立集团首个标准化分委员会及标准化分室。之后各单位分别成立标准化分委员会及标准化分室,标志着上海地铁标准化组织体系正式组建。

年内,主编的地方标准《地铁合理通风技术管理要求》《城市轨道交通合理用能指南》正式发布。

2013 年

首次编制发布集团《标准化工作管理规定》,标志着上海地铁标准化工作步入规范化管理。

首批 62 名员工获得上海市质量和标准化研究院培训中心颁发的"标准化人员岗位资格证书"。

上海地铁第一运营有限公司"地铁 9 号线服务标准化试点"获批,上海地铁首次获得上海市标准化试点项目。

年内,主编的地方标准《城市轨道交通基于通信的列车控制系统(CBTC)列车自动监控(ATS)技术规范》正式发布。

2014 年

首批 215 项企业标准发布,第二批 816 项企业标准发布,第三批 893 项企业标准发布,年底完成既有规章向标准的全覆盖转换,标志着上海地铁规章向标准转换取得阶段性成果。

首次获得"上海轨道交通运营服务标准化试点(国家级)"项目,召开国家级标准化试点项目启动暨标准体系试运行动员会,印发《集团运营服务标准体系试运行方案》,标准化建设进入试运行阶段。

首次对外输出标准化服务,承接"青岛轨道交通网络标准体系规划研究"标准化工作咨询项目,之后陆续向合肥、常州、长沙等城市地铁企业输出标准化服务。

首次开展"年度上海轨道交通运营服务标准化专项竞赛",评选出 9 家运营服务标准化专项竞赛优秀集体及 50 名优秀个人。

年内,主编的地方标准《城市轨道交通无线通信系统技术规范》《城市轨道交通信息传输系统技术规范》《城市轨道交通站台屏蔽门技术规程》正式发布。

2015 年

以"标准化建设"为主题,参加在上海新国际博览中心举行的"第十届中国国际轨道交通展览会",首次对外展示标准化建设成效。

印发《集团运营服务标准体系实施方案》,标准体系进入全面实施、完善和提升的阶段。

首次通过上海市"企业标准自我声明公开平台"公开 3 项企业标准,体现对社会的质量承诺和责任。

年内,主编的地方标准《城市轨道交通地下车站与周边地下空间的连通工程技术规程》《城市轨道交通工程车辆选型技术规范》正式发布。

2016 年

印发《集团"十三五"标准化建设规划》,根据上海地铁安全运营、优质服务、卓越管理的发展要求,以创新推进"标准化 +"融合发展的战略思路,提出"十三五"标准化建设的指导思想、基本原则、主要目标以及四方面十五项重点任务。

8月3日"上海轨道交通运营服务标准化试点(国家级)"通过国家标准委组织的中期评估。12月15日,以综合评分98分通过国家标准委组织的评估验收,上海地铁成为全国轨道交通行业首家国家级运营服务标准化试点单位,标志着上海地铁标准化建设率先成为行业领先示范。

年内,主编的国家标准《城市轨道交通无线局域网宽带工程技术规范》,主编的地方标准《旁通道冻结法施工技术规程》《城市轨道交通自动售检票系统(AFC)检测规程》《城市轨道交通地下车站环境质量要求》正式发布。

2017年

成为上海市标准化协会会员单位。

"上海轨道交通建设标准体系框架"通过专家评审,开始构建建设标准体系,同步推进运营标准体系与建设标准体系的建设工作。

上海地铁作为主要支撑单位的《城市轨道交通团体标准体系研究》课题启动。

年内,主编的行业标准《城市轨道交通客运服务认证要求》、地方标准《城市轨道交通工程技术规范》正式发布。

2018年

集团《标准化工作管理规定》第3次修订,整合了《企业标准编写规则》和直属单位标准化管理细则,形成了集团、直属单位一体化标准化管理。

参加由国家交通运输部组织的"城市轨道交通运营管理工作推进会",以《充分发挥标准规范引领作用,提升城市轨道交通安全管理水平》为主题,在会上作经验介绍。

国家标准委主要领导调研上海地铁标准化建设工作。

参编的国家标准《城市轨道交通试运营基本条件》获2018年中国标准创新贡献奖二等奖,这是上海地铁首次获得该奖项。

提前完成标准化建设第二阶段标准精简整合任务,精简整合体系内标准49%(3903项)。

合作编制的全球轨道交通领域首个LEED(Leadership in Energy and Environmental Design)国际绿色建筑评价标准体系正式发布。

牵头开展的工业和信息化部《城市轨道交通装备标准体系建设支撑工作》课题

正式启动。

年内，主编的国家标准《城市公共交通乘客满意度评价方法 第3部分：城市轨道交通》、地方标准《城市轨道交通车站服务中心服务规范》《城市轨道交通导向标识系统设计规范》《城市轨道交通运营评价指标体系》正式发布。

2019年

"上海市轨道交通标准化技术委员会"正式成立，这是行业内首个由市场监督局主导、企业（上海地铁）牵头组建并承担日常工作的省市级轨道交通标准化技术委员会。

在中国城市轨道交通协会二届四次理事会暨第三次常务理事会上，《城市轨道交通团体标准体系研究》正式发布，这是上海地铁主导编制的首个协会标准体系。

上海地铁维护保障有限公司"地铁列车检修标准化试点"获批，这是上海地铁获批的第二个上海市标准化试点项目。

印发《年度标准化线路（车间）、车站（班组）创建推进实施方案》，全面启动标准化线路（车间）、车站（班组）创建工作，首次开展年度标准化线路（车间）、车站（班组）创建评比，共有5条线路、50座车站、7个车间、14个班组参与自评估，上海地铁第二运营公司上海自然博物馆站、世纪大道站获评第一批"集团标准化标杆车站"。

国家市场监管总局标准创新司领导调研指导上海地铁国际标准化工作，法国国家标准机构（AFNOR）标准部主任阿兰·考斯特（Alain COSTES）来上海地铁调研交流国际标准化工作。

主办"长三角区域轨道交通标准一体化发展倡议活动暨长三角轨道交通标准化论坛"，标志着长三角区域轨道交通标准一体化正式启动。

年内，主编的国家标准《城市轨道交通运营指标体系》、地方标准《全方位高压喷射注浆技术标准》《城市轨道交通列车运行图编制规范》《轨道交通高架区间声屏障技术规范》《城市轨道交通卫生规范》《城市轨道交通接触轨系统施工验收标准》、团体标准《轨道交通列车运行速度限制与匹配技术标准》正式发布。

2020年

上海地铁轨道交通运营服务标准化试点项目，成为全国32个标准化试点示范典型项目之一，入选《国家标准化试点示范建设案例汇编》。上海地铁"标准化实践"案例被首部《上海市标准化工作白皮书（2020年）》收录。

上海地铁第二运营有限公司"响应突发公共事件的地铁服务标准化试点"获批,这是上海地铁获批的第三个上海市标准化试点项目。

正式成为IEEE(电气电子工程师协会)下高速列车和磁浮标准委员会(简称IEEE/VT/HSTMSC)会员,首次参编两项IEEE标准《高速列车牵引电传动系统》和《轨道车辆屏蔽电缆和连接器表面转移阻抗试验方法》。

首批10项"上海标准"发布,上海地铁企业标准《上海轨道交通全自动运行线路运营要求》关键性指标全面超越国内外同行水平,获评首批"上海标准"。

《城市轨道交通运营服务标准实施效果评价指标体系研究》项目顺利验收,构建的"城市轨道交通运营服务标准实施效果评价指标体系"属轨道交通行业首创,成为轨道交通行业评价标准化建设的指南,标志着上海地铁标准化建设跨上了新台阶。

年内,主编的国家标准《城市轨道交通运营技术规范》获批发布,这是城市轨道交通运营企业从运营需求角度出发编制的综合性技术规范。主编的地方标准《城市轨道交通乘客信息系统技术规范》正式发布。

2021 年

上海地铁标准化实践项目"运营管理服务标准化,打造安全智慧高效城市轨道交通新模式"被列为国家市场监管总局(国家标准委)第1批13项社会管理和公共服务综合标准化试点典型案例之一,予以推介推广。

交通运输部专门发文,要求学习借鉴上海地铁标准化典型案例经验,不断夯实安全运行基础,进一步提升服务质量和水平,持续优化乘客出行体验,为城市轨道交通高质量发展提供有力支撑。

年内,主编的地方标准《轨道交通基础精测网技术规程》《地铁隧道工程盾构施工技术规范》《城市轨道交通能源消耗指标和计算方法》《城市轨道交通CBTC信号系统技术标准》、团体标准《城市轨道交通自动售检票系统过程管理 第1部分:过程架构》《城市轨道交通自动售检票系统过程管理要求 第2部分:建设过程》《城市轨道交通自动售检票系统过程管理要求 第3部分:供应过程》《城市轨道交通设备设施维护保障企业现场管理实施指南》正式发布。主编的《长三角区域一体化市域快速轨道工程技术标准》,作为首批长三角区域工程建设标准示范项目正式立项。十年来,上海地铁主参编国外标准、国家标准、行业标准、地方标准及团体标准200余项,始终处在行业标准编制的领先位置,为行业标准化工作贡献上海智慧。